生物质衍生碳材料的制备及其性能研究

Preparation and Properties of Biomass-derived Carbon Materials

任晓莉 

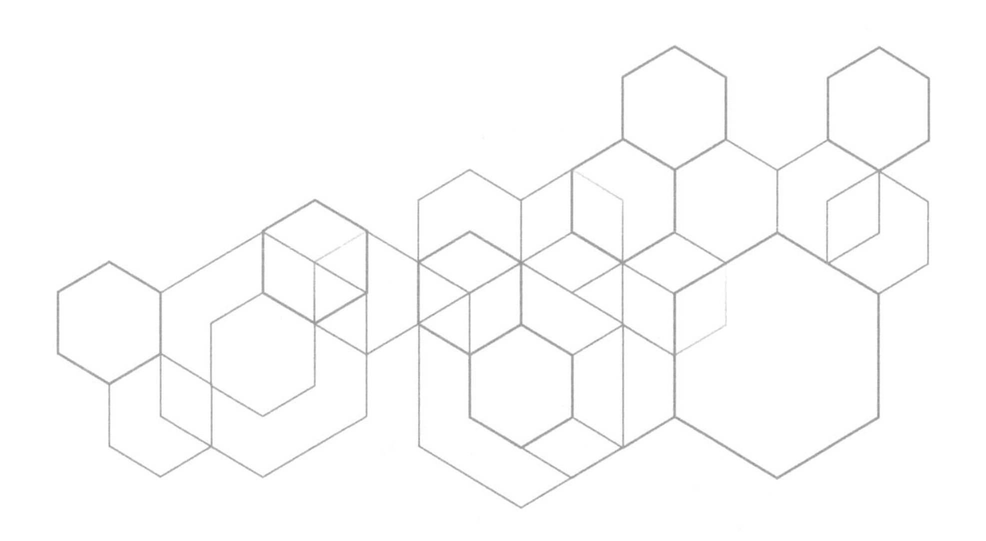

·北京·

内容简介

本书主要介绍了生物质衍生碳材料的研究进展、微波法制备生物质衍生碳材料的工艺优化研究，以及添加不同生物质对污泥衍生碳材料的影响，重点介绍了污泥和农林生物质衍生碳材料对工业染料的吸附动力学和吸附热力学等吸附机理，并介绍了生物质衍生碳材料的再生技术。

本书紧密结合本学科的前沿进展和应用前景，具有一定的创新思想和科学价值，可供生物质资源化利用、碳材料制备和应用、染料废水处理等领域的工程技术人员、研究人员和管理人员参考，也可供高等学校环境科学与工程、资源循环科学与工程、化学工程及相关专业师生参阅。

图书在版编目（CIP）数据

生物质衍生碳材料的制备及其性能研究/任晓莉著.
—北京：化学工业出版社，2022.1（2023.8重印）
ISBN 978-7-122-39961-8

Ⅰ.①生… Ⅱ.①任… Ⅲ.①生物质-碳-材料科学-研究 Ⅳ.①TK63

中国版本图书馆CIP数据核字（2021）第196777号

责任编辑：刘 婧 刘兴春　　文字编辑：丁海蓉
责任校对：宋 玮　　装帧设计：史利平

出版发行：化学工业出版社（北京市东城区青年湖南街13号 邮政编码100011）
印 装：北京建宏印刷有限公司
787mm×1092mm 1/16 印张14½ 字数301千字 2023年8月北京第1版第3次印刷

购书咨询：010-64518888　　售后服务：010-64518899
网 址：http://www.cip.com.cn
凡购买本书，如有缺损质量问题，本社销售中心负责调换。

定 价：98.00元

前言

生物质种类繁多，分布广泛且数量巨大，具有可再生和可降解的特性，是人类生产生活中不可或缺的重要资源。虽然生物质资源丰富，但由于煤、石油和天然气等化石资源的利用更大地促进了现代文明和经济的快速发展，长久以来生物质资源不能被充分有效地开发利用，一方面造成了对生态环境的污染和破坏，另一方面也造成了生物质资源的极大浪费。进入 21 世纪以来，随着化石资源的日益枯竭，环境污染和能源危机越来越成为经济和社会发展的制约因素，如何对生物质进行资源化利用已经变得迫在眉睫，引起了各国政府和科研机构的高度关注。

生物质富含有机物，用来制备多孔碳材料已成为近年来生物质资源化利用的新兴技术之一。它主要是将生物质炭化形成新型生物质衍生碳材料，而这些生物质衍生碳材料由于具有较大的比表面积和优异的吸附性能，在溶液脱色、净化气体和污水处理等行业得到了广泛的应用。

本书共 8 章，第 1 章介绍生物质材料及生物质衍生碳材料，第 2 章和第 3 章分别介绍微波热解法制备污泥和落叶衍生碳材料工艺优化研究，第 4 章介绍添加不同生物质对污泥衍生碳材料特性的影响，第 5 章～第 7 章分别介绍不同生物质衍生碳材料对工业染料的吸附，第 8 章介绍花生壳和污泥衍生碳材料的再生。本书内容主要涉及生物质衍生碳材料的制备及吸附研究，旨在为废弃的生物质资源化利用和工业印染废水的治理提供理论参考，既使废弃的生物质得到有效处理处置，又能达到以废治废的目的，符合节约资源和保护环境的理念和政策导向。

著者近年来主要从事生物质衍生碳材料的制备和应用等方面的研究工作，主持山西省科技厅工业攻关项目（20100321086）、山西省教育厅高校科技创新项目（20111029）和山西省科技厅自然基金项目（2015011018）等研究工作，参与山西省“1331 工程”和山西省重点学科建设项目，承担并参与完成多项产学研项目。本书内容是在以上研究基础上整理和总结而成的，是著者多年来的研究成果，其中部分成果已在相关学术期刊发表。希望本书可以促进读者对生物质衍生碳材料制备及其应用方面的学习和理解，为我国生物质资源化利用相关的科学与技术发展提供理论参考、技术指导和案例借鉴。

本书在实验和资料收集过程中得到了同仁和同学的大力支持和帮助，感谢各位同仁和太原工业学院高强、王上文、谭英、王浩楠、张剑虹、刘诏、王丽霞、任赵敏等对本书的贡献。本书在撰写过程中参考了部分学者和专家发表的文献，对原作者的辛勤劳动表示谢意。化学工业出版社的编辑为本书的编辑出版付出了辛勤的劳动，在此一并感谢。

限于著者水平及撰写时间，书中疏漏和不足之处在所难免，恳请各位同行和专家学者不吝赐教，谨致谢忱！

著者

2021 年 6 月

目录

第1章 绪论

材料是人类生产活动和赖以生存与发展的物质基础，其发展水平与速度将深刻地影响社会经济发展，在人类社会的进步与发展中起着不可替代的巨大作用，因此材料被看作人类文明发展的里程碑。从世界技术发展的历程来看，材料技术发展迅猛，其在社会和经济发展中的重要作用正越来越引起世界各国的高度重视。改革开放以来，我国社会主义现代化事业在军事、生产、医疗、民用、航天、信息和智能等方面取得了举世瞩目的巨大成就，但同时也带来了能源资源危机和环境污染问题。目前，我国材料技术尚不能满足高技术发展的需要，材料使用对环境造成的危害日益显著，一些材料技术发展的落后状况直接制约了高技术及其产业的发展。因此，研发高性能、绿色环保和价格低廉的新材料是中国可持续发展的需要，并引起了政府和社会的高度重视[1]。

1.1 生物质材料

经济和社会的快速发展造成的资源短缺和能源危机问题已成为制约经济与社会可持续发展的瓶颈之一。我国生物质材料资源丰富，来源广泛，并且可再生和生物降解，在将来不仅可以作为高分子材料的替代品，还可以保护环境，缓解能源危机，促进人类可持续发展。因此，加快生物质资源利用，发展生物质材料战略性新兴产业具有非常重要的意义。当前，生物质材料已成为材料科学的重要分支之一，尤其是随着绿色能源的重大突破和生物技术的蓬勃发展，生物质材料已成为各国竞相进行研究与开发的热点，很多国家政府积极资助和鼓励进行生物质材料资源的开发和利用，美国能源部预计到2050年以植物等可再生资源为基本化学结构的材料的比例要达到50%，生物质材料和制品产业也将发展为21世纪世界经济的一个重要产业之一[2]。

1.1.1 生物质材料的定义

生物质的概念有广义和狭义之分，广义的生物质（biomass）指利用太阳能经光合作用合成的有机物，如木本、草本和藤本植物的茎、叶、花、果实等，或间接利用光合作用产物形成的有机物质，如水产业的虾皮、蟹壳等[3]。狭义的生物质概念有欧盟

2008年颁布的“欧盟可再生能源法令（The New EU Renewable Energy Directive）”中对“生物质”所作的定义：主要来源于农业、林业及水产业的可生物降解的产品组分、剩余物和废弃物，以及工业和城市垃圾中的可生物降解的组分。一般不包括人类食用农作物、家养动物及常规木材生产[4]。

生物质材料通常指以生物质为原料，通过物理、化学和生物学等高技术手段，进行合成、加工或增进其功能的性能优异、附加值高的新型材料。同样，生物质材料也有广义和狭义之分。广义的生物质材料是以木本植物、草本植物和藤本植物及其加工剩余物和废弃物为原材料，通过物理、化学和生物学等技术手段加工制造而成的材料。狭义的生物质材料是指以来源于农业、林业及水产业的可生物降解的产品组分、剩余物和废弃物，以及工业和城市垃圾中的可生物降解的组分为原材料，通过物理、化学和生物学等技术手段，加工制造而成的材料[5-7]。

目前，许多文献和教科书中还存在一些与生物质材料类似或相似的概念，如生物材料、生物基材料、生态材料、天然高分子材料等。为了更好地理解生物质材料，下面将对这些概念逐一解释，并通过应用实例阐述它们的区别和联系。

1.1.1.1 生物材料

生物材料是医疗实践中应用的材料类的广义词，主要指用于人体组织和器官的诊断、修复或增进其功能的一类高技术材料，其作用药物不可替代。整形美容外科等领域用的生物材料，又称植入体、组织代用品或充填材料。因此美国著名生物材料学家Black. J. 在《材料的生物学性能》一书中将生物材料定义为“取代、修复活组织的天然或人造材料”。生物材料能执行、增进或替换因疾病、损伤等失去的某种功能，而不能恢复缺陷部位。自20世纪90年代后期以来，世界生物材料科学和技术迅速发展，未来，生物医用材料的市场占有率将大有可能赶上药物，充分体现了其强大的生命力和广阔的发展前景。

生物材料有功能性、相容性、化学稳定性和可加工性4个特性。

（1）功能性

功能性指生物材料具备或完成某种生物功能时应该具有的一系列性能。根据用途主要分为：

① 承受或传递负载功能，如人造骨骼、关节和牙等，占主导地位；

② 控制血液或体液流动功能，如人工瓣膜、血管等；

③ 电、光、声传导功能，如心脏起搏器、人工晶状体、耳蜗等；

④ 填充功能，如整容手术用填充体等。

（2）相容性

相容性指生物材料有效和长期在生物体内或体表行使其功能的能力，用于表征生物材料在生物体内与有机体相互作用的生物学行为。

根据材料与生物体接触部位相容性分为以下几个方面。

① 血液相容性：材料用于心血管系统与血液接触，主要考察与血液的相互作用。

② 生物相容性：与心血管外的组织和器官接触，主要考察与组织的相互作用。

③ 力学相容性：考察力学性能与生物体的一致性。

(3) 化学稳定性

化学稳定性即耐生物老化性（特别稳定）或可生物降解性（可控降解）。

(4) 可加工性

可加工性即能够成型、消毒（紫外灭菌、高压煮沸、环氧乙烷气体消毒、酒精消毒等）。

生物材料应用广泛，品种很多。根据材料的化学结构，生物材料包括生物医用金属材料（如医用不锈钢、钴基合金、医用钛和钛合金等）、生物医用无机非金属材料（生物陶瓷、生物玻璃和医用碳素材料等）和生物医用高分子材料（聚乙烯膜、聚四氟乙烯膜、硅橡胶膜和管等软组织材料；丙烯酸高分子、聚碳酸酯、硅橡胶等硬组织材料；已用于可接收性手术缝线脂肪族聚酯的降解材料等）三大类。根据材料的用途，这些材料又可以分为生物惰性（bioinert）、生物活性（bioactive）和生物降解（biodegradable）材料[8-11]。

1.1.1.2 生物基材料

按照美国试验与材料协会（ASTM）定义，生物基材料（bio-based material）指一种有机材料，其中碳经过生物体的作用后可再利用。根据全国生物基材料及降解制品标准化技术委员会（SAC/TC 380）《生物基材料术语、定义和标识》(GB/T 39514—2020)的定义，生物基材料是以生物质为原料或（和）经由生物制造得到的材料，包括：以生物质为原料或（和）经由生物合成、生物加工、生物炼制过程制备得到的生物醇、有机酸、烷烃、烯烃等基础生物基化学品和糖工程产品，也包括生物基聚合物、生物基塑料、生物基化学纤维、生物基橡胶、生物基涂料、生物基材料助剂、生物基复合材料及各类生物基材料制得的制品[12]。从范围上来说，生物基材料涵盖范围比生物质材料涵盖范围要广。

1.1.1.3 生态材料

生态材料又称生态环境材料（eco-material），日本东京大学的山本良一教授于20世纪90年代提出了生态环境材料的概念，认为生态环境材料应是将先进性、环境协调性和舒适性融为一体的新型材料。随后生态环境材料研究受到了各国科学家的高度重视，成为材料科学领域的研究热点。我国众多学者经过长时间的讨论达成如下共识：生态环境材料应是同时具有令人满意的使用性能和优良的环境协调性或者能够改善环境的材料。所谓环境协调性是指资源和能源消耗少，环境污染小和循环再生利用率高。这里既包括按生态环境材料的基本思想和设计原则开发的新材料，也包括对传统材料的生态化改造，即在材料生命周期评价（life cycle assessment，LCA）或在环境协调性评价的基础上，通过对材料制造工艺的不断调整和改造，逐渐实现传统材料的生态环境材料化。生态环境材料不但具有优良的使用性能，还兼有良好的环境协调性，在具有先进性及舒适性的同时又能改善环境。

生态环境材料有多种分类方式，根据材料的功能及用途不同，生态环境材料可分为生态环境建筑材料、生态环境工程材料、生态环境净化材料、生态环境降解材料、生态环境修复材料、绿色包装材料以及生态环境替代材料等。按照制造生产的生态化程度不同，生态环境材料可分为四种：一是可循环利用材料，例如循环利用复合材料、循环利用合金、低杂质合金等；二是绿色过程环境材料，这类材料采用绿色化生产，原料使用可再生资源或者再利用废弃物；三是高资源利用率材料，如生命周期评价设计材料、精益结构设计材料、低损耗材料、导向应用材料等；四是原料无害化材料，如无汞材料、无镉材料、无铬材料、无铅材料等[13-21]。

实际上，与生物质材料命名的角度不同，生态环境材料主要是从它对周围环境的功能或环境保护的贡献的角度来命名的，其目的是在保证材料性能的基础上最大限度地保护自然环境。它通过研究材料整个生命周期的行为，强调材料对环境的影响。从这个概念上来说，生态环境材料可以包含生物质材料、金属材料、无机非金属材料、复合材料等。

1.1.1.4　天然高分子材料

天然高分子材料是指非人工合成的自然界产生的高分子材料，包括生物基材料等天然无机高分子材料。天然高分子材料是取之不尽、用之不竭的，来自自然界中动、植物以及微生物资源，属于可再生资源。而且，这些材料废弃后容易被自然界微生物分解成水、二氧化碳和无机小分子，属于环境友好型材料。该类材料主要包括纤维素、木质素、淀粉、甲壳素、壳聚糖、其他多糖、蛋白质，以及天然橡胶、胶原与明胶、蚕丝和蜘蛛丝等。以天然高分子为原料，可以通过化学、物理方法以及纳米技术改性制备成具有各种功能及生物可降解性的环境友好型材料。例如：以纤维素为原料生产纸张、丝、薄膜、无纺布、填料以及各种衍生物产品；以淀粉为原料制备淀粉基可降解材料，如淀粉质量分数为90％～100％的全淀粉塑料等；甲壳素和壳聚糖具有生物相容性、抗菌性及多种生物活性、吸附功能和生物可降解性等，它们可用于制备食物包装材料、医用敷料、造纸添加剂、水处理离子交换树脂、药物缓释载体、抗菌纤维等；天然橡胶具有很强的弹性和良好的绝缘性、可塑性、隔水隔气、抗拉和耐磨等特点，广泛应用于工业、农业、国防、交通、运输、机械制造、医药卫生领域和日常生活等方面[22]。

1.1.2　生物质材料的分类

生物质材料种类繁多，可以按照其来源、组分和化学结构进行分类[23]。

1.1.2.1 按照来源分类

（1）植物基生物质材料

植物基生物质材料指由具有细胞结构的植物本体或植物衍生而来的生物质材料。常见的植物本体生物质材料有木材、作物秸秆，以及藤类或树皮等；常见的植物衍生得到的生物质材料有纤维素、半纤维素、木质素、淀粉、果胶、植物蛋白等。

（2）动物基生物质材料

动物基生物质材料指具有细胞结构的动物组织或由动物衍生而来的生物质材料。常见的动物组织有动物皮、毛、器官和组织等；常见的由动物衍生而来的生物质材料包括蚕丝蛋白、蜘蛛丝蛋白、壳聚糖、甲壳素、透明质酸、核酸等。

（3）微生物基生物质材料

微生物基生物质材料指由微生物或通过微生物的生命活动合成的生物质材料，如凝胶多糖、黄原胶、聚氨基酸等。

（4）其他生物质材料

其他生物质材料包括城市垃圾、农产品加工下脚料、农林废弃物、禽畜粪便和有机废水等。城市垃圾主要指工业生产和居民产生的各种垃圾，如污水处理厂的剩余污泥、食物残渣等；农产品加工下脚料，如果皮、果壳等；农林废弃物如果树枝条、杂草、落叶等；禽畜粪便和有机废水主要是人、牲畜、禽类的粪便以及工业生产中如食品加工厂、屠宰场、酒厂等加工排放的废渣、废液等。

1.1.2.2 按照组分分类

（1）均质生物质材料

所谓的均质生物质材料指每个生物质材料分子都具有相同或者相似的化学结构组分。例如纤维素、木质素、蛋白质、壳聚糖、淀粉、核酸、甲壳素等，其主要特征是可以用化学式表达其结构。均质生物质材料又可以分为均聚型生物质材料和共聚型生物质材料。均聚型生物质材料的分子链由一种化学结构组成，组成单一，易于纯化，化学性质差异比较小，主要有纤维素、木聚糖、淀粉、甲壳素、壳聚糖等。如为人熟知的纤维素，属于均聚型生物质材料，化学通式为 $(C_6H_{10}O_5)_n$，是由几百至几千个 β（1→4）连接的 D-葡萄糖单元的线性链组成的多糖，其化学结构如图 1-1 所示。共聚型生物质材料的分子链中有多种化学结构，主要有海藻酸钠、半纤维素、黄胶原、魔芋葡甘聚糖等。

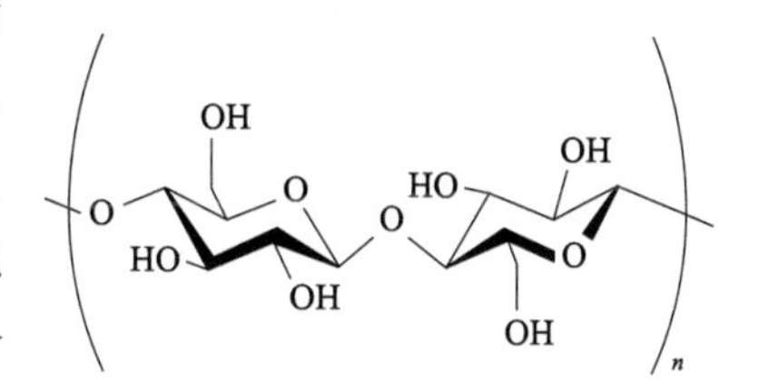

图 1-1　纤维素结构单元

（2）复合生物质材料

所谓复合指材料中同时含有两种以上结构单元组成不同的分子，它是一种混合物或者复合体，例如木材、作物秸秆、树皮、皮、毛等。它们主要由纤维素、半纤维素、其他多糖、果胶、胶原、角蛋白、黏蛋白等生物质材料组成，主要特点是多组分，通常具有细胞残留结构。

1.1.2.3 按照化学结构分类

按照所含的化学结构单元分类，生物质材料可以分为多糖类、蛋白质类、核酸、脂类、酚类、聚氨基酸和综合类。

（1）多糖类

多糖类指分子结构中含有吡喃糖基或呋喃糖基的生物质材料。常见的多糖类生物质材料有纤维素、半纤维素、木聚糖、魔芋葡甘聚糖、甲壳素、壳聚糖等。

（2）蛋白质类

蛋白质类指分子的结构单元中含有肽键的生物质材料。常见的蛋白质类生物质材料有大豆蛋白、丝蛋白、酪蛋白、胶原蛋白、透明质酸等。

（3）核酸

核酸指大分子主要由核苷酸聚合而成的生物质材料。常见的核酸生物质材料主要有核糖核酸（RNA）和脱氧核糖核酸（DNA）。

（4）脂类

脂类指分子的结构单元中含有酯键的生物质材料，它包括动物体内衍生出的脂质和通过微生物的生命活动合成的聚酯。动物体内衍生出的脂质主要有磷脂、神经磷脂、糖脂等，通过微生物的生命活动合成的聚酯主要指聚羟基脂肪酸酯。

（5）酚类

酚类指分子结构单元中含有丰富的酚基或酚的生物质材料，如木质素、单宁等。

（6）聚氨基酸

聚氨基酸指分子结构单元中由一种氨基酸以氨基和羧基缩合而成的聚合物。这里主要指微生物合成的可生物降解的一种聚合物，目前主要有聚 γ-谷氨酸（PGA）和聚 ε-赖氨酸（PL）。

（7）综合类

综合类指分子结构单元中同时含有两种以上不同类别的化学结构单元。如硫酸软骨素有 A、B、C 等数种。其中软骨素 A 是软骨的主要成分，由 D-葡萄糖醛酸 β(1→3) 和 4-硫酸酯基-2-乙酰-D-半乳糖胺 β(1→4) 相间连接而成；羟基被硫酸酰化后则得软骨素 C；由半乳糖胺和 L-伊杜糖醛酸组成双糖重复单位的聚合物则得软骨素 B。阿拉伯树胶的主要成分为高分子多糖、少量蛋白质及钙、镁和钾盐，一般由 D-半乳糖、L-鼠李糖、D-葡萄糖醛酸组成。木材和作物秸秆则主要由纤维素、半纤维素和木质素复合而成。

1.1.3 生物质材料的应用

生物质材料种类繁多、分布广阔、来源丰富，具有可再生和可降解的特性，在能源、医药、塑料、橡胶、食品等领域得到了广泛的应用。

1.1.3.1 生物质能源

生物质能源是一种清洁的可再生能源，有气、液、固三种形态，与风能、太阳能、核能等能源一起被认为是高效替代能源之一。生物质能源作为目前唯一一种可再生碳源，具有来源丰富、清洁低碳、可再生等特点。随着化石资源的迅速消耗，世界各国政府已将发展生物质能源产业作为一项重大的国家战略来推进。美国前总统克林顿于1999年发布的《开发和推进生物基产品和生物能源》总统令掀起了世界各国发展生物质能源的浪潮。2009年，欧盟生物质能源的消费量超过1.43亿吨标准煤，约占欧盟能源消费总量的6%；美国的生物质能源利用达1.36亿吨（按标准煤计），占全国能源消费总量的4%；一些国家的生物质能源利用已达到较高比例，如瑞典为32%，沼气、固体成型燃料、粮食乙醇等产业技术比较成熟，已经形成了较大的产业规模[24]。

我国政府高度重视生物质能源产业的发展，2006年出台了《可再生能源法》，针对燃料乙醇、生物柴油、生物质发电等具体产业制定了各类规范及实施细则，并运用经济手段和财政补贴政策来保障生物质能产业的健康发展。国家有关部委、各级地方政府制定了50余项规划、政策及条例，部署了约500项科技计划项目，有力地推动了生物质能源产业发展。“十二五”期间，科技部制定了《生物质能源科技发展“十二五”重点专项规划》，建立了政府引导和大型生物质能源企业集团参与科技投入机制，推进后补助支持方式向生物质能源科技创新倾斜，形成政府引导下的多渠道投融资机制。在生物质能源科技领域，将培育一批新型高效生物质新品种，创制生物质能源、化学品和材料新产品，构建完善的生物质能源利用及资源综合利用技术体系。为此设定的重点任务包括生物燃气的制备与高效利用、先进生物液体燃料的制备、能源微藻育种与生物炼制、生物质高效燃烧发电和新型气化发电技术等。《中华人民共和国国民经济和社会发展第十三个五年规划纲要》指出，我国正处于能源转型升级的重要时期，但我国生物质能仍处于发展初期。加快生物质能开发利用，对我国促进能源生产，推动消费革命，发展循环经济意义深远[25]。

根据2014年的数据（来源：Global Bioenergy Statistics 2017），世界生物质能源被划分为城市垃圾、工业废料、固体生物质、沼气和液态生物燃料五类，其中供应量最丰富的是固体生物质，主要由处于前11位的亚洲与非洲国家提供。世界生物质能源供应总量排名前11的国家所拥有的生物质能源总量占43.43EJ，占世界总量的约73.36%，其中中国所占世界生物质能源供应总量的比例最大，占比约15.37%，总量达到9.10EJ[26]。

生物质能源转化利用途径细分包括燃烧、热化学法、生化法、化学法和物理化学法等，还包括转化为二次能源。生物质能源种类包括生物质热能、生物质发电、固体燃料、液体燃料（生物柴油、甲醇、乙醇和植物油等）和气体燃料（氢气、生物质燃气和沼气等）[27]。

（1）生物质热能

生物质热能是指以生物质成型燃料锅炉供热的一种供热方式。生物质成型燃料热值较高，一般为13000～19000kJ/kg，其密度较大，易于运输储存。

（2）生物质发电

生物质发电技术包括生物质纯烧发电技术和耦合发电技术，其中生物质纯烧发电技术还可分为直接燃烧发电、气化发电和多联产发电。由于生物质直接燃烧技术对原料要求低、系统简单、投资和运行成本较低，我国生物质发电以直接燃烧发电为主。目前，全球能源消费正持续向能源清洁化转变，由于生物质发电技术有利于生物质和废弃物大规模资源化利用，减少不当处置带来的生态环境危害，提升生物质能利用的品质，因此生物质发电产业拥有持续的发展动力和广阔的发展前景。截至2020年年底，全球生物质发电累计装机容量1.27亿千瓦，约占全球总发电量的1.4%，主要分布在中国、巴西、美国、印度、德国和英国等国家。以中国为例，2020年生物质发电机组累计装机2254万千瓦，其中农林生物质发电装机容量973万千瓦。国际能源署（IEA）预测到2025年，全球生物质发电累计装机容量将达到1.93亿千瓦，发电量达到9218亿千瓦时[28-30]。

（3）固体燃料

生物质燃料成型技术是指秸秆等生物质原料在专用成型设备中，在一定温度和压力作用下，利用物料间以及物料与模辊间的相互摩擦，以及生物质中木质素的黏结作用，将松散的秸秆等生物质压缩成颗粒或棒状的成型燃料。欧美的固体成型燃料技术在全球处于领跑水平，其相关标准体系较为完善，形成了从原料收集、储藏、预处理到成型燃料生产、配送和应用的整个产业链。目前，德国、瑞典、芬兰、丹麦、加拿大、美国等国的固体成型燃料生产量均可达到2000万吨/年以上。我国主要以农业剩余物为原料生产成型燃料，成型技术逐步完善和成熟，生产和应用已初步形成了一定的规模。近几年，我国生物质固体成型燃料产业发展呈现先增后降趋势，全国年利用规模由2010年的300万吨增长到2014年的850万吨，2015年后开始回落，主要是因为生物质直燃发电的环境效益受到争议，部分省份甚至限制了生物质直燃、混燃发电项目。此外，我国很多中小型成型燃料生产车间因为环境卫生不达标而被强制关停[31-34]。

（4）液体燃料

生物液体燃料已成为最具发展潜力的替代燃料，其中生物柴油和燃料乙醇技术已经实现了规模化发展。2017年全球生物柴油的产量达到3223.2万吨，2017年全球生物燃料乙醇的产量达7981万吨。根据《2020年燃料乙醇行业分析研究报告》，我国2019年燃料乙醇产能已经达到376万吨，在全球燃料乙醇产量中占比约3%。

（5）气体燃料

气体燃料主要包括氢气、生物质燃气和沼气等。

1.1.3.2 生物医用材料

在全球生物医用材料市场中，需求量最大的是骨科生物医用材料，市场份额约占全球市场的38%；心血管生物医用材料占36%，居第2位；再次需求量较大的是牙种植体，约占全球市场的10%；紧随其后的是占市场份额8%的整形外科生物医用材料。

（1）骨科生物医用材料

骨科生物医用材料主要指人工重建骨骼，如人工膝盖、髋关节等，中国骨关节内植入物市场由2012年约24亿元增长至2018年的46亿元。

（2）心血管生物医用材料

心血管生物医用材料种类较多，如人工支架、周边血管导管移植、血管通路装置和心跳节律器等。其中，人工支架市场需求量占生物医用材料的50%左右。

（3）牙种植体和假牙

随着种植牙技术的不断发展，近年来人们对种植牙的需求逐年增加，2018年全球牙种植体和假牙市场规模达到89.8亿美元，预计2023年将达到130.1亿美元。

（4）整形外科生物医用材料

整形外科生物医用材料主要是指在整形中所用到的生物医用材料，例如：聚四氟乙烯（PTFE），多用于人工血管或心脏瓣膜，整形外科中用于充填和悬吊材料；高密度聚乙烯，用于眶弓、眶底、上下颌骨、颧骨、颞骨等头及颜面部的修复；聚乳酸（PLA）和聚羟基乙酸（PGA）亦称“生物可吸收性人工聚合物”，是一类以材料在肌体内能发生大分子裂解，逐步分解为小分子，降解产物被机体重吸收，并代谢排出体外为特征的高分子材料，用于骨固定材料和骨科缝线等[35-38]。

1.1.3.3 生物可降解塑料

近年来，随着人们环境保护意识的增强，以及对能源危机和资源约束的认识逐渐加深，用植物纤维材料与来源于植物资源的生物可降解塑料（替代来源于石油资源的不可生物降解塑料），制备环境友好的生物质复合材料（bio-composites）的研究受到极大关注，并逐渐成为复合材料发展的必然趋势，被认为是21世纪最有发展前景的材料之一。根据美国能源部“植物及粮食基可再生资源技术路线图”的规划，到2020年，基本化学建筑材料中植物基可再生资源材料利用要达到10%，2050年达到50%，说明生物基复合材料在未来具有非常广阔的发展空间[39]。完全降解塑料产物安全无毒，是降解塑料发展的主要方向。美国Warner-Lambert公司开发了一种含有支链淀粉（70%）和直链淀粉（30%）的新型树脂，具有良好的生物降解性，可用于替代现有农业领域中的可降解材料。德国Biotec公司研发和生产的以淀粉和聚己内酯为主要原料的全生物降解塑料 Bioplast，其淀粉含量在55%～75%之间。意大利 Ferruzzi 公司、美国国际庄明公司和日本住友商事公司等已宣布研制成功全淀粉塑料，宣称淀粉含量在90%以上，其助剂也可降解，因此可做到100%降解。目前，生物可降解塑料还存在一定问题，如目前商品化的生物可降解塑料大多用于包装袋、餐饮盒、简单日化等低端产品。但与普通塑料相比，生产成本高，是普通塑料的1～3倍。一些生物降解材料做成的餐饮具在耐热、耐水及机械强度方面与传统塑料制品相差较远，从而限制了生物可降解塑料的应用范围[40]。

1.1.3.4 生物质基塑料复合材料

生物质基塑料复合材料或木塑复合材料（wood plastic composite，WPC），是以木材或竹材的纤维和粉末、苎麻、花生壳、稻壳、农作物秸秆、废弃塑料为主要原料，经特殊工艺处理后加工而成的复合材料。木塑复合材料分为结构型木塑复合材料和轻质装饰型木塑复合材料两大类，其应用涵盖原木、塑料、塑钢、铝合金及其他类似复合材料的使用领域。在我国，木塑复合材料应用范围还包括门窗、保温材料、室外家具、步道、园林建筑和高楼安装的遮光板等。我国已成为世界第二大木塑复合材料生产国，制造水平可与欧美发达国家相媲美[41]。

1.1.3.5 生物质基人造板

生物质基人造板是由木材或其他植物纤维加工制成的板材，建筑业、家具业等领域中人造板具有质量轻、强度高、绝缘性能好、易加工且外观优美等优点，现已成为应用最广泛的材料之一。生物质基人造板主要包括灌木人造板和农作物秸秆人造板。灌木人造板是指利用灌木原料生产的人造板，主要产品为灌木纤维板、中纤板和刨花板等。灌木林主要分布在我国北方和西部省区，面积已达2.92亿亩（1亩≈667m^2），柠条、沙柳、沙棘等已成为灌木人造板的重要原材料。灌木人造板产业已成为内蒙古、宁夏等地区沙产业的重要组成之一。如内蒙古2006年就建立了20多家沙生灌木人造板企业，年产人造板25万吨。仅在鄂尔多斯市，以沙柳为原料的人造板企业就有近10家，年加工能力达17万立方米。农作物秸秆人造板是以农作物秸秆（麦秆、稻秸、玉米秆、棉花秆、芦苇等）或以农产品加工剩余物（甘蔗渣、麻屑、稻壳、花生壳等）为原料，加工成各种材料单元，施加（或不施加）胶黏剂和其他添加剂，组坯热压胶合而成的板材或成型制品。农作物秸秆人造板主要包括麦秸刨花板、麦秸定向刨花板、稻草中密度纤维板、麦秸纤维板、草/木复合中密度纤维板、软质秸秆板复合墙体材料及秸秆塑料复合材料等，并在家具制造、建筑装修和包装等领域得到应用。我国的农作物秸秆人造板居世界前列，2009年世界第一条定向结构麦秸板（OSSB）生产线在陕西建成[42,43]。

1.1.3.6 生物质基胶黏剂及其他材料

随着科学技术的进步，石油化工类胶黏剂逐渐开始由“有毒有害有污染”向“无毒无害绿色环保”蜕变，生物质基胶黏剂引起了人们的关注。生物质基胶黏剂主要有蛋白质基胶黏剂、淀粉基胶黏剂、木质素基胶黏剂和单宁胶黏剂等。大豆蛋白胶黏剂由于来源广、可再生性强、反应活性高等优点而备受青睐，是目前市场上使用最多的生物质基胶黏剂。淀粉基胶黏剂具有使用方便、干强度高、价格低廉、无毒环保等优点，是一种环境友好型胶黏剂。但是淀粉基胶黏剂及其人造板制品存在初黏性差、易霉变、耐水性能差、胶结强度低等问题，通常采用改性或与其他胶黏剂复合的方法提高其性能。木质素是自然界中含量仅次于纤维素的天然高分子，其结构中存在较多的醛基和羟基，在树脂合成过程中，木质素既可以提供醛基又可以提供羟基，因此可部分替代甲醛或苯酚，也可作为其他胶黏剂的改性剂，以降低甲醛或苯酚用量，减少成品中游离甲醛或游离苯酚释放量，改善胶黏剂的综合性能，降低生产成本。单宁基木材胶黏剂所用的单宁主要以凝缩类单宁为主，主要来源于黑荆树皮、坚木、云杉及落叶松树皮等的抽出物，分子结构中含有酚羟基及苯环上未反应的活性位点，其胶黏剂的反应原理类似于酚醛树脂胶黏剂。单宁基木材胶黏剂固化速度快、价廉、施胶性能好，选用合适的固化剂可制得冷固化或无游离甲醛释放的木材胶黏剂。结合我国生物质原料的特点，开发低成本、高性能、可再生、功能化、低毒甚至无毒的高性能生物质基木材胶黏剂将成为我国胶黏剂领域的未来发展趋势[44-46]。

此外，生物质衍生碳材料吸附剂和功能生物质材料正引起越来越多科研人员的关注。

1.2 生物质衍生碳材料

生物质是一种理想活性炭制备原料，它具有可再生、低污染、二氧化碳“零排放”等优点，同时价格较低、灰分少，且与煤炭资源相比，生物质资源形成时间短，结构疏松，具备天然的优势，因此在燃烧和热解过程中具有自身的特点，易形成发达的孔隙结构，是制备活性炭的优良材料，是今后环境友好材料新技术应用的发展方向，值得进行深入研究。利用生物质所制备的碳材料由于具有较大的比表面积、表面丰富的含氧官能团以及较高的活性，因此其性能要优于使用传统化石原料等制备的碳材料，并且有利于其应用于吸附剂。国际生物碳行动（international biochar initiative）将生物质碳材料定义为限氧条件下生物质经化学热转换生成的固态材料。

1.2.1 生物质衍生碳材料的制备方法

生物质衍生碳材料的制备方法主要有热解法、微波法、水热法、气相沉积法、模板法等。

1.2.1.1 热解法

热解法是传统的制备碳材料的方法，主要包括炭化和活化两个步骤。

(1) 炭化

炭化是将生物质原材料在缺氧或无氧环境中进行高温裂解反应，去除生物质原材料中的挥发性成分并分解有机物，而得到具有一定孔隙率的炭化料。根据热分解过程的温度变化分为 4 个主要流程。

① 干燥过程，主要是用外部供给的热量蒸发原材料中所含水分，温度大约为 150℃，木质材料的化学成分没变化。

② 预炭化过程，温度在 150～275℃，木质材料热分解反应明显，原材料化学组成开始发生变化，其中不稳定的组分分解，如半纤维素分解生成二氧化碳、一氧化碳和少量乙酸等物质。

③ 炭化过程，此过程是活性炭炭化最重要的环节，温度在 275～400℃之间，因此又称为放热反应阶段。原材料急剧地进行热分解，生成大量分解产物，生成的液体产物中含有大量乙酸、甲醇和木焦油，生成的气体产物中二氧化碳含量逐渐减少，而甲烷、乙烯等可燃性气体逐渐增多。

④ 煅烧过程，温度在 400～500℃之间，依靠外部供给热量进行木炭的煅烧，这时生成的液体产物已经很少，该过程排出残留在木炭中的挥发性物质，提高木炭的固定碳含量。

应当指出，实际上这 4 个阶段的界限难以明确划分，由于炭化设备各个部位受热量不同，木质材料的热导率又较小，因此设备内木质材料所处的位置不同，甚至大块木材的内部和外部也可能处于不同热解阶段。影响炭化效果的因素有很多，如炭化温度、原料的粒度、保温时间、升温速率等。当炭化温度较低时，颗粒孔隙多，有利于进一步发生活化反应，但是在表观密度和强度方面有不足；当炭化温度较高时，颗粒孔隙少，反应能力降低，不利于活化反应的进行。当升温速率较慢时，热解产生的挥发性气体有足够的时间从样品中逸出，形成的孔隙多；当升温速率较快时形成的孔隙少。

(2) 活化

活化是利用气体（如水蒸气、二氧化碳）或化学试剂（如 $ZnCl_2$、K_2CO_3、KOH、H_3PO_4 等）对炭化料进一步加工处理的过程，其目的是改变炭化料的内部结构，扩大比表面积以增强吸附性能。活化反应进行得越充分，在碳材料表面形成的孔结构越丰富。活化时间、活化温度、活化剂用量和种类是影响活化效果的主要因素。

目前有物理活化法、化学活化法和物理-化学耦合活化法 3 种活化方法。

1) 物理活化法

物理活化法是以氧化性气体（如二氧化碳、水蒸气、空气等）为活化剂对炭化料进行活化。通过活化处理使炭化料的闭塞孔打开、已打开的孔隙扩大，同时创造出新孔，形成更发达的孔隙结构。该方法工艺过程简单，制备的活性炭微孔较发达且免清洗，对环境污染小。但活化温度较高、时间较长，且制备的活性炭比表面积小、得率低。

2) 化学活化法

化学活化法是目前活性炭制备的主要方法，该法是将化学活化剂按一定比例加入原料中，混合浸渍一段时间后同步炭化和活化。常用的化学活化剂有 $ZnCl_2$、KOH、

K_2CO_3 和 H_3PO_4 等。不同的化学活化剂制备的活性炭结果不同，总体来说，化学活化法制得的活性炭孔隙结构发达、比表面积大且得率高，但会残留药品，需反复洗涤，且化学活化剂对设备有腐蚀作用，也会造成一定的环境污染。

3）物理-化学耦合活化法

物理-化学耦合活化法是一种将化学活化法与物理活化法相结合的两步活化法。即先用化学活化剂浸渍原料，提高原料活性，在原料内部形成输送活化气体的通道；然后在高温下通入气体进行物理活化。该法制得的活性炭孔隙结构可有效调控，而且可以减少化学活化剂的用量，集成了物理活化法和化学活化法的优点，但工艺较复杂，生产成本高[47]。

1.2.1.2 微波法

微波法与热解法制备碳材料的主要区别是加热的原理不同。传统加热是由外部热源通过热辐射由表及里地传导加热，微波加热主要基于：当微波遇到不同材料时，依材料的性质不同会发生反射、吸收、穿透现象，这取决于材料的介电常数、介电损耗系数、比热容、形状和含水量等。一般来说介质在微波场中加热有两种机理，即离子传导机理和偶极子转动机理，在实际加热中两种机理的微波能耗散同时存在。微波加热具有选择性加热、加热速度快、热效率高、便于控制、易于自动化控制等优点，但也有不足之处，例如微波泄漏会对人体和周围环境造成危害，应合理设计微波反应腔并考虑适当使用微波吸收材料。另外，与微波相关的基础理论研究还相对缺乏，如微波对化学反应的影响机理、物质在微波场中的升温特性、微波场中的温度分布等，只有解决了这些问题微波技术才可能得到大规模工业化应用。

1.2.1.3 水热法

水热法，又称水热炭化技术，该方法是在封闭体系中，以水为介质，对反应体系加热加压，加速常温常压条件下反应缓慢的炭化过程，使生物质转化为碳材料。根据不同的反应机制和实验条件，水热炭化可以分为两种过程：第一种是低温水热炭化，温度不超过 300℃；第二种是高温水热炭化，温度在 300℃以上。低温水热炭化是一种条件温和、环境友好的方法，可以通过这种方法制备功能性碳材料。水热法最早可追溯到 19 世纪初从研究煤的形成机理开始。1913 年，德国化学家 Bergius 等在 250～310℃的水热条件下对纤维素进行炭化，得到一种黑色炭样，其原子个数比（O/C）相对于原料有较大程度的下降。随后有研究者将水热炭化的原料由纤维素扩大到其他生物质材料，对水热炭化技术进行了系统研究。生物质的水热炭化可加速生物质与水介质之间的物理化学反应，促进离子与酸/碱的反应，分解生物质中的碳水化合物结构，最终形成生物质碳材料并析出。然而生物质水热过程中水解和降解产物的逸出较少，水热法制备的多孔碳材料孔隙率一般都较低。因此，研究者对水热法制备的碳材料的孔隙率和比表面积进行了大量的改进，如加入模板或添加物等。也有研究者将水热炭化与活化法相结合制备了高比表面积碳。另外，催化剂在水热反应中具有重要的作用，使用金属离子等催化剂，不仅可以加快水热炭化的速度，还可以改善产物的结构与性质[48,49]。水热炭化具有以下优点：a. 以水为介质，可以不添加其他化学药剂，反应过程在密闭条件下进行，不会产生二次污染；b. 反应条件温和且时间短，降解产物少，反应便于控制；c. 不受原料含水率影响，可以省去干燥物料所耗费的巨大费用；d. 水热炭化过程中的脱水脱羧是放热反应，可提供一部分能量，从而降低水热反应的能耗；e. 水热炭化的水介质气氛有利于材料表面含氧官能团的形成，因此生物质炭具有丰富的表面官能团和良好的化学反应活性。尽管如此，水热法制备生物质衍生碳材料仍存在如下问题需进一步研究：

① 废弃生物质成分颇为复杂，各组分炭化所需的温度及时间各不相同，寻找有效的催化剂可促进生物质在低温水热条件下炭化，节约能耗，因此寻找绿色高效的水热催化剂是未来的研究方向之一；

② 水热炭化过程中，除生物质炭（固相产物）外，还会有液相（含有糠醛类化合物、有机酸、醛类等组分）及气相产物（CO_2、H_2、CH_4）生成，需进一步探究液相和气相产物的资源化利用及无害化处理；

③ 在目前的报道中，水热法制备生物质炭多是在实验室完成的，还未普及大型的工业生产，所以应继续深入研究，尽快实现水热生物质炭的大量、高效、廉价生产[50-52]。

1.2.1.4 模板法

该方法是将聚合物引入模板中，利用模板限域可控制备出与模板形貌相似的材料，随后移除模板即可。模板法在孔隙结构控制方面具有突出的优势，利用模板结构导向作用，通过改变模板剂孔道尺寸大小、形状及其结构有序性，可以控制碳材料结构，已成为制备有序中孔碳材料的重要方法。根据模板剂的不同，模板法主要分为硬模板法、软模板法和双模板法。

（1）硬模板法

硬模板法又称无机模板法，是以无机物为模板剂制备中孔碳材料。具体制备过程如下：将碳源浸渍到模板剂的孔道内，然后高温炭化，最后用 NaOH、HF 等刻蚀掉模板剂。模板剂孔道内浸渍的碳前驱体成为新的孔壁，而原来模板剂的孔壁经刻蚀后成为碳材料的孔道。常用模板剂有硅胶、天然矿石、中孔分子筛等。在移除此类模板时，由于需要使用 NaOH、HF 等有毒试剂，会对环境造成一定的不利影响。

（2）软模板法

软模板法，也称有机模板法，是使用离子胶团、带有烷基链的非离子表面活性剂、嵌段共聚物以及可以形成液晶相的其他有机化合物为模板剂制备中孔碳材料的一种方法。软模板法对原料和模板剂的要求比较苛刻，常用的碳前驱体通常有小分子直链多糖（葡萄糖、糠醛等）、酚类单体（苯酚、间苯二酚等）。此类模板的热稳定性差，当通过热处理的方式移除模板时，可以同时加固制备材料的结构。

（3）双模板法

双模板法指在制备碳材料过程中同时使用两种模板剂，也称为复合模板法。这种方法是在无机硬模板法和有机软模板法研究的基础上发展而来的，以期能制备出结构更加独特、性能更加优异的中孔碳材料[53]。

1.2.2 生物质衍生碳材料的研究现状

生物质衍生碳材料因具有优异的吸附性、良好的热稳定性、较高的机械强度等特点，在废水废气处理、电极材料、生物载体等方面具有良好的应用前景，引起了国内外学者的广泛关注。

南京航空航天大学的张涛[47] 以油菜籽壳、梧桐皮、桃核、龙眼皮和榴莲皮为原料，以 KOH 为活化剂，采用浸渍活化一步炭化法制备了生物质碳材料。电化学测试结果表明，在 2mol/L 的 KOH 溶液、1A/g 电流密度下的比电容可达 225F/g。以梧桐皮、桃核、龙眼皮和榴莲皮为原料，以 KOH 为活化剂，采用浸渍活化两步炭化法制备生物质碳材料。此外，以废弃的梧桐皮为原料，通过研磨活化两步炭化制备了高比表面积的生物质碳材料，研究发现加入活化剂比率对样品的比表面积和比电容有很大的影响：当活化剂与梧桐皮的质量比为 3∶1 时，样品的比表面积达到最大（$2141m^2/g$），1A/g 电流密度下的比电容可达 344F/g。以油菜籽壳为原料，采用水热法制备了高比表面积的生物质碳材料。采用油菜籽壳为原料，通过真空冷冻法制备了具有高比表面积及二级孔道结构的生物质碳材料。电化学测试结果表明，与单一孔道的生物质碳材料相比，所制备的样品具有高比电容和更好的倍率性能，在 20A/g 电流密度下的比电容仍达 177F/g。

山东建筑大学张长存[54] 以玉米秸秆芯和梧桐叶为碳源，通过水热法和 KOH 活化法制备多孔生物质碳材料，得到了表面具有蜂窝状微孔结构的物质，且具有更高的石墨化程度。利用得到的多孔碳材料作为超级电容器电极材料，表现出了良好的电化学性能。在电流密度为 0.5A/g 时，多孔碳材料电极具有最大的比电容，达到 315.5F/g。并且在电流密度为 2A/g 时，多孔碳材料电极具有优良的循环特性，循环 2000 次后仍有 81.8%的比电容被保留。

吉林大学丁丽丽[55] 以木质素、玉米芯、稻壳三种生物质材料为原料，采用不同的合成方法制备出多种碳材料，制备出了比表面积超过 $4000m^2/g$、总孔容超过 $3cm^3/g$ 的超高比表面积多孔碳材料，并探索了活化剂、孔结构和电容的关系，考察了所制备的多孔碳材料对罗丹明废水的吸附性能。

武汉科技大学的张成铖[56] 以不同的生物质为前驱体，分别通过与 KOH 的活化处理得到多孔结构的活性炭，并通过进一步的复合，优化材料整体电容性能。其中，以柚子皮为前驱体，活化处理得到的多孔活性炭与石墨烯和碳纳米管复合制备成柔性自支撑的膜电极，不需要额外的黏合剂和集流体，直接作为电极材料应用。

内蒙古大学雷艳秋[57] 以农业剩余物玉米秸秆和林业生物质沙柳为起始原料，采用水热炭化及功能化、石墨化和高温活化技术制备碳基材料。以沙柳为原料，制备的活性炭的比表面积达到 1021.87m^2/g，并通过在氨水溶液中水热炭化与后期高温活化方法，制备了具有碳纳米管状结构的氮掺杂多孔碳材料，在温度为 25℃、吸附压力为 0～1.0bar（1bar = 10^{5}Pa）、吸附时间为 58min 条件下对 CO_2 的饱和吸附量达到 110.1mg/g。

东北电力大学赵广震[58] 针对液态生物质资源，采用水热炭化和活化炭化两步法制备了源于过期果粒橙的具有丰富孔隙结构的多孔碳材料，比表面积高达 2149m^2/g，超级电容储能性能结果发现：HPC-4 的比电容高达 452.7F/g（1A/g）。组装的全固态对称超级电容器的能量密度达到 14.1W・h/kg，具有优良的稳定性（经过 6000 次 GCD 循环，电容保持率可以达到 90%）。针对固态废弃资源，采用以 $ZnCl_2$ 和 $Mg(NO_3)_2$ 为双模板剂的一步炭化法制备花生粕衍生多层次孔碳材料，在炭化温度 800℃ 和双模板剂/碳源（质量比）为 2 时，具有超高比表面积（2000m^2/g）。

南京航空航天大学的臧锐[59] 以真菌木耳作为碳源、KOH 为活化剂，制备了具有超大比表面积的活性炭材料，比表面积和孔容分别达到了 3160m^2/g 和 1.73cm^3/g。以平菇为碳源，采用水热炭化结合 KOH 活化的方法制备出了具有大孔、介孔和大量微孔多级孔道生物质基活性炭材料，并研究了不同水热温度下材料的孔结构和电化学性能。结果表明，当水热温度为 200℃ 时材料获得了最大的比表面积（1553m^2/g）和孔容（0.98cm^3/g），平菇基活性炭在 1A/g 电流密度下的比电容为 203F/g，获得了较高的比电容。以芒果核作为碳源，采用自活化法高温炭化制备出具有大量介孔和大孔结构的碳材料。通过自活化法制备的样品的比表面积依然达到了 1305m^2/g，在 5mV/s 扫速下的比电容为 130F/g。

四川师范大学的伍华丽[60] 以香菇作为前驱体，采用 H_3PO_4 活化、不同温度炭化的方式获得系列生物质的碳材料。在以香菇为基质材料的基础上，研究了常用的 H_3PO_4、K_2CO_3、KOH 和 $ZnCl_2$ 四种活化剂对碳材料的活化机理及相应的碳硫复合材料在锂硫电池中的电化学性质。以鸡蛋清作为基质材料，同时原位引入少量的二维还原氧化石墨烯（rGO）和一维碳纳米管（CNTs），通过活化和高温处理构建出了具有三维导电网络结构的碳材料。

吉林大学的杨婷婷[61] 以可再生丝状真菌为原料制备了比表面积为 1800m^2/g 的多孔活性炭，研究证明 N 掺杂的多孔活性炭电极显示出 298F/g 的高比电容，并且在 10000 次循环后具有 100%电容保持率，循环稳定性优异。此外，这种材料的倍率性能比石墨烯和活性炭都要好，组装之后的对称式超级电容器器件具有 10.32W・h/kg 的能量密度。

吉林大学的李纯[62] 利用农业废弃物玉米秸秆为原材料，采用不同的活化剂及工艺制备多孔生物质碳材料，并对生物质碳材料进行了物理表征及电化学性能测试。通过研究发现，以玉米秸秆水解半纤维素、提取木质素以及水解纤维素后的残渣制备的残渣碳材料具备中孔碳微球和介孔片状碳的共存结构。电化学测试表明，在电流密度为 0.2C（1C=372mA/g）时，材料的初始放电比电容为 1116.8mA·h/g，循环 100 个周期后可逆比电容可达 438.9mA·h/g。

陕西师范大学的刘瑞林[63] 以香蕉皮为原料，采用不同方法制备了一系列香蕉皮衍生多孔碳材料、氮掺杂多级孔碳材料、类肠状介孔碳材料、磁性碳质固体酸催化剂等，并研究了它们在二氧化碳捕获、有机污染物消除、胆红素吸附以及尺寸选择性分离蛋白质等方面的应用。

湖南工业大学的卢小伟[64] 以茶籽、坚果壳与黄豆渣三种不同生物质固体废物为原料制备生物质衍生碳材料，并采用物理表征手段如 SEM、TEM、XRD 及 Raman 等对生物质碳材料的结构形貌进行探究分析。通过对生物质固有的形貌结构进行碳材料的改性处理，进而改善及研究碳材料应用于超级电容器的电化学性能。

华南理工大学的万红日[65] 以甘蔗渣、小麦秸秆和刨花（木材屑）等生物质作为碳源，通过一种简单且通用的高温活化的方法制备出了三维多孔碳材料。所得三维多孔碳材料不仅具有大孔结构，还具有丰富的介孔结构以及微孔结构，并通过大孔桥连形成多级孔结构，为锂离子的储存提供了通道和位点，从而提高电池的性能。

青岛科技大学的杨菲[66] 以废弃悬铃木种子为碳源，采用直接炭化法、炭化-活化法、水热-炭化法和碱水热-炭化法四种方法制备了具有不同孔结构的碳材料。通过对比发现碱水热-炭化法制备的 H/K-PSC800 的多孔结构参数是最优的。研究发现 H/K-PSC800 样品具有非常大的比表面积（1540.6m^2/g）和微孔、介孔及大孔结构并存的三维网状海绵结构。除此之外，H/K-PSC800 样品还具有优异的比电容（在含水电解质中 1.0A/g 的电流密度下其比电容为 315F/g）、良好的容量保持率（电流密度增加 10 倍，其比电容降低 28.9%）和高循环稳定性（2000 次循环后仍然具有 93%的初始电容保持率），由其组装得到的超级电容器具有优异的能量密度和功率密度（在 500W/kg 的低功率密度下其能量密度为 30.9W·h/kg）。

江苏大学的谢阿田[67] 分别以生物质小分子葡萄糖、纤维素基复写纸和羧甲基纤维素钠为碳前驱体，通过 KOH 活化法结合模板法制备出三种多孔碳材料，建立了生物质转化为结构与性能可控多孔碳材料新方法，并应用于净化磺胺二甲基嘧啶（SMZ）、四环素（TC）、氯霉素（CAP）三种典型抗生素模拟废水。

山东建筑大学的王晓丹[68] 以玉米秸秆作为碳源来制备多孔碳材料，并将其用作超级电容器用电极材料和含铬废水吸附剂。

湘潭大学的魏同业[69] 以构树皮为原料通过 KOH 和 H_2SO_4 水热法制备掺杂多孔碳材料，并应用于超级电容器。以茶花花瓣为碳源通过爆炸辅助炭化法制备杂原子掺杂、褶皱碳纳米片（CNS）电极材料。

除此之外，还有研究人员以棉花秸秆[70]、柚子内皮和商业碱性木质素[71]、杨絮和梧桐飘絮[72]、长柄扁桃壳[73]、植物叶片[74]、木耳[75]、糯米[76]、芡实壳[77]、香蒲和猕猴桃果皮等[78,79]、竹子和小麦秸秆[80]、茶叶渣、花生壳和黄豆皮[81]、豆渣和马铃薯渣[82]、莲蓬壳[83]、百合根茎[84]、浮萍[85]、剑麻[86]、杨木屑[87]、污泥[88-91]、落叶[92]、菊花茶残余物和冬瓜[93]、海带和海藻酸钠[94] 等不同生物质制备生物质衍生碳材料，并研究了这些衍生碳材料在节能环保和能源等领域的应用，为种类多、来源广、产量大、价格低的生物质有效利用提供了理论基础。

综上所述，以生物质为原料，尤其是以生物质废弃物为原料可以制备碳材料，而且所制造的衍生碳材料具有优异的特性，是实现生物质资源化利用的一种非常有效的方法。

1.2.3 发展生物质衍生碳材料的意义

能源危机和环境污染已经成为制约社会和经济发展的关键因素，严重阻碍着社会化和工业化的进程，需寻求无污染的“绿色”能源来减少或者替代目前使用的化石燃料，以满足当今的能源需求。现在的能源主要指碳源，因此寻找新的碳源是当今必须解决的问题。生物质作为一种替代资源，储存量大、品质优、循环周期短，是合成高性能碳材料的优质碳源。在全球范围内，不仅每年有超过 1400 亿吨的农产品废弃物，同时还有大量的林业废弃物、城市垃圾、禽畜粪便，以及多达几百万吨的螃蟹壳、虾壳等海产品废料。我国废弃生物质资源极为丰富，每年农作物秸秆产量约 7 亿吨、蔬菜废弃物 1 亿～1.5 亿吨、城乡生活垃圾和人类粪便约 2.5 亿吨、禽畜粪便约 3 亿吨、林业废弃物约 3700 万吨。而且随着城市化的发展，我国的污水处理设施逐渐普及，剩余污泥产量大幅度增加，截至 2017 年，我国的湿污泥年产量已达 4000 万吨（含水率 80%），折合成干污泥也有 800 万吨。这些生物质资源如果不被有效利用，不仅浪费了生物质资源，而且加剧了对生态环境的污染或潜在污染。随着科技的发展，大力开发高效、低碳、环保的废弃生物质处理技术，充分利用贮存在生物质中的生物质能，对于缓解能源紧张、生态失衡、环境污染等问题所带来的压力具有重要意义。

生物质碳技术是生物质资源化利用的新兴技术，它主要是将生物质炭化并以稳定态碳的形式固定下来，从而形成新型的生物质衍生碳材料。这些生物质衍生碳材料由于具有较大的比表面积、可控的孔结构、较好的热稳定性和较低的吸附温度，可以有效地处理氨气、二氧化硫和二氧化氮等以及室内空气污染物（甲醛等），在净化气体、溶液脱色、污水处理（染料、重金属离子、洗涤剂、除草剂、农药和多环芳烃等）等方面得到了广泛应用。除此之外，碳材料还由于化学稳定性好、在强酸或强碱条件下不会被氧化、力学性能好以及比表面积高等特点，可以负载各种金属或非金属成分，制备非均相催化剂，用于各种化学反应的催化，例如氧化反应、脱氢反应、氢化反应、加氢脱氧、加氢脱氮、加氢脱硫和电催化反应等。除此之外，众所周知，多孔碳基电容器在电化学超级电容器中占有非常大的比例，存储基于碳基超级电容器的能量包括电荷在碳电解质界面的分离而引起的双电层电容和碳表面上官能团导致的伪电容。多孔碳材料具有高比表面积、可以调控的孔径、良好的化学稳定性等特点，将成为非常有前景的超级电容器电极材料。

综上所述，高效地利用可再生、低成本以及储量多的生物质资源制备生物质衍生碳材料，变废为宝，将有助于实现目前倡导的绿色可持续化学，具有重要的现实意义。

参考文献

[1] 郑涛．福建省生物质材料创新研究与产业发展［J］．福建林业科技，2011，38（2）：159-163.

[2] 李十中．生物质材料产业发展及其策略［J］．新材料产业，2005（1）：50-52.

[3] Kamm B，Gruber P R，Kamm M. 生物炼制-工业过程与产品（上卷）［M］．马延和，译．北京：化学工业出版社，2007：295-296.

[4] European Parliament. Directive 2009/28/EC of the European Parliament and of the Council of 23 April 2009 on the promotion of the use of energy from renewable sources and amending and subsequently repealing Directives 2001/77/EC and 2003/30/EC（Text with EEA relevance）［EB/OL］．［2011-06-08］.

[5] 孙振钧．中国生物质产业及发展取向［J］．农业工程学报，2004（5）：1-5.

[6] 鲍甫成．发展生物质材料与生物质材料科学［J］．林产工业，2008，35（4）：3-7.

[7] 段新芳，叶克林，张宜生．我国林业生物质材料产业现状与发展趋势［J］．木材工业，2011，25（4）：22-25.

[8] 余红涛，等．高分子材料结构性能研究［M］．北京：中国水利水电出版社，2016：140-195.

[9] 汪晓鹏．简述医用高分子材料的发展与应用［J］．西部皮革，2020，42（17）：30-31，33.

[10] 陈敏敏．聚乳酸-羟基乙酸共聚物纳米纤维的功能化及其在生物医学的应用［D］．合肥：合肥工业大学，2020.

[11] 王海之，金怡，钱旻．生物医学材料产业发展现状及前景分析［J］．科技导报，2002（1）：10-12，24.

[12] GB/T 39514-2020.

[13] 王天民，郝维昌，王莹，等．生态环境材料——材料及其产业可持续发展的方向［J］．中国材料进展，2011，30（8）：8-16，49.

[14] 黄进，夏涛，郑化．生物质化工与生物质材料［M］．北京：化学工业出版社，2009.

[15] 王洁，包丞玉．综述生态环境材料的利用［J］．科技创新与应用，2015（5）：23-26.

[16] 李爱民，孙康宁，尹衍升，等．生态环境材料的发展及其对社会的影响［J］．硅酸盐通报，2003（5）：78-82.

[17] 聂祚仁．循环型社会的生态环境材料［J］．中国材展，2009，28（5）：38-44.

[18] 王程，施惠生，李艳．生态环境材料与可持续发展［J］．中国非金属矿工业导刊，2009（6）：22-24.

[19] 李铖．生态环境材料研究现状及发展［J］．玻璃纤维，2005（5）：14-18.

[20] 何峰．生态环境材料与社会可持续发展［J］．国外建材科技，2001（4）：1-6.

[21] 张录平，李晖，刘亚平，等．高分子生态环境材料的研究进展及应用［J］．工程塑料应用，2009，37（9）：87-90.

[22] 汪怿翔，张俐娜．天然高分子材料研究进展［J］．高分子通报，2008（7）：66-76.

[23] 高振华，邸明伟．生物质材料及应用［M］．北京：化学工业出版社，2008：7-9.
[24] 石元春．我国生物质能源发展综述［J］．智慧电力，2017，45（7）：1-5，42.
[25] 闫金定．我国生物质能源发展现状与战略思考［J］．林产化学与工业，2014，34（4）：151-158.
[26] 肖丽娜，莫笑萍，许芳燕，等．国外生物质能源发展潜力研究进展［J］．中国人口·资源与环境，2014，24（S2）：61-64.
[27] 张迪茜．生物质能源研究进展及应用前景［D］．北京：北京理工大学，2015.
[28] 胡南，谭雪梅，刘世杰，等．循环流化床生物质直燃发电技术研究进展［J/OL］．洁净煤技术：1-10［2021-09-14］.
[29] 电力规划设计总院．中国低碳化发电技术创新发展年度报告［M］．北京：人民日报出版社，2021：86-95.
[30] 国家能源局．2020年度全国可再生能源电力发展监测评价报告［R］．2021.
[31] 马隆龙，唐志华，汪丛伟，等．生物质能研究现状及未来发展策略［J］．中国科学院院刊，2019，34（04）：434-442.
[32] 袁振宏，雷廷宙，庄新姝，等．我国生物质能研究现状及未来发展趋势分析［J］．太阳能，2017（02）：12-19，28.
[33] 张百良，樊峰鸣，李保谦，等．生物质成型燃料技术及产业化前景分析［J］．河南农业大学学报，2005（01）：111-115.
[34] 张宝心，姜月，温懋．生物质成型燃料产业研究现状及发展分析［J］．能源与节能，2015（02）：67-69.
[35] 周淑千．生物医用材料发展现状与趋势展望［J］．新材料产业，2019（7）：43-47.
[36] 姜闻博．生物医用材料现状和发展趋势分析［J］．信息记录材料，2018（3）：23-24.
[37] 任玲．生物医用材料：生命健康之关键材料——生物医用材料分论坛侧记［J］．中国材料进展，2018（9）：734-735.
[38] 魏利娜，甄珍，奚廷斐．生物医用材料及其产业现状［J］．生物医学工程研究，2018（1）：1-5.
[39] 郭文静，鲍甫成，王正．可降解生物质复合材料的发展现状与前景［J］．木材工业，2008（1）：12-14，18.
[40] 吴爽．生物质高分子材料应用和发展趋势［J］．当代化工，2012，41（10）：1054-1058.
[41] 段新芳，叶克林，张宜生．我国林业生物质材料产业现状与发展趋势［J］．木材工业，2011，25（4）：22-25.
[42] 王喜明．沙生灌木人造板生产技术产业化现状与发展［C］//第二届全国生物质材料科学与技术学术研讨会论文集．呼和浩特，2008：1-7.
[43] 丁炳寅．农作物秸秆人造板工业发展概述［J］．中国人造板，2016，23（11）：1-9，31.
[44] 邵威龙．改性玉米淀粉基生物胶黏剂的绿色制备与机理研究［D］．济南：齐鲁工业大学，2020.
[45] 单人为，田美芬．胶黏剂在人造板上的应用现状［J］．绿色科技，2020（4）：139-140.
[46] 马玉峰，龚轩昂，王春鹏．木材胶黏剂研究进展［J］．林产化学与工业，2020，40（2）：1-15.
[47] 张涛．生物质碳材料的制备及其超电容性能研究［D］．南京：南京航空航天大学，2013.
[48] 王晓丹，马洪芳，刘志宝，等．多孔生物质碳材料的制备及应用研究进展［J］．功能材料，2017，48（7）：7035-7040，7044.
[49] 卢清杰，周仕强，陈明鹏，等．生物质碳材料及其研究进展［J］．功能材料，2019，50（6）：6028-6037.
[50] 刘亦陶，魏佳，李军．废弃生物质水热碳化技术及其产物在废水处理中的应用进展［J］．化学与生物工程，2019，36（1）：4-13.
[51] 刘娟．生物质废弃物的水热碳化试验研究［D］．杭州：浙江大学，2016.
[52] 何选明，王春霞，付鹏睿，等．水热技术在生物质转换中的研究进展［J］．现代化工，2014，34（1）：26-29.
[53] 宋曜光，刘军利，许伟，等．模板法制备木质素基中孔炭材料研究进展［J］．生物质化学工程，2018，52

(1)：60-68.
[54] 张长存．生物质碳材料的制备及其性能研究［D］．济南：山东建筑大学，2016.
[55] 丁丽丽．生物质基碳材料的制备及性能研究［D］．长春：吉林大学，2014.
[56] 张成铖．生物质碳材料的制备及电化学性能［D］．武汉：武汉科技大学，2015.
[57] 雷艳秋．生物质基碳材料的制备及在环境与能源中的应用［D］．呼和浩特：内蒙古大学，2017.
[58] 赵广震．生物质衍生多孔碳材料的制备及其超级电容储能性能研究［D］．吉林：东北电力大学，2020.
[59] 臧锐．生物质基活性炭材料的制备及电化学性能的研究［D］．南京：南京航空航天大学，2016.
[60] 伍华丽．基于生物质碳材料的锂硫电池正极材料构建、微结构及电化学性质研究［D］．成都：四川师范大学，2018.
[61] 杨婷婷．生物质多孔碳材料及其复合物的制备与电化学性能的研究［D］．长春：吉林大学，2018.
[62] 李纯．玉米秸秆基生物质碳材料的制备及其电化学性能研究［D］．长春：吉林大学，2018.
[63] 刘瑞林．生物质基多孔碳材料的制备及在吸附、分离与催化中的应用研究［D］．西安：陕西师范大学，2015.
[64] 卢小伟．生物质碳材料用于超级电容器的性能研究［D］．株洲：湖南工业大学，2019.
[65] 万红日．N/S掺杂生物质衍生多孔碳材料的制备及储锂/储钠性能研究［D］．广州：华南理工大学，2019.
[66] 杨菲．生物质基多级孔碳材料的制备、优化及其超级电容器性能研究［D］．青岛：青岛科技大学，2019.
[67] 谢阿田．生物质基多孔碳材料的制备及其处理抗生素污水的应用研究［D］．镇江：江苏大学，2017.
[68] 王晓丹．生物质碳材料制备及性能研究［D］．济南：山东建筑大学，2018.
[69] 魏同业．生物质基多孔碳材料的制备与应用［D］．湘潭：湘潭大学，2016.
[70] 李哲．生物质三维多孔碳材料及柔性储能研究［D］．石河子：石河子大学，2019.
[71] 张贺．生物质基多孔碳材料的制备及其在锂硒电池正极中的应用研究［D］．济南：山东大学，2017.
[72] 黄飞．生物质碳材料、Fe_3O_4/C复合材料的制备与吸波性能研究［D］．淮北：淮北师范大学，2018.
[73] 李文超．木质纤维生物质制备碳材料及其在超级电容器中的应用［D］．西安：西北大学，2017.
[74] 许芮，宋伟明，孙立，等．氧化裂化合成生物质碳材料及其电化学性能研究［J］．功能材料，2020，51(4)：4124-4131.
[75] 陈旭．生物质碳材料制备及其电化学性能的研究［D］．哈尔滨：哈尔滨工程大学，2015.
[76] 唐宏杨．生物质碳源制备低维碳材料及其电化学性能的研究［D］．成都：电子科技大学，2018.
[77] 张海燕．芡实壳制备生物质多孔碳材料及其吸附性能优化研究［D］．北京：中国地质大学，2018.
[78] 刘留．生物质基碳材料的制备及其电化学性能研究［D］．石河子：石河子大学，2019.
[79] 齐东平．生物质基碳材料及其复合材料的制备以及电化学性能的研究［D］．哈尔滨：哈尔滨工程大学，2014.
[80] 程友民．多孔生物质碳材料在锂硫电池中的应用及电化学性能研究［D］．湘潭：湘潭大学，2016.
[81] 任晓霞．废弃生物质衍生硬碳材料的制备及其储钠性能的研究［D］．太原：太原理工大学，2019.
[82] 杨谦．生物质废弃物基高性能多孔碳材料的制备及其在超级电容器中的应用［D］．兰州：西北师范大学，2016.
[83] 刘鑫鑫．生物质多孔碳材料的制备及应用研究［D］．济南：山东建筑大学，2019.
[84] 李志敏，王倩，王成娟，等．百合生物质碳材料的制备及其电化学性能研究［J］．西北师范大学学报（自然科学版），2018，54(6)：52-57，63.
[85] 张家彰．生物质基碳材料在超级电容器中的研究及应用［D］．杭州：浙江理工大学，2019.
[86] 李梦琳．生物质剑麻衍生碳材料的制备及电化学储能研究［D］．秦皇岛：燕山大学，2020.
[87] 王洗志．生物质多孔碳材料的电化学及其气体吸附性能研究［D］．北京：北京化工大学，2018.
[88] Ren X，Liang B，Liu M，et al. Effects of pyrolysis temperature，time and leaf litter and powder coal ash addi-

tion on sludge-derived adsorbents for nitrogen oxide [J]. Bioresour Technol, 2012, 125 (none): 300-304.
[89] 任晓莉，高强，孙瑶，等. 响应面法优化微波热解制备污泥-秸秆吸附剂的工艺研究 [J]. 环境工程学报，2016，10 (6)：3223-3228.
[90] Ren X, Yang L, Liu M. Kinetic and thermodynamic studies of acid scarlet 3R adsorption onto low-cost adsorbent developed from sludge and straw [J]. Chinese Journal of Chemical Engineering, 2014, 22 (2): 208-213.
[91] 任晓莉，朱开金. 化学干法热解制备污泥吸附剂及其工艺优化 [J]. 化工进展，2013，32 (12)：2997-3001，3031.
[92] 任晓莉，高强，孙瑶，等. 微波诱导热解法制备落叶吸附剂及其工艺优化 [J]. 安全与环境学报，2015，15 (4)：284-287.
[93] 杜娟. 生物质基多级孔碳材料的制备及其吸附和电化学性能 [D]. 石家庄：河北科技大学，2018.
[94] 李思媛. 生物质基碳材料的制备及其电催化性能研究 [D]. 北京：北京化工大学，2020.

第2章 微波热解法制备污泥衍生碳材料

2.1 剩余污泥简介

2.1.1 剩余污泥的来源

剩余污泥主要指污水经过一系列处理程序后所产生的半固态或固态废弃物。活性污泥法是目前世界上应用最广泛的污水生物处理技术，但它一直存在一个大的弊端，就是会产生大量的剩余污泥。随着全球经济的不断发展、人口剧增，市政污水处理厂的建设规模与处理程度也在不断扩大和提高，从而导致污水处理厂剩余污泥的产量与日俱增。

污水处理厂的增加与污水处理能力的提升会导致大量剩余污泥的产生。根据经验估算：污水处理厂在每天处理1万吨污水的情况下会产生6～10t污泥，在每天处理2000t生活污水的情况下会产生1.0～1.2t污泥[1]。随着我国工业和城镇化进程的快速发展，污泥的产量在迅速增加，中国已成为一个新兴的污泥市场。据统计，2013年年底中国有3508个污水处理厂，产生了大量的污水污泥，但是只有25%的污泥得到了适当的处理；2016年，中国污水处理厂的数量达到5300多个，产生了大约3000万吨含水量为80%的湿污泥。2019年我国污泥产量已超过6000万吨（以含水率80%计），预计2025年我国污泥年产量将突破9000万吨[2,3]。

2.1.2 剩余污泥的危害

剩余污泥含水率高、成分复杂，包括微生物菌体、有机残片、胶体及一些无机颗粒。除了含有大量的有机物，丰富的N、P、K等无机元素，营养盐等有用物质外，还含有大量的有毒有害物质，如寄生虫卵、细菌、病毒等多种微生物，以及重金属、致癌物等。如果这些污泥不进行妥善处置而随意排放，不仅会造成资源的浪费，更会对生态环境造成严重污染。因此，如何将污泥成分资源化利用，经济有效地处置剩余污泥并回收资源，缓解当下城市污水处理厂剩余污泥处置的难题，已经成为国内外研究人员关注的热点问题。

2.1.3 剩余污泥的处置方法

目前，在全球普遍倡导的可持续发展战略的影响下世界上许多国家越来越重视剩余污泥的资源化利用，污泥作为一种可以回收利用的资源与能源的载体，对它们的处理处置正朝着无害化、减量化、稳定化、资源化的方向发展。常用的污泥处置法有填埋法、焚烧法、土地利用、建材利用、制备碳材料等。

2.1.3.1 填埋法

填埋法是传统的处理污泥的方法，这种方法在发达国家的应用开始于20世纪70年代。填埋法具有操作简单、投资费用少、处置容量大、见效快的特点，曾经是剩余污泥的主要处置方式之一。但是，其也有明显的不足之处：污泥中含有的有毒有害物质会以渗滤液和臭气的方式污染地下水和大气；随着污水处理厂剩余污泥的大量产出，可供污泥填埋的填埋场容积会越来越有限，所以用地紧张的地方不宜使用；高昂的运输费用也是制约污泥卫生填埋的一个重要问题[4]。除此之外，填埋法饱受争议的另一个重要的原因是，填埋并不能解决污染源的存在，污泥在地下仍然会产生新的污染（如渗滤液可能污染地下水等），对人类健康造成潜在威胁。因此，近年来，无论是欧盟国家还是美国、日本都已经对污泥填埋方法实行严格控制。2005年，法国就已经禁止污泥填埋。在美国，现有的污泥填埋场已经逐步关闭。在我国，污泥的泥质在填埋前要通过测试，应满足《城镇污水处理厂污泥处置　混合填埋用泥质》(GB/T 23485—2009）规定的标准要求，并严格依据《城镇污水处理厂污泥处理处置及污染防治技术政策（试行）》(2009年）中的要求，对填埋前的污泥进行稳定化处理，同时要求污泥填埋场应有沼气的利用系统，要求渗滤液达标排放[5]。

2.1.3.2 焚烧法

焚烧法处理污泥是利用污泥自身所含的热量，必要时引入外加辅助燃料，通过燃烧实现污泥彻底无害化处置的过程。与其他污泥处理处置方法相比，焚烧法是一种相对安全的污泥处置方式，具有减量化彻底、处理速度快、占地省等优点，同时污泥燃烧产生的热能可回收利用，污泥焚烧灰还可以作为制备建材的生产原料。自20世纪90年代起，德国、丹麦、瑞士等欧盟国家就开始将焚烧法作为处理污水污泥的主要方法，2015年，欧盟（28国）污泥产量已达344.99万吨（干污泥），焚烧处理的比例为41.3%，焚烧量达128.82万吨，已经超过农用、堆肥、填埋及其他处置方法。在日本，较大范围采用焚烧法处置污泥，焚烧灰主要用作建材。我国自2004年11月国内首个污泥焚烧工程——石洞口污泥干化焚烧处理工程（一期）投运以来，就开始了污泥焚烧处理技术的工程实践，并陆续建成上海竹园、深圳老虎坑、深圳上洋、杭州七格、成都第一污水厂等污泥焚烧项目，这些工程项目为我国在污泥焚烧成套装备、技术、二次污染控制等方面积累了大量宝贵经验[6,7]。

2.1.3.3 土地利用

剩余污泥中丰富的有机物，氮、磷、钾等营养元素和钙、镁、铜、铁、锌等微量元素，能够起到改善土壤结构、降低土壤腐蚀、提供养分、促进植物生长的作用，因此可以将污泥用于农用、林业、景观绿化、土壤修复、沙化治理等方面。但由于剩余污泥中还含有大量病菌、重金属等难降解有毒物质，所以不鼓励将污泥直接应用，一般都要对污泥进行转化和改性之后才能利用。最常见的方法包括污泥厌氧消化、污泥好氧消化以及制污泥复合肥。污泥堆肥是一种常用的方式，即在微生物的作用下污泥高温发酵使其中的病原菌无害化、有机质分解，把有机废物分解转化成类腐殖质。我国相继制定了《城镇污水处理厂污泥处置　园林绿化用泥质》(GB/T 23486—2009) 及《农用污泥污染物控制标准》(GB 4284—2018) 等，对污泥中污染物浓度、卫生学指标、理化指标及允许使用地类型均做了明确要求。同时国家“十三五”规划、《水污染防治行动计划》(简称“水十条”) 及《土壤污染防治行动计划》(简称“土十条”) 中均提及：污泥应经稳定化、无害化和资源化处理处置后鼓励用于园林绿化。西欧各国通过严格的法规倡导污泥的农业利用，在保护土壤、消除污泥不利影响的同时，最大限度地发挥污泥回用于农业的使用价值。欧洲环保委员会在环境保护法令中指出，污泥回用于农业必须是安全的，污泥中不应含有对农作物有害的病原菌[1,2,5,8,9]。

2.1.3.4 建材利用

污泥中含有无机物及富含 Al、Si、Ca 等化学成分的氧化物，与一些建筑材料中的成分相似，可用于制造建筑材料。除此之外，污泥中含有的细菌及病毒等有害物质经过高温烧制几乎被完全消除，污泥中的重金属也可以在建材中得到有效的固化而不会引起环境污染。污泥可制成的建材有砖或砌块、生态水泥、轻质陶粒、微晶玻璃、生化纤维板和空心砖等。污泥建材化可以填补我国目前建材原材料匮乏的缺口，也为如何妥善、合理处置污泥的问题找到了解决办法。但是在实际的生产实践中也遇到一些问题，例如：生态水泥如果含氯量大会腐蚀钢筋；板材成品可能有臭味，强度也有待提高等。除此之外，在满足建材基本性能的前提下污泥的掺量也有待提高[1,5,10]。

2.1.3.5 其他

近年来，许多学者致力于开发新的污泥资源化技术，例如，利用城市剩余污泥含碳物质的特点制备衍生碳材料、利用污泥热量值高的特点合成燃料、污泥厌氧消化制沼气、污泥热解制油、污泥微生物中蛋白质提取等。这些污泥资源化利用新技术尽管目前并不完善，但是在变废为宝、环境友好方面具有一定的优势。总之，实现剩余污泥的稳定化、无害化、资源化已经成为污泥处置的主要方向。

2.1.4 剩余污泥制备衍生碳材料的研究进展

近年来，国内外研究人员对污泥吸附剂的制备方法及其应用研究产生了浓厚的兴趣。

北京师范大学的全向春等[11] 将北京清河污水处理厂的废弃污泥在碱性环境中用 CS_2 处理，成功引入了含硫基团，制备出了黄原酸酯类重金属吸附剂，并进行了 Cu^{2+} 的吸附实验研究，结果表明黄原酸化废弃污泥制备的吸附剂可作为高效重金属离子吸附剂，实现废弃资源的回收利用。Bae Junghyun 等[12] 通过高温焙烧明矾污泥，制备出了具有发达的中孔微孔结构的颗粒状吸附剂，实现了对气态三甲胺的高效吸附。Yuan Xingzhong 等[13] 采用乙醇液化法制备污泥生物碳材料，并对其含氧功能团、孔隙结构和表面特征进行了表征，认为液化污泥生物碳材料是一种有潜力的吸附剂。Saib A Yousif 等[14] 以固定床为吸附器，研究了 Pb^{2+}、Hg^{2+}、Cr^{3+}、AS^{5+} 在干燥污泥上的穿透曲线和吸附-解吸实验，该项研究表明活性污泥可以作为一种有效的环境友好型吸附剂，用于含重金属废水处理。Eko Siswoyo 等[15] 以饮用水处理厂的沉淀污泥为原料制备出了吸附剂，并进行了水中镉离子的吸附实验，认为腐殖酸和铁氧化物是吸附材料中影响镉离子吸附的关键因素。Yehya A El-Sayed 等[16] 采用半静态蒸汽工艺制备出了污泥吸附剂，即将污泥在饱和水蒸气环境下进行炭化和活化，制备过程与外界空气隔绝。对比研究发现，与传统方法相比这种方法制备的污泥吸附剂表面呈酸性、碳含量高，而且金属含量也不同。Sassi M 等[17] 用酸和碱溶液处理日常污泥，干燥、研磨之后作为吸附剂，并研究了这种吸附剂对铅离子的吸附规律，研究显示污泥可以作为商业活性炭的替代品用来处理废水中的重金属。Liao Li 等[18] 以氯化锌为活化剂，将玉米秸秆添加到污泥中制备吸附剂，结果显示添加玉米秸秆可以提高污泥吸附剂的比表面积和微孔数量，改变吸附剂的吸附性能，不仅可以高效去除渗滤液中的 COD（化学需氧量），而且可以去除长链烷烃和难降解有机物。Rajiv 等[19] 将污泥和鱼的排泄物混合，利用高温热解和二氧化碳活化的方法制备吸附剂，并用于硫化氢的吸附。结果表明，化学成分的协同效应能够增加对硫化氢的吸附，吸附剂表面反应与钾、钠、铁、钙和镁等金属有关。当鱼的排泄物含量较低的时候可以达到最强的协同效应，随着含量增加，由于热解时碱金属和硅反应，协同效应减弱。Shohreh Mohammadi 和 Nourollah Mirghaffari[20] 将燃料油储罐中的污泥热解制备了氢氧化钾活化和未活化两种吸附剂，并对矿山废水中的镉进行了吸附研究，活化后的污泥吸附剂对镉有较好的去除效果，该研究认为用石化污泥制备处理废水的多孔碳材料具有潜在的应用前景。Parmila Devi 和 Anil K Saroha[21] 以造纸污泥为原料，研究了热解温度和碳酸钙添加量对生物质碳材料得率的影响，发现温度越高，生物质碳材料得率越低，碳酸钙尽管对得率影响不大，但是却可以影响其表面积和孔容，并发现添加 3%碳酸钙的生物质碳材料对氯苯酚的去除率可以达到 87%。Vania Calisto 等[22] 分段高温热解造纸污泥制备出吸附剂，并进行了从废水中去除抗抑郁药物（西酞普兰）的实验研究，一方面实现了造纸污泥的资源再利用，另一方面也为废水治理提供了有价值的应用。Liu 等[23] 采用氯化锌活化法制备污泥衍生吸附剂，并发现其对燃煤锅炉中排放的汞蒸气具有较好的去除效果，氧化性氛围可以提高污泥吸附剂对蒸气汞的吸附能力，并可以在一定程度上抑制二氧化硫对汞吸附的抑制作用。一氧化氮对汞的吸附没有明显影响，但含氯官能团在污泥吸附剂对蒸气汞的去除中具有非常重要的作用。Xiong Ya 等[24] 以柠檬酸-氯化锌作为混合制孔剂，采用一步热解法制备多孔碳基污泥吸附剂，并用其去除水溶液中的四苯衍生物，包括 4-氯苯酚、苯酚、苯甲酸和 4-羟基苯甲酸。北京林业大学的张立秋等[25,26] 研究了污泥基活性炭的制备及其对重金属离子 Cu^{2+} 和 Pb^{2+} 及有机污染物硝基苯的吸附去除效能，发现所制备的污泥基活性炭尽管比表面积没有商品活性炭高，但是对金属离子 Cu^{2+} 和 Pb^{2+} 的吸附容量高，且稳定性好，不会造成二次污染。除此之外，还研究了添加玉米芯以及酸、碱改性后的污泥吸附剂催化臭氧氧化去除水中对氯苯甲酸（*p*-CBA）的效能和机理，认为改性后的污泥吸附剂表面酸性和碱性官能团含量增加，促进了臭氧氧化去除 *p*-CBA 的效果。广州大学的潘志辉等[27] 利用化学污泥为原材料制备污泥吸附剂，并发现由于化学污泥中含有铁、铝金属氧化物，经转化后可以具有较高的正电荷和吸附点，具有提供絮凝核心和电中和的双重作用，所制备的污泥基活性炭对废水中 UV_{254} 和 DOC（溶解性有机碳）达到了较高的去除率，与商品活性炭相近。

上述研究表明，污泥作为一种生活和工业固体废弃物能够用来生产经济价值相对较高的吸附剂。而且不同的污泥往往含有一些特殊的成分，如铁、硅和铝等物质，从而制备出一些含有特殊功能团的吸附剂，使其对某些特定的污染物具有较高的去除率，在“三废”治理方面，尤其是废水治理方面具有潜在的应用价值。但是由于其组成复杂、含碳量较低，往往制备的污泥吸附剂孔隙结构不均、比表面积低、吸附性能差，且制备成本较高，限制了其工业化推广和应用。针对以上弊端，不难看出，研究人员近几年的研究重点集中在以下几个方面：

① 改进吸附剂的制备方法，如优化制备工艺参数，或探索尝试新的方法，以降低其成本；

② 通过添加剂、酸、碱或氧化剂对污泥吸附剂进行改性，以改变污泥吸附剂的孔隙数量和结构特征；

③ 根据不同原料污泥吸附剂的特点，不断拓展污泥吸附剂在“三废”治理方面的应用范围。

2.2 污泥衍生碳材料制备实验

2.2.1 实验材料、试剂和仪器

2.2.1.1 实验材料和试剂

原料污泥取自太原市北郊污水处理站脱水后的剩余污泥，添加的含碳生物质为玉米

秸秆，其他主要试剂的规格及生产厂家见表 2-1。

表 2-1 主要试剂的规格及生产厂家

序号	试剂名称	规格	生产厂家
1	氯化锌	分析纯	天津市申泰化学试剂有限公司
2	浓硫酸	98%	莱阳经济技术开发区精细化工厂
3	浓盐酸	37%	莱阳经济技术开发区精细化工厂
4	可溶性淀粉	分析纯	汕头市西陇化工厂有限公司
5	重铬酸钾	分析纯	天津市化学试剂研究所
6	碘	分析纯	天津市大茂化学试剂厂
7	碘化钾	分析纯	天津市大茂化学试剂厂
8	硫代硫酸钠	分析纯	天津市广成化学试剂有限公司

2.2.1.2 实验仪器和设备

实验所用主要仪器和设备的规格、型号、产地详见表 2-2。

表 2-2 实验所用主要仪器和设备

序号	仪器设备名称	型号	生产厂家
1	电热恒温鼓风干燥箱	DHG-9070 型	上海佳能实验设备有限公司
2	循环水式多用真空泵	SHB-Ⅲ	郑州长城科工贸有限公司
3	回旋式振荡器	HY-5 型	江苏省金坛市荣华仪器制造有限公司
4	可见分光光度计	T722	上海精密科学仪器公司
5	电子天平	AY-220 型	岛津制作所
6	格兰仕微波炉	G80F20CN2L-B8	格兰仕集团有限公司

2.2.2 实验方法

2.2.2.1 微波热解原理

微波是指频率为 0.3～300GHz 的电磁波，是无线电波中一个有限频带的简称，即波长在 1mm～1m 之间的电磁波，是分米波、厘米波、毫米波和亚毫米波的统称。微波频率比一般的无线电波频率高，通常也称为“超高频电磁波”，具有波粒二象性[28]。微波的基本性质通常呈现为穿透、反射、吸收三个特性。对于玻璃、塑料和瓷器，微波几乎是只穿透而不被吸收；而对于水和食物等就会吸收微波而使自身发热。金属类物质则会反射微波。微波技术最初应用于通信领域，近几年来，随着微波的高效发热特性的进一步开发，其应用从传统的通信领域转向材料加工、催化化学、污染控制等领域。

传统处置是利用对流或传导加热进行的，首先加热容器，容器将热量传导到物体表面，然后热量由表面传递到物体内部，从而达到热平衡条件，因此需要较长加热时间[29]。而加热环境一般不可能严格地绝热封闭，长时间加热就可能向环境散发大量热量。微波加热通常在全封闭状态下进行，微波功率以光速渗入物体内部，及时转变为热能，避免了长时间加热过程中的热散失，并且可对物体内外部进行“整体”加热[30]，因此，与传统的加热方式相比，微波加热具有效率高、速度快、能耗低等特点[31]。基于这些特点，微波辅助制备吸附剂的工艺研究现引起了人们的高度重视。

2.2.2.2 污泥预处理与污泥衍生碳材料的制备

将取回来的污泥放入烘箱中，在105℃的温度下，恒温干燥，保持24h，直至烘干为止。将烘干后的污泥放入陶瓷罐中，加入陶瓷转子，放到球磨机上研磨3～4h，取出研碎的干泥，用筛子将1.0～3.0mm粒径的干泥筛出，筛分出来的样品放入干燥器中干燥待用。

污泥衍生碳材料的制备采用化学活化法，活化剂为氯化锌，制备流程见图2-1。

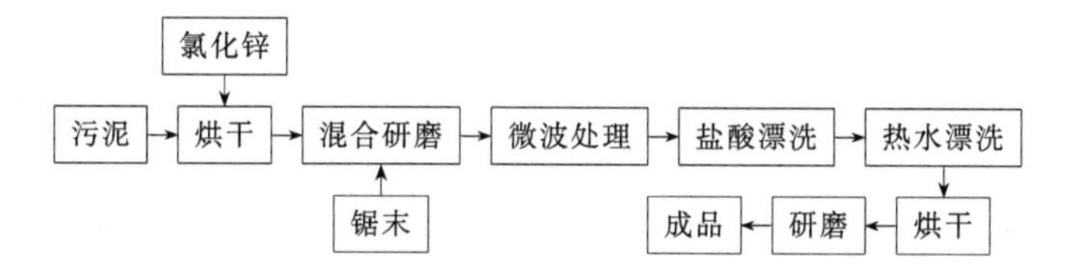

图2-1 污泥衍生碳材料制备工艺流程

污泥经晒干后，放入烘箱中于105℃左右进行干燥24h，研磨筛分成粒径小于80目的小颗粒。筛分后的样品与一定量的氯化锌粉末充分混合置于坩埚中，于微波炉中在一定功率下进行微波处理。然后将微波处理后的样品用3mol/L的盐酸进行漂洗，再用70℃以上的热水进行漂洗；最后用冷水充分洗涤，使其pH值在6～7之间。将制备的污泥吸附剂放入烘箱中，在120℃下进行干燥，烘干后放入干燥器中进行冷却，然后研磨至180目。

2.2.2.3 分析与检测

污泥衍生碳材料采用碘吸附值（碘值）进行吸附性能的表征，碘吸附值是指每克吸附剂材料吸附碘的毫克数，碘吸附测试是吸附剂材料吸附性能的重要表征手段。

（1）溶液配制

1）0.1mol/L碘（$1/2I_2$）标准溶液

取26g碘化钾溶于大约30mL水中，加入13g碘，使碘充分溶于碘化钾溶液中，然后加水稀释至1000mL，调节碘浓度在（0.01±0.002）mol/L范围内，充分摇匀并静置2d。经标定后，储存于棕色玻璃瓶中。

标定：用移液管准确量取碘液 20mL 于 500mL 具塞碘量瓶内，加水 200mL。用已标定的 0.1mol/L 硫代硫酸钠标准溶液滴定，滴定时应轻轻摇动碘量瓶，当滴定至溶液呈淡黄色时加入 2mL 淀粉指示液，再小心一滴一滴地滴至无色，即为终点。

碘液浓度按式(2-1) 计算：

$$C_1=\frac{C_2V_2}{V_1}=\frac{C_2V_2}{20} \tag{2-1}$$

式中 C_1——碘（$1/2I_2$）标准溶液的浓度，mol/L；

C_2——硫代硫酸钠标准溶液的浓度，mol/L；

V_1——滴定时所消耗硫代硫酸钠标准溶液的体积，mL；

V_2——标定时取碘液量，20mL。

2）淀粉指示液

称取 1.0g 可溶性淀粉，加 10mL 水，在搅拌下注入 190mL 沸水中，再微沸 2min，静置，取上层清液使用。此溶液于使用前配制。

3）0.1mol/L 硫代硫酸钠溶液

称取 26g 硫代硫酸钠（$Na_2S_2O_3 \cdot 5H_2O$）溶于 1000mL 水中，缓缓煮沸 10min，冷却，放置 2 周后过滤于棕色瓶中备用。

标定：称取 0.1500g（称准至 0.1mg）于 120℃下烘干至恒重的重铬酸钾，置于 250mL 碘量瓶中，加入 25mL 水使其溶解，加 2g 碘化钾及 20mL“1+8”硫酸，摇匀，于暗处放置 10min。加 100mL 水，用 0.1mol/L 硫代硫酸钠溶液滴定，近终点时加 3mL 淀粉指示液，继续滴定至溶液由蓝色变为亮绿色。同时做空白试验，硫代硫酸钠溶液浓度见式(2-2)：

$$C=\frac{m}{(V_1-V_2)\times 49.03\times 10^{-3}} \tag{2-2}$$

式中 C——硫代硫酸钠溶液的浓度，mol/L；

m——重铬酸钾的质量，g；

V_1——硫代硫酸钠溶液用量，mL；

V_2——空白试验硫代硫酸钠溶液用量，mL；

49.03——1/6 重铬酸钾（$1/6K_2Cr_2O_7$）的摩尔质量，g/mol。

（2）操作步骤

① 称取经粉碎至 71μm 的干燥试样 0.5g（准确至 0.4mg），粉状炭需做补充研磨，以满足 71μm 以下要求，放入干燥的 100mL 碘量瓶中，准确加（1+9）盐酸 10.0mL，使试样湿润，放在电炉上加热至沸，微沸（30±2)s，冷却至室温后，加入 50.0mL 的 0.1mol/L 碘标准溶液。立即塞好瓶盖，在振筛机上振荡 15min，迅速过滤到干燥烧杯中。

② 用移液管吸取 10.0mL 滤液，放入 250mL 碘量瓶中，加入 100mL 水，用 0.1mol/L 硫代硫酸钠标准溶液进行滴定，在溶液呈淡黄色时加 2mL 淀粉指示液，继续

滴定使溶液变成无色，记录下使用的硫代硫酸钠体积数。

（3）计算结果

$$A=\frac{5(10C_1-1.2C_2V_2)\times 127}{m}\times D \tag{2-3}$$

式中 A——试样的碘吸附值，mg/g；

C_1——碘标准溶液的浓度，mol/L；

C_2——硫代硫酸钠标准溶液的浓度，mol/L；

V_2——硫代硫酸钠溶液用量，mL；

m——试样质量，g；

127——碘（$1/2I_2$）摩尔质量，g/mol；

D——校正系数。

2.3 微波法制备污泥衍生碳材料的影响因素

2.3.1 微波热解时间对吸附性能的影响

取干燥后的剩余污泥粉末10g，添加3g秸秆粉和6g氯化锌，微波热解功率为560W，微波热解时间分别为2min、3min、4min、5min、6min，制得污泥衍生碳材料。其不同热解时间的碘值见图2-2。

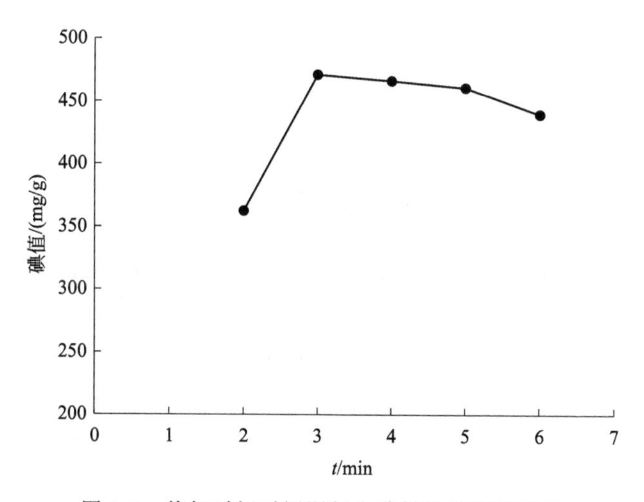

图2-2 热解时间对污泥衍生碳材料碘值的影响

由图2-2可以看出，热解时间为2min时制备得到的污泥衍生碳材料的碘值最小；随着热解时间的增大，污泥衍生碳材料的碘值呈现先增大后减小的趋势；当热解时间为3min时，制备得到的污泥衍生碳材料的碘值最大，为471.26mg/g。因此，3min为最佳的微波热解时间。

2.3.2 微波热解功率对吸附性能的影响

取干燥后的剩余污泥粉末 10g，添加 3g 秸秆粉和 6g 氯化锌，微波热解时间为 4min，微波热解功率分别为 400W、480W、560W、640W、720W，制得污泥衍生碳材料。微波热解功率对污泥衍生碳材料碘值的影响见图 2-3。

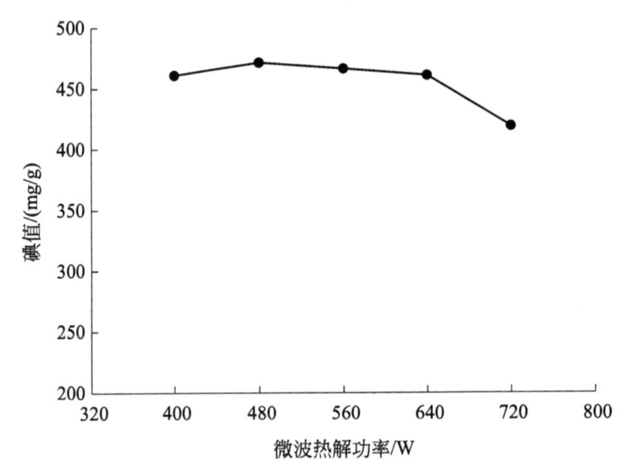

图 2-3 微波热解功率对污泥衍生碳材料碘值的影响

由图 2-3 可以看出，随着微波热解功率的增大，污泥衍生碳材料的碘值呈现先增大后减小的趋势，微波热解功率为 720W 时制备得到的污泥衍生碳材料的碘值最小。当微波热解功率为 480W 时，制备得到的污泥衍生碳材料的碘值最大，为 471.26mg/g。因此，480W 为最佳的微波热解功率。

2.3.3 活化剂添加量对吸附性能的影响

取干燥后的剩余污泥粉末 10g，添加 3g 秸秆粉，氯化锌分别按照污泥添加量的 40%、60%、80%、100%、120%进行添加，在微波热解功率 560W 条件下进行热解，热解时间为 4min，制得污泥衍生碳材料。活化剂添加量对污泥衍生碳材料碘值的影响见图 2-4。

由图 2-4 可以看出，活化剂添加量为 40%时制备得到的污泥衍生碳材料的碘值最小，随着活化剂添加量的增大，污泥衍生碳材料的碘值呈现先增大后减小的趋势；当活化剂添加量为 100%时，制备得到的污泥衍生碳材料的碘值最大，为 520.49mg/g。因此，最佳的活化剂添加量为污泥添加量的 100%。

2.3.4 响应面法优化制备工艺条件

在单因素实验的基础上，以微波热解时间、微波热解功率和活化剂投加量为响应变

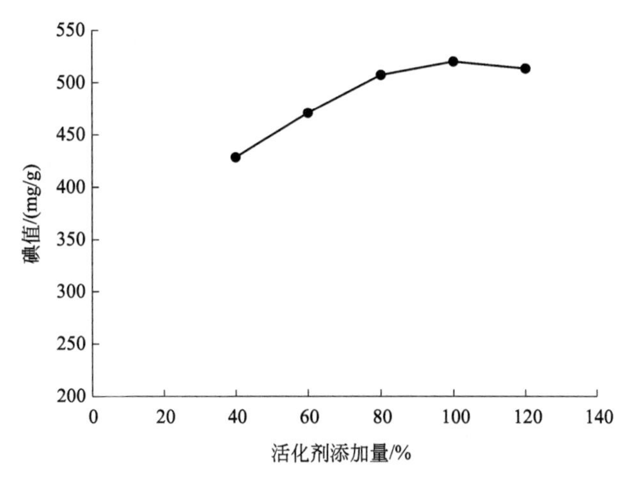

图 2-4 活化剂添加量对污泥衍生碳材料碘值的影响

量，采用 Design-Expert 8.0.6 Trial 软件中的 Box-Behnken 中心组合实验和响应面分析法预测污泥吸附剂的最大碘值。实验方案及结果见表 2-3 和表 2-4。

表 2-3 Box-Behnken 实验因素水平

变量名称	符号	单位	水平		
			−1	0	1
时间	A	min	1	3	5
功率	B	W	320	480	640
活化剂添加量	C	g/10g	6	10	14

表 2-4 Box-Behnken 实验设计表及其实验结果

实验号	A	B	C	碘值/(mg/g)
1	0.00	1.00	−1.00	501
2	−1.00	1.00	0.00	347
3	1.00	0.00	1.00	494.98
4	0.00	0.00	0.00	571.3
5	0.00	0.00	0.00	571.3
6	0.00	−1.00	−1.00	272.82
7	−1.00	0.00	1.00	245.23
8	1.00	1.00	0.00	549.36
9	−1.00	0.00	−1.00	179.93
10	1.00	0.00	−1.00	507.66
11	1.00	−1.00	0.00	507.66
12	0.00	1.00	1.00	471.26
13	0.00	−1.00	1.00	312.79
14	0.00	0.00	0.00	595.1
15	−1.00	−1.00	0.00	159.94
16	0.00	0.00	0.00	595.1
17	0.00	0.00	0.00	555.86

碘值预测值和实际值对比见图 2-5（图中不同灰色深度的方块代表数据点值大小不同，下同）。

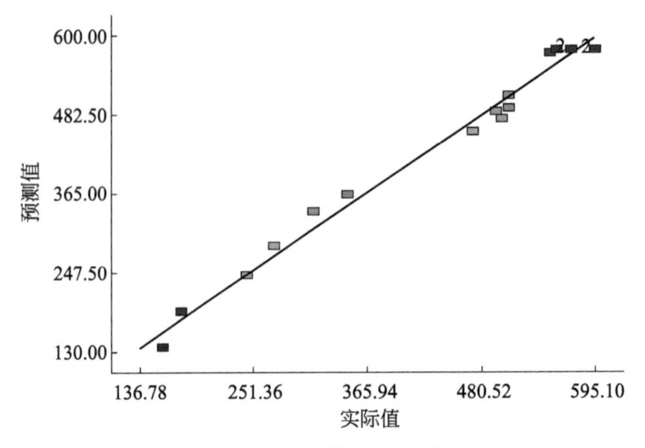

图 2-5　碘值预测值与实际值对比

从图 2-5 中可以看出，制备得到的污泥衍生碳材料的碘值预测值与实际值接近。因此，可以用设计模型对单因素实验进行优化，通过 Box-Behnken 中心组合实验设计，得到制备污泥衍生碳材料的最佳组合工艺条件，并对表 2-4 的实验结果进行多元回归分析，得到微波热解诱导法制备污泥衍生碳材料的碘吸附值的回归方程：

$$\text{碘值}=+577.73+140.95A+76.93B+7.86C-36.34AB-19.50AC-17.43BC-109.63A^2-77.11B^2-111.15C^2 \tag{2-4}$$

通过 Box-Behnken 中心组合实验设计获得标准残差、预测值残差及各组残差，见图 2-6～图 2-8。

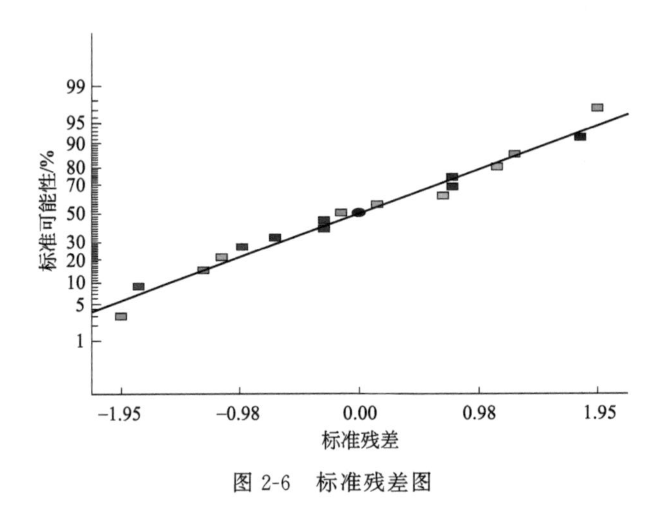

图 2-6　标准残差图

通过标准残差图 2-6、预测值残差图 2-7 和各组残差图 2-8 不难看出，残差并不明显，说明模型误差不大，模型设计合理，可以用来优化污泥衍生碳材料的制备工艺。

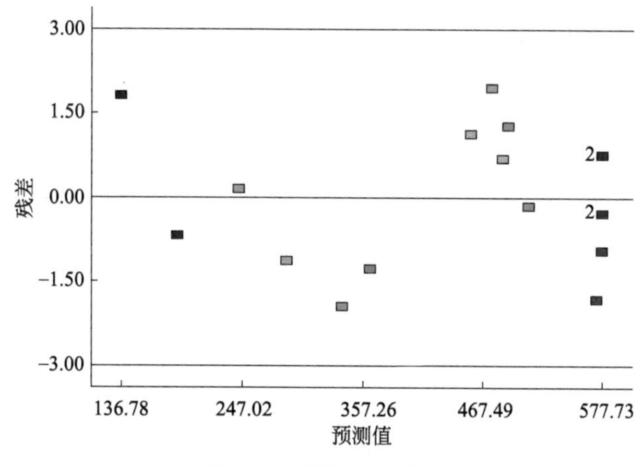

图 2-7　预测值残差图

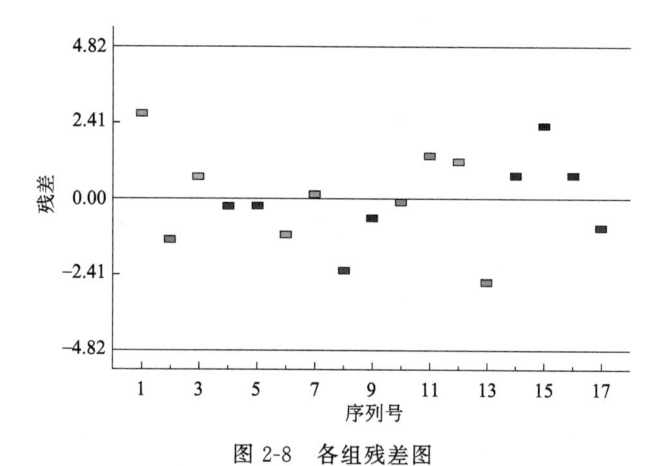

图 2-8　各组残差图

进一步对回归方程进行二次模型的方差分析，分析结果见表 2-5。

表 2-5　二次模型的方差分析结果

来源	方差和	自由度	均方	F 值	P 值(Prob>F)	显著性
模型	3.569×10^5	9	39659.53	60.36	<0.0001	* *
A	1.589×10^5	1	1.589×10^5	241.89	<0.0001	* *
B	47341.18	1	47341.18	72.06	<0.0001	* *
C	493.77	1	493.77	0.75	0.4147	
AB	5282.38	1	5282.38	8.04	0.0252	*
AC	1520.22	1	1520.22	2.31	0.1720	
BC	1214.87	1	1214.87	1.85	0.2161	
A^2	50604.98	1	50604.98	77.02	<0.0001	* *
B^2	25037.05	1	25037.05	38.11	0.0005	* *
C^2	52020.31	1	52020.31	79.18	<0.0001	* *

续表

来源	方差和	自由度	均方	F 值	P 值(Prob>F)	显著性
残差	4599.04	7	657.01	3.93	0.1095	
失拟项	3434.62	3	1144.87			
纯误差	1164.42	4	291.11			
总和	3.615×10^5	16				

注：* 为显著（0.01<P<0.05）；* * 为极显著（P<0.01）。

由表 2-5 得知，回归方程描述的各因子与响应值（碘值）之间的关系，因变量和自变量之间的线性关系显著（$3.569\times10^5/3.615\times10^5=98.73\%$），模型中失拟项 F 值为 60.36，$P<0.0001$，显示模型是极为显著的。失拟项 F 值为 3.93，$P=0.1095>0.05$ 不显著，说明该回归方程合适，能较好地描述所选变量与响应值之间的关系。该模型中 $P<0.05$ 为显著，显著的模型参数有 A、B、AB、A^2、B^2、C^2。因此，本模型可用来分析和预测污泥衍生碳材料的最佳制备工艺。

为了更加直观地考察 3 个所选变量两两因素的交互作用和对碘值的影响，对响应面图做了进一步分析。两因素间的响应面见图 2-9～图 2-11。

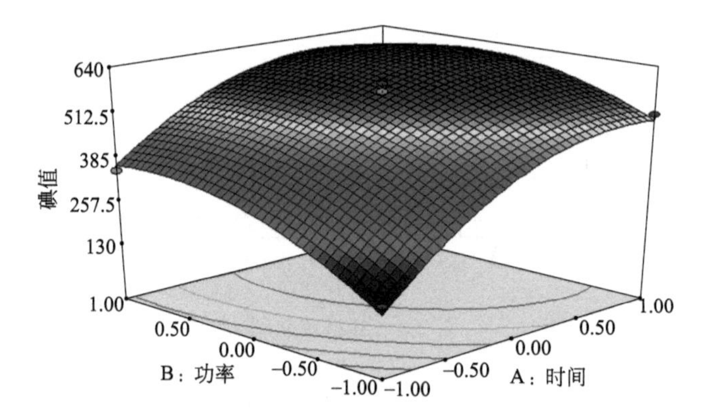

图 2-9　微波热解时间和微波热解功率对碘值的影响

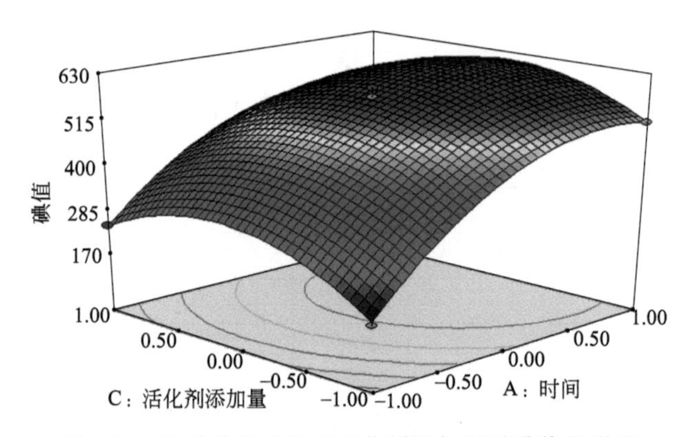

图 2-10　微波热解时间和活化剂添加量对碘值的影响

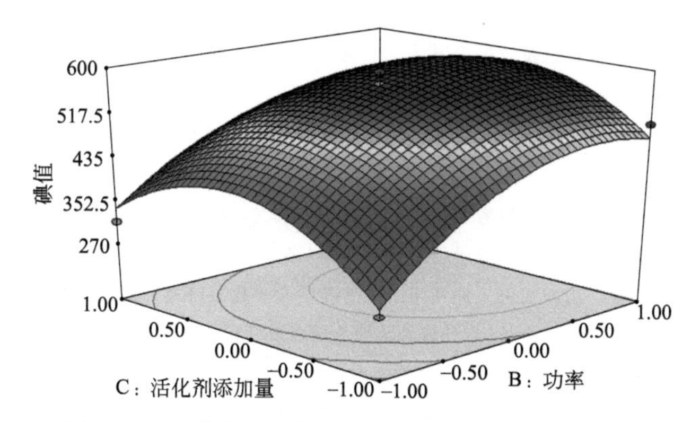

图 2-11 微波热解功率和活化剂添加量对碘值的影响

由图 2-9 可看出，微波热解时间和微波热解功率交互作用显著，即微波热解时间增大、微波热解功率适当降低对碘值的影响不大；反之亦然。

由图 2-10 可看出，当活化剂添加量一定时，响应值随微波热解时间的增加略有小幅增加。当微波热解时间一定时，响应值随活化剂添加量增大而增大。因此，微波热解时间与活化剂添加量的交互作用不明显。

由图 2-11 可看出，当活化剂添加量一定时，响应值随微波热解功率的增加略有小幅增加。当微波热解功率一定时，响应值随活化剂添加量增大而增大。因此，微波热解功率与活化剂添加量的交互作用不明显。通过 Design Expert 软件预测的最大响应值（碘值）为 615.00mg/g，优化之后的最佳工艺条件为微波热解时间 4min，微波热解功率为 501.60W，活化剂添加量为 43%。

2.3.5 最佳工艺方案验证

为了表征污泥衍生碳材料微孔的发达程度及比表面积，使用碘值表征快速简单，与此同时，碘值可以表示污泥衍生碳材料吸附液体物质的能力，因此本研究主要使用碘值对污泥衍生碳材料的吸附性能进行表征。为了验证预测模型的可靠性，在热解时间 4min、微波热解功率 480W（本实验所用设备能达到的最接近 501.60W 的功率）、氯化锌添加量 43% 条件下，制备了 3 组污泥衍生碳材料，测得的碘值分别为 595.10mg/g、603.38mg/g 和 595.10mg/g，平均值为 597.86mg/g，与软件预测的碘值最大值 615.00mg/g 接近，误差为−2.87%，说明所选取的模型是可靠的。

参考文献

[1] 黄英才，许丹丹，白少元，等．我国城镇污泥资源化利用综述 [J]．环境与发展，2020，32 (11)：250-252.

[2] 白妮，王爱民，王金玺，等．城市剩余污泥处置与利用技术研究新进展 [J]．工业用水与废水，2019，50

(4)：6-11.
[3] 戴晓虎．我国污泥处理处置现状及发展趋势［J］．科学，2020，72（6）：4，30-34.
[4] 李滨丹，孙明宇．探析城市污泥填埋处置的发展趋势研究［J］．环境科学与管理，2014，39（4）：89-91.
[5] 王学魁，赵斌，张爱群，等．城市污水处理厂污泥处置的现状及研究进展［J］．天津科技大学学报，2015，30（4）：1-7.
[6] 张国芳．污泥焚烧工艺发展现状与思考［J］．广东化工，2020，47（14）：251-253.
[7] 吴健波，刘振鸿，陈季华．剩余污泥处置的减量化发展方向［J］．中国给水排水，2001（11）：24-26.
[8] 张浩，刘新立，王勇，等．市政污泥土地利用研究进展［J］．化工管理，2018（24）：37-38.
[9] 郝晓地，张璐平，兰荔．剩余污泥处理/处置方法的全球概览［J］．中国给水排水，2007（20）：1-5.
[10] 张冰心．污泥处置与建材化的现状研究［J］．四川建材，2020，46（4）：28-29.
[11] 岑艳，全向春，姜晓满．黄原酸化废弃污泥吸附 Cu^{2+} 研究［J］．环境科学，2014，35（5）：1871-1877.
[12] Bae Junghyun，Park Nayoung，Kim Goun，et al. Characteristics of pellet-type adsorbents prepared from water treatment sludgeand their effect on trimethylamine removal［J］. Korean J Chem Eng，2014，31（4）：624-629.
[13] Leng Lijian，Yuan Xingzhong，Huang Huajun，et al. Characterization and application of bio-chars from liquefaction of microalgae，lignocellulosic biomass and sewage sludge［J］. Fuel Processing Technology，2015，129：8-14.
[14] Abbas H Sulaymon，Saib A Yousif，Mustafa M Al-Faize. Competitive biosorption of lead mercury chromium and arsenic ions onto activated sludge in fixed bed adsorber［J］. Journal of the Taiwan Institute of Chemical Engineers，2014，45：325-337.
[15] Eko Siswoyo，Yoshihiro Mihara，Shunitz Tanaka. Al-Faize. Determination of key components and adsorption capacity of a low cost adsorbent based on sludge of drinking water treatment plant to adsorb cadmium ion in water［J］. Applied Clay Science，2014，97/98：146-152.
[16] Yehya A El-Sayed，Kevin F Loughlin，Saeed ur Rehman，et al. Development of semi-static steam process for the production of sludge-based adsorbents［J］. Adsorption Science & Technology，2014，32（4）：291-304.
[17] Sassi M，Guibal E，Bestani B. Lead biosorption using a dairy sludge-thermodynamic study and competition effects［J］. Water Environ Res，2014，86（1）：28-35.
[18] He Ying，Liao Xiaofeng，Liao Li，et al. Low-cost adsorbent prepared from sewage sludge and corn stalk for the removal of COD in leachate［J］. Environ Sci Pollut Res，2014，21：8157-8166.
[19] Rajiv Wallace，Mykola Seredych，Zhang Pengfei，et al. Municipal waste conversion to hydrogen sulfide adsorbents：Investigation of the synergistic effects of sewage sludge/fish waste mixture［J］. Chemical Engineering Journal，2014，237：88-94.
[20] Shohreh Mohammadi，Nourollah Mirghaffari. Optimization and comparison of Cd removal from aqueous solutions using activated and non-activated carbonaceous adsorbents prepared by pyrolysis of oily sludge［J］. Water Air Soil Pollut，2015，226：2237-2247.
[21] Parmila Devi，Anil K Saroha. Optimization of pyrolysis conditions to synthesize adsorbent from paper mill sludge［J］. Journal of Clean Energy Technologies，2014，2（2）：180-182.
[22] Vania Calisto，Catarina I A Ferreira，Sérgio M Santos，et al. Production of adsorbents by pyrolysis of paper mill sludge and application on the removal of citalopram from water［J］. Bioresource Technology，2014，166：335-344.
[23] Liu Huan，Yuan Bei，Zhang Bi，et al. Removal of mercury from flue gas using sewage sludge-based adsorbents［J］. J. Mater Cycles Waste Manag，2013，16（1）：101-107.

[24] Kong Lingjun, Xiong Ya, Sun Lianpeng, et al. Sorption performance and mechanism of a sludge-derived char asporous carbon-based hybrid adsorbent for benzene derivatives inaqueous solution [J] . Journal of Hazardous Materials, 2014, 274: 205-211.

[25] 杨维薇，封莉，张立秋．柱状污泥基活性炭制备方法及其除污染效能研究 [J] ．环境科学学报，2014，34 (2)：291-385.

[26] 李璐，封莉，张立秋．污泥基活性炭表面官能团对其催化臭氧氧化活性的影响 [J] ．环境化学，2014，33 (6)：937-942.

[27] 潘志辉，张朝升，田家宇，等．化学污泥基吸附剂在污水处理中的应用研究 [J] ．给水排水，2014，40 (7)：142-145.

[28] 赵西城，李兆，王力，等．微波热解技术研究进展 [J] ．应用化工，2014，2：343-345.

[29] Foo Keng Yuen, Hameed B H. Recent developments in the preparation and regeneration of activated carbonsby microwaves [J] . Advances in Colloid and Interface Science, 2009, (149): 19-27.

[30] 刘秉国，彭金辉，张利波，等．微波在热分解中的应用研究进展 [J] ．中国稀土学学报，2010，4 (28)：6.

[31] 周建梅，周黎明，李兴阔，等．微波技术在污泥处置中的应用 [C] //中国环境科学学会2009年学术年会论文集（第二卷），2009：686-689.

第3章

微波热解法制备落叶衍生碳材料

3.1 落叶简介

近年来城市或景区树木绿化的规模超速发展导致每年因为季节性原因产生大量落叶，尤其长江以北，一到秋天就落叶纷纷，随风飘舞或堆积在道路两旁，落叶过多，如果不加处理，不仅影响城市的市容市貌，而且容易影响土壤的透气性，不利于植物的生长。腐烂的落叶在发酵过程中会产生热量，且很容易生成各种虫害，从而影响植物根系的生长。另外，落叶在腐烂发酵时降解周期长，还会产生不良的气味和腐烂物质。因此，每到秋季清除和处理落叶污染已经成为环卫工人一项繁重的工作，也是环境保护行业中十分棘手的问题之一[1-3]。

3.1.1 传统落叶处理方式

传统的落叶处理方式主要有焚烧法、堆肥法和填埋法。虽然能够清除落叶污染，但存在效益低、处理能力有限和再生利用率差等问题。

3.1.1.1 焚烧法

枯枝落叶等垃圾在焚烧时都是不完全燃烧。它们一边燃烧一边向大气排放多种有害物质，其中包括气体、液体和固体。排放的气体包括一氧化碳、二氧化碳、水蒸气、氮氧化物、硫化氢、甲烷、甲醛、丙烯醛等。燃烧时产生的烟有辛辣的臭味，会使人流泪，这就是丙烯醛在起作用。排放的液体物质主要有水滴、酸雾等。排放的固体微粒主要是炭黑、粉尘和烟黑。炭黑粒子吸附力很强，能吸附各种有害气体和液体；烟黑是由碳、氢、氧、硫等元素组成的多种化合物，其中许多是多环芳烃，当温度在600～900℃且供氧不足时，有机化合物容易生成一系列多环芳烃。不少多环芳烃有致癌作用，如3,4-苯并芘就是极强的致癌物。露天焚烧1t枯枝落叶或1t城市垃圾可产生310mg的3,4-苯并芘。这些物质通常附着在烟尘微粒上，随风进入大气，再进入人体，使人们患癌症的概率大大增加，如果这些飘浮在大气中的致癌物质随雨雪降到地面还会污染水和土壤。另外，由于大气沉降，汽车尾气中的铅和二噁英类强毒性有机污染物稳定而大量地沉积于落叶表面，焚烧落叶过程中还会产生大量的二噁英。同时，由于冬季干燥，焚烧如果引起火灾，损失也是不可估量的。所以，很多地方规定落叶不能露天焚烧，根据《中华人民共和国大气污染防治法》第七十七条，省、自治区、直辖市人民政府应当划定区域，禁止露天焚烧秸秆、落叶等产生烟尘污染的物质。第一百一十九条规定，违反本法规定，在人口集中地区对树木、花草喷洒剧毒、高毒农药，或者露天焚烧秸秆、落叶等产生烟尘污染的物质的，由县级以上地方人民政府确定的监督管理部门责令改正，并可以处五百元以上两千元以下的罚款。综上所述，焚烧落叶不仅浪费资源，而且污染环境，还可能引起火灾，而且在人口集中地区露天焚烧还违法，所以有些城市已经明确规定禁止落叶焚烧。

3.1.1.2 堆肥法

落叶堆肥法是指以落叶等为堆肥原料，在满足微生物生长繁殖的基本条件下，经过一段时间的好氧发酵后，将落叶中的有机质通过降解转化为腐殖质或有机营养物的过程[4]。堆肥过程是通过回收再利用有机物质而模仿自然的一个过程。通过落叶堆肥最终得到腐熟的堆肥产品才可作为土壤改良剂、有机肥和栽培基质完成资源化利用[5,6]。因此，堆肥过程中的微生物种类和数量在落叶堆肥处理中十分重要[7]，但由于落叶中木质素和纤维素含量高，而且降解难度大，堆肥周期一般较长，堆肥产品的产生是由于各种成分的最终分解和腐烂。堆肥从制作到使用花费的时间取决于使用的方法、成分、时节和翻动堆肥的频率，因此大规模的落叶堆肥处理受到限制[8]。所以，提高以落叶为主的绿化废弃物堆肥效率，并提高堆肥质量，加快堆肥腐熟、缩短堆肥周期成为相关研究人员的关注重点[9,10]。

堆肥过程大致可分成升温阶段、高温维持阶段和腐熟阶段。

(1) 升温阶段

在升温阶段，堆料的温度会不断上升。此阶段微生物以中温型、需氧型为主，其中最主要的是细菌、真菌和放线菌。随着发酵的进行，堆肥温度不断升高，当温度升到45℃以上时，进入高温维持阶段。

(2) 高温维持阶段

在此阶段，嗜温性微生物受到抑制甚至死亡，嗜热性微生物逐渐替代了嗜温性微生物，堆肥中残留的和新形成的可溶性有机物质继续分解转化，复杂的有机化合物如半纤维素、纤维素和蛋白质等开始被强烈分解。通常，在50℃左右进行活动的主要是嗜热性真菌和放线菌；温度上升到60℃时真菌几乎完全停止活动，仅有嗜热性放线菌和细菌在活动；温度升到70℃以上时，已不适宜大多数嗜热性微生物生存，微生物大量死亡或进入休眠状态。在内源呼吸后期，只剩下部分较难分解及难分解的有机物和新形成的腐殖质，此时微生物活动下降、发热量减少、温度下降。在此阶段嗜温性微生物又占优势，对难分解有机物作进一步分解，腐殖质不断增多且稳定化，此时堆肥即进入腐熟阶段。

(3) 腐熟阶段

降温后，需氧量大大减少、含水量也降低、堆肥物空隙增大、氧扩散能力增强，此时只需自然通风即可。

落叶堆肥的主要方法如下[11]：

① 准备物料。先将落叶粉碎，1～1.5t 干落叶，新鲜落叶需 2.5～3.5t，用 1kg 肥料发酵剂，使用之前要先将肥料发酵剂以 1∶(5～10) 的比例与米糠（或玉米粉、麦麸）混匀备用。

② 调整 C/N 值。发酵有机肥的物料 C/N 值应保持在 (25～30)∶1，因落叶、枯草的 C/N 值太低，所以 1t 的落叶要加尿素或者花生榨油之后的花生粉饼或黄豆榨油之后的黄豆粉饼。

③ 控制水分。落叶的水分含量应控制在 60%～65%之间。水分判断：手紧抓一把物料，指缝见水印但不滴水，落地即散为宜。水少发酵慢，水多则通气差，还会导致“腐败菌”工作而产生臭味。

④ 建堆要求。将备好的物料边撒菌边建堆，堆高与体积不能太矮太小，要求：堆高 1.5m，宽 2m，长度 2～4m 或更长。

⑤ 温度要求。启动温度在 15℃以上较好（四季可作业，不受季节影响，冬天尽量在室内或大棚内发酵），发酵升温控制在 70℃以下为宜。

⑥ 翻倒供氧。肥料发酵剂需要好（耗）氧发酵，故在操作过程中应加大供氧措施，做到拌匀、勤翻，以通气为宜，否则会导致厌氧发酵而产生臭味，影响效果。

⑦ 发酵完成。一般在物料堆积 48h 后温度升至 50～60℃，第 3 天可达 65℃以上，在此高温下要翻倒一次。一般情况下，发酵过程中会出现两次 65℃以上的高温，翻倒两次即可完成发酵，正常一周内可完成发酵。物料呈黑褐色，温度开始降至常温，表明发酵完成。

落叶经肥料发酵剂发酵后，能起到彻底“脱臭”“腐熟”“杀虫”“灭菌”的作用，发酵出的有机肥，不但肥效好，使用安全方便，而且具有抗病促长、培肥地利、提高化肥利用率等作用，是目前处理枯枝落叶最有效的方法之一。

3.1.1.3 填埋法

落叶填埋是将落叶当作垃圾一样处理，收集后运送到垃圾中转站，经过压缩后和生活垃圾一起运送到垃圾填埋场进行填埋。填埋虽操作简单，但占用大量的土地资源，运输不便，且填埋过程中的渗滤液、恶臭和填埋气体会对周围环境造成危害，产生二次污染，破坏生态环境。

3.1.2 落叶资源化处置国内外研究进展

自然界每年会产生数量极其庞大的落叶资源，而落叶中可利用的有机物质含量高，其中主要成分是木质素、纤维素、半纤维素、多糖和蛋白质，此外还含有丰富的无机盐、维生素和多种植物激素。因此，将其作为一种可参与生产的再循环资源进行资源再利用将成为社会发展的必然趋势。2007 年中华人民共和国建设部在《关于建设节约型城市园林绿化的意见》中指出“鼓励通过堆肥、发展生物质燃料、有机营养基质和深加工等方式处理修剪的树枝，减少占用垃圾填埋库容，实现循环利用”。因此将其资源化利用，不仅可以减少废弃物的排放，而且是可持续发展和清洁生产的要求，也是建设环境友好型社会的要求[12]。

寇一鸣等[13] 通过筛选高效降解微生物分解释放落叶中植物生长养分，再经模具压制加工成落叶生态砖。试验结果表明落叶生态砖成型规则，草籽定植稳固，生态砖拼接形式多样，砖体透气，保肥效果适度，养护期草籽萌发率高，生长速度快，具有较好的景观经济价值和生态环保效益。

聂阳等[14] 以郑州大学校园内产生的枯枝落叶等为原料，通过添加腐熟菌剂，采用静态好氧堆肥方式制备有机肥，实验结果表明有机肥品质良好，腐熟效果好，堆肥温度在 24h 内上升到 50℃以上，并且高温持续到第 15 天。腐熟产品的各项指标符合《有机肥》（NY 525—2012）。

徐俊平等[15] 以银中杨及玉簪落叶为原料，采用限氧裂解法，在 400℃温度下炭化 6h，制备成落叶生物质炭，并以此为吸附载体研究了在不同初始离子质量浓度、pH 值、Na^+浓度及接触时间等因素影响下对 Pb^{2+}、Cd^{2+}和 Cr^{6+}的吸附。

曾锦等[16] 以废弃的广玉兰树叶为原料，在恒温 30℃的条件下进行批量式沼气发酵试验，试验设计 1 个对照组（120g 接种物）和 4 个试验组（A1：5%发酵浓度、原料未粉碎；A2：5%发酵浓度、原料粉碎；B1：74%发酵浓度、原料未粉碎；B2：74%发酵浓度、原料粉碎）。试验结果表明，试验组 A1、A2、B1 和 B2 的总固体含量产气率分别为 278mL/g TS、290mL/g TS、245mL/g TS 和 253mL/g TS，它们的挥发性固体含量产气率分别为 355mL/g VS、370mL/g VS、313mL/g VS 和 322mL/g VS，说明废弃的广玉兰树叶是一种较好的沼气发酵原料。

西方发达国家对园林绿化废弃物资源化利用起步较早，早在 20 世纪 90 年代美国和德国就开始加强园林垃圾的收集和堆肥化处理。目前德国一些大型城市已经实现数十万吨园林垃圾的堆肥处理，美国园林绿化废弃物回收的比例也从 1990 年的 12.4%上升到目前超过 60%。在加拿大，则经常将枝叶粉碎后直接用作地面覆盖物，以补充土壤的肥力。我国园林绿化废弃物开发利用研究起步相对较晚，但发展较快。2005 年在北京西城区建立了首条土壤基质生产线，主要消纳公园、街道的枯枝落叶等，处理规模为 0.2 万吨/年，2007 年北京市朝阳区建立了国内第一家规模化绿化废弃物消纳基地，处理能力为 1.5 万吨/年，对绿化废弃物的利用形式包括有机基质、有机肥和园林覆盖物。2005 年广州市在华南植物园内建成了首个枯枝落叶堆肥厂，随后建立了园林基质厂，将枯枝落叶等植物性材料资源制成土壤改良剂和基质应用于园林中。深圳市 1998 年城市绿化管理处建立了树枝粉碎场，并在 2010 年利用绿化废弃物进行堆肥发酵，进一步加工成生物有机肥。绿化废弃物的资源化利用，是适应中国新时期低碳、循环、可持续发展要求的技术手段，虽然中国部分城市在绿化废弃物资源化利用的实践中开展了积极的尝试，但与发达国家相比，仍处于起步阶段，资源利用率低。充分收集、处理枯枝落叶等绿色废弃物，达到减量化、资源化、规模化、产业化的目的，是当前中国相关人员需要解决的问题和研究的重点[17]。

3.2 落叶衍生碳材料制备实验

3.2.1 实验材料、试剂和仪器

3.2.1.1 实验材料和试剂

落叶为在太原工业学院校园内收集的秋季落下的国槐叶。

实验主要试剂和规格见表 3-1。

表 3-1 实验主要试剂和规格

序号	试剂名称	规格	生产厂家
1	氯化锌	分析纯	天津市申泰化学试剂有限公司
2	碘	分析纯	天津市大茂化学试剂厂
3	浓盐酸	37%	莱阳经济技术开发区精细化工厂
4	可溶性淀粉	分析纯	汕头市西陇化工厂有限公司
5	重铬酸钾	分析纯	天津市化学试剂研究所
6	硫代硫酸钠	分析纯	天津市广成化学试剂有限公司
7	碘化钾	分析纯	天津市大茂化学试剂厂

3.2.1.2 实验仪器和设备

实验仪器和设备见表 3-2。

表 3-2 实验仪器和设备

序号	仪器设备名称	型号	生产厂家
1	电热恒温鼓风干燥箱	DHG-9070 型	上海佳能实验设备有限公司
2	循环水式多用真空泵	SHB-Ⅲ	郑州长城科工贸有限公司
3	回旋式振荡器	HY-5 型	江苏省金坛市荣华仪器制造有限公司
4	可见分光光度计	T722	上海精密科学仪器公司
5	电子天平	AY-220 型	岛津制作所
6	格兰仕微波炉	G80F20CN2L-B8	格兰仕集团有限公司

3.2.2 实验方法

3.2.2.1 落叶衍生碳材料的制备

落叶在 100～105℃下烘干后，用粉碎机粉碎至 40 目以下，将落叶粉与固体氯化锌按照规定比例进行充分混合，混合后的原料放入微波炉热解，冷却后用 3.0mol/L 的盐酸溶液浸泡，真空抽滤，除去酸液，用去离子水冲洗至中性，烘干，研磨到 100 目以下，备用。

3.2.2.2 分析与检测

落叶衍生碳材料的比表面积和孔径分布采用美国进口的比表面积和微孔/中孔分析仪（ASAP 2020 M）进行测定。

落叶衍生碳材料的碘吸附值采用《木质活性炭试验方法　碘吸附值的测定》(GB/T 12496.8—2015）进行分析。在这里碘吸附值是指当剩余碘浓度为 0.02mol/L（$1/2I_2$）时每克吸附剂（落叶衍生碳材料）吸附的碘量。

3.2.2.3 单因素实验设计

本节研究了热解时间（2min、3min、4min、5min 和 6min）、微波热解功率（320W、400W、480W、560W 和 640W）和氯化锌添加量（6.25%、16.67%、25%、31.82%和37.5%）对落叶衍生碳材料的碘吸附值的影响。

3.2.2.4 响应面实验设计

根据单因素的实验结果，选取热解时间（A)、微波热解功率（B）和氯化锌添加量（C）作为响应变量，按照 Box-Behnken 中心组合的实验设计原理，以碘吸附值为响应值，通过响应面专业软件 Design-Expert 8.0.6 对实验数据进行响应面分析，获得微波诱导热解法制备落叶衍生碳材料最适宜的工艺条件。

3.3 微波热解法制备落叶衍生碳材料的影响因素

3.3.1 热解时间对吸附性能的影响

热解时间对碘吸附值的影响见图 3-1。

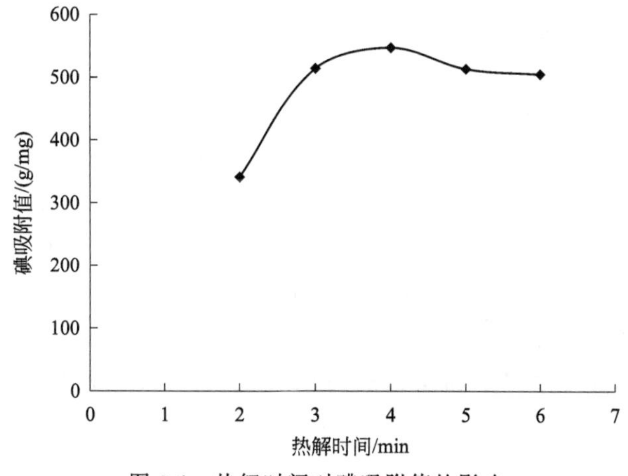

图 3-1　热解时间对碘吸附值的影响

如图 3-1 所示，碘吸附值在 4min 达到最大，为 548.04mg/g。当热解时间较短时，落叶的炭化时间不足，不能完全炭化，导致碘吸附值较低；当热解温度超过 4min 时，碳损失率随着热解时间的延长而增加，导致碘吸附值开始下降。因此，适宜的热解时间约为 4min。

3.3.2 微波热解功率对吸附性能的影响

微波热解功率对碘吸附值的影响见图 3-2。

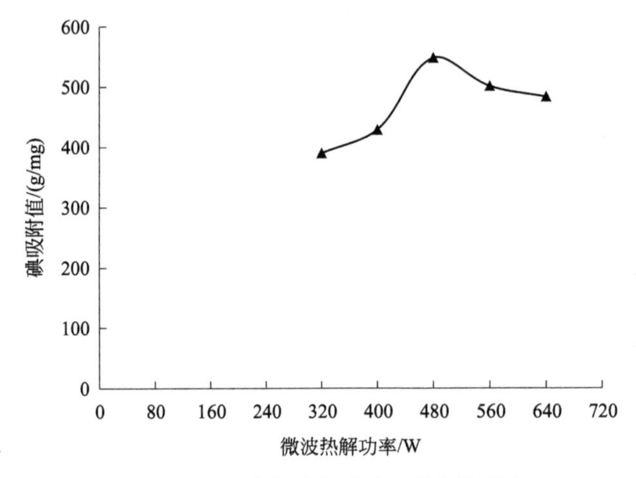

图 3-2 微波热解功率对碘吸附值的影响

如图 3-2 所示，当微波热解功率为 320W 时，碘吸附值仅为 390.21mg/g；当微波热解功率为 480W 时，碘吸附值达到最大 548.04mg/g，与 320W 时相比碘吸附值增加了 40.45%；微波功率继续增加，碘吸附值开始下降。因此，适宜的碘吸附值为 480W。

3.3.3 氯化锌添加量对吸附性能的影响

氯化锌添加量对碘吸附值的影响见图 3-3。

如图 3-3 所示，氯化锌添加量对碘吸附值具有较大的影响，碘吸附值随着氯化锌添加量的增加呈现先增大后减小的趋势。当氯化锌添加量为 6.25%时，碘吸附值最小，仅为 161.08mg/g；当氯化锌添加量为 25%时，碘吸附值为 548.04mg/g，增加了约 240%。之后，随着氯化锌添加量的增加，碘吸附值开始下降。这可能是因为在氯化锌添加量比较低的时候，随着氯化锌添加量的增加可以形成更多的微孔，表现为碘吸附值增加，当氯化锌添加量较高时微孔会向过渡孔发展，导致碘吸附值有所下降。

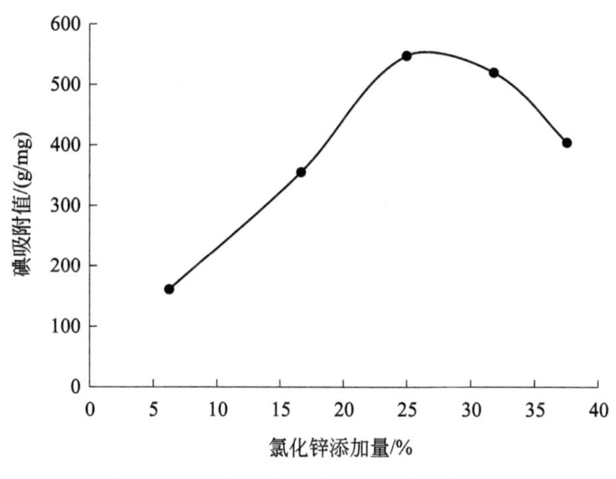

图 3-3　氯化锌添加量对碘吸附值的影响

3.3.4　响应面法优化制备工艺条件

3.3.4.1　响应面分析

表 3-3 给出了响应面实验设计和结果（表中括号内数字为水平设计值）。

表 3-3　响应面实验设计和结果

序号	热解时间 A 水平/min	微波热解功率 B 水平/W	氯化锌添加量 C 水平/%	碘吸附值 IV/(mg/g)
1	−1(3)	0(480)	1(29)	483.23
2	0(4)	0	0(25)	548.71
3	−1	1(560)	0	439.69
4	1(5)	0	−1(21)	363.78
5	1	0	1	472.04
6	−1	0	−1	300.05
7	0	1	−1	390.21
8	0	0	0	548.04
9	1	−1(400)	0	419.4
10	1	1	0	431
11	0	0	0	564
12	0	0	0	534.27
13	−1	−1	0	294.99
14	0	0	0	534.27
15	0	−1	−1	273
16	0	−1	1	501.14
17	0	1	1	501.14

通过响应面专业软件 Design-Expert 8.0.6 对表 3-3 中的数据进行多元回归分析，得到了干法热解技术制备落叶衍生碳材料的碘吸附值的回归方程：

$$Y=-8866.50+994.04A+14.95B+27593.17C-0.42AB-468.25AC-9.16BC-82.04A^2-0.01B^2-38708.91C^2$$

进一步对回归方程进行分析，结果见表 3-4。

表 3-4 二次模型的方差分析

来源	方差和	自由度	均方	F 值	P 值(Prob>F)	显著性
模型	144776.6	9	16086.29	79.50663	<0.0001	* * *
A	3538.928	1	3538.928	17.49118	0.0041	* *
B	9350.965	1	9350.965	46.21723	0.0003	* * *
C	49692.86	1	49692.86	245.6074	<0.0001	* * *
AB	4428.903	1	4428.903	21.88989	0.0023	* *
AC	1403.252	1	1403.252	6.935583	0.0337	*
BC	3434.546	1	3434.546	16.97527	0.0045	* *
A^2	28336.96	1	28336.96	140.0557	<0.0001	* * *
B^2	20891.32	1	20891.32	103.2555	<0.0001	* * *
C^2	16150.95	1	16150.95	79.82623	<0.0001	* * *
残差	1416.285	7	202.3264			
失拟项	973.5447	3	324.5149	2.931877	0.1629	
相关系数 R^2	0.9903					
信噪比	25.178					

注：* * * 表示显著性 $P<0.001$；* * 表示显著性 $P<0.01$；* 表示显著性 $P<0.05$。

模型的相关系数 $R^2=0.9903$，说明响应值的变化有 99.03%来源于所选变量，即热解时间、微波热解功率和氯化锌添加量。因此，回归方程能较好地描述所选变量与碘吸附值之间的真实关系。模型的 F 值为 79.50663，概率 $P<0.0001$，显示模型是极显著的。失拟项的 F 值为 2.931877，概率 P 为 $0.1629>0.05$，说明失拟项相对于纯误差是不显著的。概率 $P<0.05$ 的模型参数是显著的，在本模型中显著的模型参数有 A、B、C、AB、AC、BC、A^2、B^2 和 C^2。信噪比指信号对噪声的比例，如果信噪比大于 4 说明是理想的，比例 25.178 显示了充分的信号。因此，本模型可用来分析和预测落叶衍生碳材料的最佳制备工艺。

3.3.4.2 交互作用对碘吸附值的影响

为了考察 3 个所选变量两两因素的交互作用和对碘吸附值的影响，对响应面图做了进一步分析。图 3-4～图 3-6 直观地给出了所选变量交互作用的三维响应面图和等值线分析图。

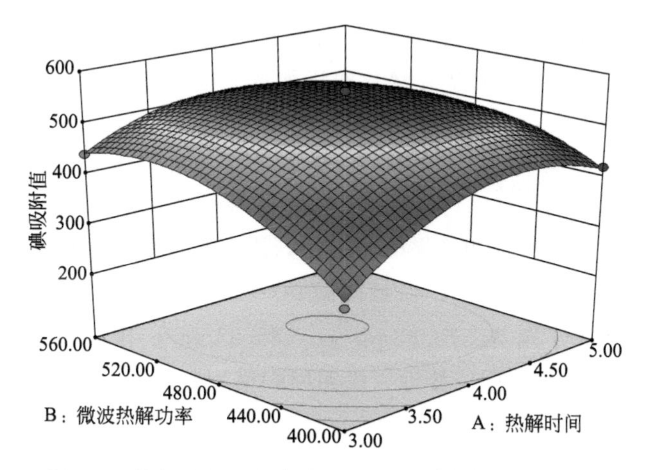

图 3-4　热解时间和微波热解功率对碘吸附值的响应面

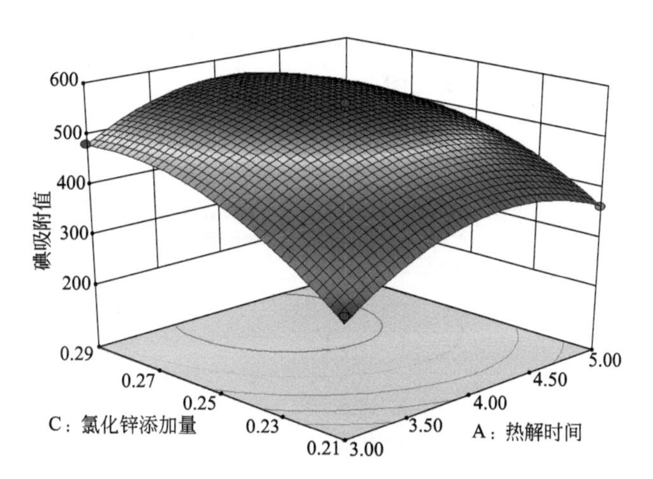

图 3-5　热解时间和氯化锌添加量对碘吸附值的影响

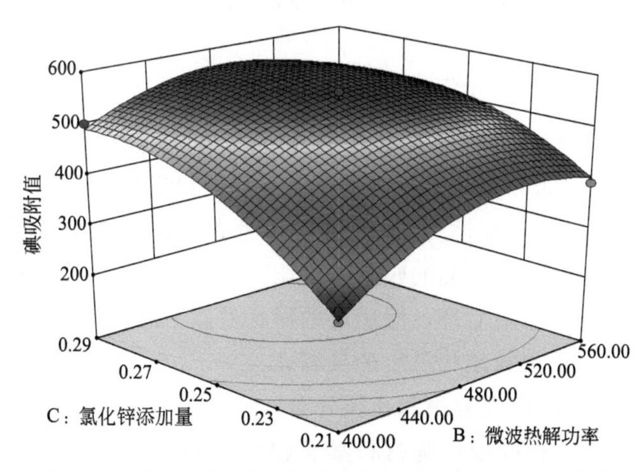

图 3-6　微波热解功率和氯化锌添加量对碘吸附值的影响

软件预测的最大碘吸附值为 574.83mg/g，最佳制备工艺条件为：热解时间 4.04min，微波热解功率 488.72W，氯化锌添加量 27%。

3.3.5 最佳工艺方案验证

为了验证响应面分析法预测结果的可靠性，采用上述优化条件进行了 3 组实验，实际制备工艺调整为热解时间 4min、微波热解功率 480W、氯化锌添加量 25%，制备出的吸附剂的碘吸附值分别为 578.83mg/g、586.93mg/g 和 564.71mg/g，平均值为 576.82mg/g，与模型预测值比较接近，说明回归模型是可靠的，具有实际应用价值。

3.4 落叶衍生碳材料的表征

采用 ASAP 2020M 型比表面积分析仪对微波诱导热解法制备的落叶衍生碳材料进行了表征。氮气吸附和脱附等温线见图 3-7。

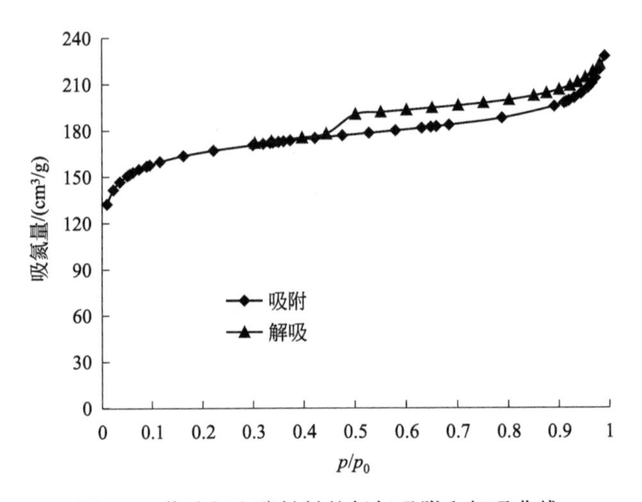

图 3-7 落叶衍生碳材料的氮气吸附和解吸曲线

由图 3-7 可以看出，落叶衍生碳材料的等温线类似于Ⅰ型，吸附等温线与分压 p/p_0 线呈凹型，而且形成一平台，平台接近水平状，随着饱和压力的到达，吸附等温线与 $p/p_0=1$ 表现为一条"拖尾"。说明落叶衍生碳材料外表面积很小，存在大量微孔，微孔吸附起主导作用。在较高的吸附相对压力下，由于毛细管凝聚作用，脱附与吸附等温线不重合，形成一个滞后环，滞后环的形状类似于滞后环类 H4 型，说明落叶衍生碳材料存在一些类似由层状结构产生的狭缝孔。

落叶衍生碳材料的 BJH 孔容积和孔径分布见图 3-8。

由图 3-8 可以看出，落叶衍生碳材料具有较窄的 BJH 孔径分布，最高峰出现在大约 1.9nm。这与图 3-7 得出的结论一致。氮气吸附计算结果表明：落叶衍生碳材料的总孔容积为 $0.3525cm^3/g$，微孔容积为 $0.1822cm^3/g$，孔径为 3.12nm，Langmuir 比表面

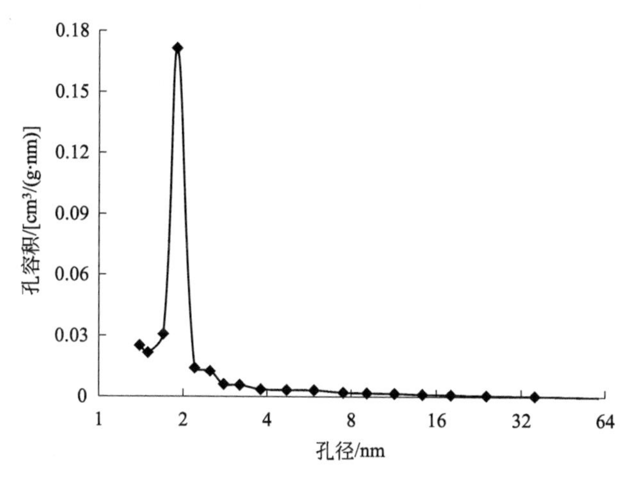

图 3-8 落叶衍生碳材料的 BJH 孔容积和孔径分布

积为 769.61m^2/g。

综上所述，微波诱导热解法制备落叶衍生碳材料的最佳工艺条件为：热解时间 4.04min，微波热解功率 488.72W，氯化锌添加量 27%。响应面实验结果表明，热解时间和微波热解功率之间存在着重要的交互。落叶衍生碳材料分析结果表明，落叶衍生碳材料的 Langmuir 比表面积达到 769.61m^2/g，吸附等温线类似于Ⅰ型，说明微孔吸附起主导作用。BJH 孔径分析结果表明，落叶衍生碳材料具有较窄的孔径分布，最高峰在 1.9nm 左右[18]。

参考文献

[1] 王凤琳，夏博梦雪，杨郁鑫，等．基于离散模型的落叶资源利用方案评价［J］．工业安全与环保，2016，42（6）：91-94.

[2] 任继勤，李梦柔，马艺丹．基于 PEST 分析的京郊落叶处理方式研究［J］．天津农业科学，2018，24（9）：77-80.

[3] 严陈玲．德国柏林市落叶的收集及资源化再利用措施［J］．再生资源与循环经济，2019，12（12）：39-41.

[4] Kumar M A，Priyadarshini R，Nilavunesan D，et al. Biotransformation and detoxification of a greater tinctorial textile colorant using an isolated becterial strain［J］. Journal of Environmental Biology，2016，37（6）：1497-1506.

[5] Kalamdhad A S，Singh Y K，Ali M，et al. Rotary drum composting of vegetable waste and treeleaves［J］. Bioresource Technology，2009，100（24）：6442-6450.

[6] 田赟，王海燕，孙向阳，等．农林废弃物环保型基质再利用研究进展与展望［J］．土壤通报，2011，16（4）：423-426.

[7] Pozdnyakova N，Schlosser D，Dubrovskaya E，et al. The degradative activity and adaptation potential of the litter-decomposing fungus stropharia rugosoannulata［J］. World Journal of Microbiology & Biotechnology，2018，34（9）：256-258.

[8] 陈广银，王德汉，吴艳，等．不同时期添加蘑菇渣对落叶堆肥过程的影响［J］．环境化学，2008，27（1）：81-86.
[9] 张全国，李亚猛，荆艳艳，等．酸碱预处理对三球悬铃木落叶同步糖化发酵产氢的影响［J］．农业机械学报，2008，46（5）：202-207.
[10] 惠播，高乐，郭雅妮，等．城市常见绿化废弃物高效堆肥的影响因素［J］．陕西农业科学，2020，66（3）：66-69.
[11] 董丽云．枯枝落叶发酵制作有机肥的方法［J］．农家科技，2014（11）：14.
[12] 王芳，李洪远．绿化废弃物资源化利用与前景展望［J］．中国发展，2014，14（1）：5-11.
[13] 寇一鸣，周苡纯，陆沁凝，等．基于落叶资源化利用的景观生态砖开发研究［J］．安徽农业科学，2020，48（20）：225-228.
[14] 聂阳，姜高亮，张雅君，等．基于枯枝落叶堆肥资源化利用初探［J］．广东化工，2017，44（15）：40-41，60.
[15] 徐俊平，王帅，甘露，等．银中杨、玉簪落叶生物质炭对 Pb^{2+}、Cd^{2+}、Cr^{6+} 吸附的影响因素［J］．东北林业大学学报，2017，45（7）：40-44，74.
[16] 曾锦，孙蓉，施彦岑，等．广玉兰树叶中温发酵产沼气潜力的试验研究［J］．中国野生植物资源，2020，39（2）：7-10，26.
[17] 王芳，李洪远．绿化废弃物资源化利用与前景展望［J］．中国发展，2014，14（1）：5-11.
[18] 任晓莉，高强，孙瑶等．微波诱导热解法制备落叶吸附剂及其工艺优化［J］．安全与环境学报，2015，15（4）：284-287.

第4章 污泥衍生碳材料的制备

4.1 污泥衍生碳材料的制备流程

污泥衍生碳材料的制备采用化学炭化活化一体化技术，活化剂为氯化锌，炭化采用干法[1]，具体工艺流程见图 4-1。

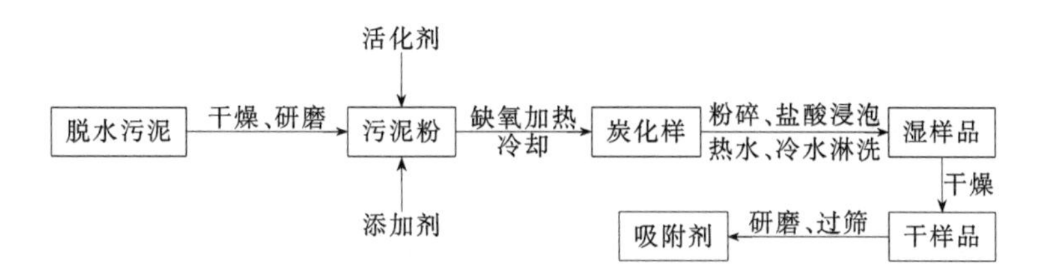

图 4-1　污泥衍生碳材料制备工艺流程

将脱水污泥干燥后，研磨，制成污泥粉；在污泥粉中按适当质量比加入添加剂，在干燥状态下混合均匀后缺氧状态下加热炭化；炭化样冷却后粉碎，用 3mol/L 盐酸溶液浸泡适当时间，抽滤除去盐酸溶液，用热水淋洗；再用冷水淋洗至 pH 值达到 6～7，在鼓风干燥箱内 120℃下干燥至恒重；研磨，过筛至 100 目以下，得到污泥衍生碳材料，备用。

4.2 酒糟-污泥衍生碳材料

酒糟是酿酒工业和酒精工业中重要的副产品，同时酒糟本身是由高粱、稻谷、玉米等生物质发酵后的剩余产物，故也是一种生物质资源。我国是酿造产业大国，随着酿酒工业的发展，仅白酒行业每年就产生大量酒糟废弃物，目前我国每年大约会产生 1 亿吨酒糟废弃物。这些富含纤维素的酒糟废弃物，含水率高，堆放过程中会产生大量酒糟渗滤液，其中含有大量有机污染物且酸度高，而且酒糟本身具有容易腐败变质的特点，长期堆放会对生态环境造成污染。由于酒糟中含有丰富的纤维素、木质素、蛋白质等物质，而且来源广泛，价格低廉，是一种可供开发利用的理想资源，主要应用在畜牧业、农业、生物材料等领域。近年来，研究人员开始利用酒糟含碳量高的特点，将其转变为碳材料，不仅可以变废为宝，提高酒糟产品附加值，而且碳材料成本低、利用价值高，可实现行业副产物高值化利用，带来经济效益、社会效益，符合当今绿色环保的可持续发展战略[2-8]。综上考虑，本节以酒糟和污泥两种废弃生物质为原料制备复合碳材料，并对碳材料进行了表征。

4.2.1 孔隙结构特征

污泥衍生碳材料与添加酒糟后制备的酒糟-污泥衍生碳材料的孔隙结构特征见表 4-1。

表 4-1 污泥衍生碳材料和酒糟-污泥衍生碳材料的孔隙结构特征

项目	SA	SLA	改变率/%
S_{BET}/(m^2/g)	138.33	333.73	141.25
PV/(m^3/g)	0.1728	0.2330	34.84
MPV/(m^3/g)	0.0426	0.1210	184.04
PS/nm	5.01	2.79	—

注：SA 为污泥衍生碳材料；SLA 为添加酒糟后的酒糟-污泥衍生碳材料；S_{BET} 为 BET 比表面积；PV 为总孔容；MPV 为微孔容；PS 为平均孔径。

由表 4-1 可以看出：在污泥中添加酒糟后碳材料的比表面积由 138.33m^2/g 增加到了 333.73m^2/g，增幅达到 141.25%；总孔容增加得并不明显，改变率为 34.84%；但是微孔容增幅明显，达到了 184.04%；平均孔径由 5.01nm 缩减到 2.79nm。

4.2.2 BJH 孔径分布曲线

污泥衍生碳材料和酒糟-污泥衍生碳材料的 BJH 孔径分布曲线见图 4-2。

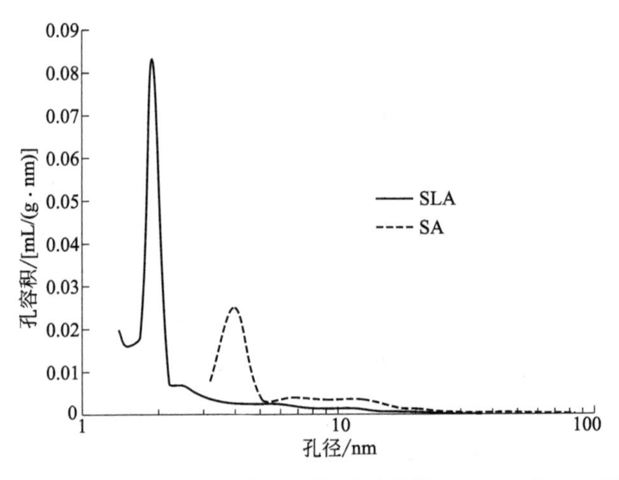

图 4-2 污泥衍生碳材料（SA）和酒糟-污泥衍生碳材料（SLA）的 BJH 孔径分布曲线

由图 4-2 可以看出，污泥衍生碳材料的 BJH 孔径分布最高峰在 4.0nm 左右，而添加酒糟的酒糟-污泥衍生碳材料的 BJH 孔径分布最高峰在 1.9nm 左右，而且添加酒糟的酒糟-污泥衍生碳材料的 BJH 孔径分布要比没有添加酒糟的污泥衍生碳材料的 BJH 孔径分布窄。这说明污泥中添加酒糟后会导致所制备的碳材料的微孔数量增多。

4.2.3 N_2 吸附-脱附曲线

污泥衍生碳材料和酒糟-污泥衍生碳材料的 N_2 吸附-脱附曲线见图 4-3。

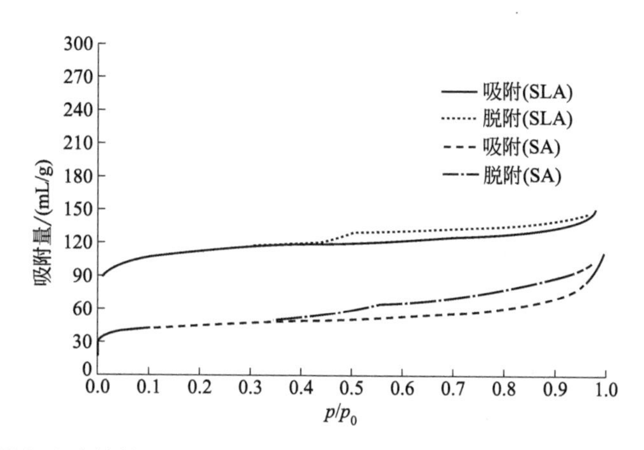

图 4-3 污泥衍生碳材料（SA）和酒糟-污泥衍生碳材料（SLA）的 N_2 吸附-脱附曲线

由图 4-3 可以看出，没有添加任何生物质的污泥衍生碳材料的吸附等温线与Ⅱ型等温线有些类似，但也有区别，在较低的相对压力下吸附量迅速上升，曲线上凸，出现拐点，说明单分子层吸附完成，之后曲线变得平缓，在较高的相对压力（$p/p_0>0.8$）下曲线又开始上升，且吸附线和脱附线之间存在滞后环，在较高压力下发生了毛细孔凝聚现象，在污泥衍生碳材料的孔隙结构中，除了存在微孔外还存在中孔和狭窄的层状裂隙孔。

添加酒糟的酒糟-污泥衍生碳材料的吸附等温线类似于Ⅰ型等温线，相应于 Langmuir 单层可逆吸附过程，在较低的相对压力下吸附量迅速达到饱和，是微孔填充现象。说明酒糟-污泥衍生碳材料的外表面积比孔内表面积小，孔隙结构以微孔为主，吸附容量受微孔容积控制。

4.2.4 红外光谱图

污泥原料和污泥衍生碳材料的红外光谱见图 4-4 和图 4-5。

对比图 4-4 和图 4-5 可以发现，污泥热解过程中原有的一些结构受到了破坏。污泥中 3279cm^{-1} 处的宽峰向左移动至 3374cm^{-1}，2923 cm^{-1} 和 2873 cm^{-1} 处的峰几乎消失，1638cm^{-1} 处的峰向右移动至 1604cm^{-1}，1427cm^{-1} 处的峰几乎消失，而在制备的碳材料中 1440～1329cm^{-1} 处出现三个弱峰。

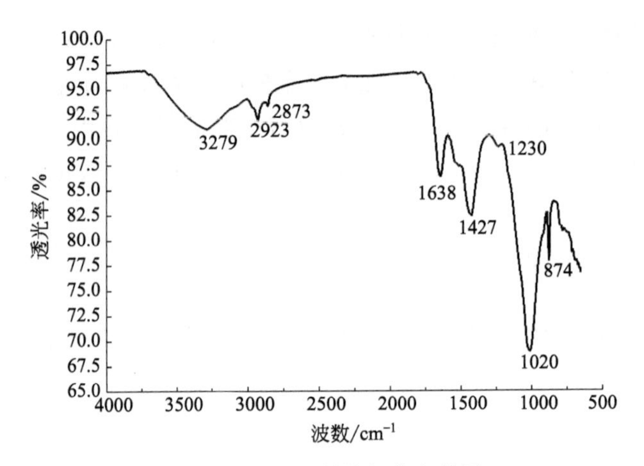

图 4-4　污泥原料的红外光谱图

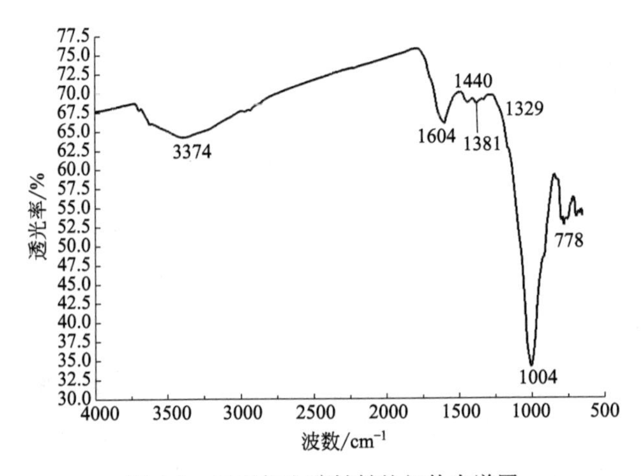

图 4-5　污泥衍生碳材料的红外光谱图

酒糟原料的红外光谱图见图 4-6，添加酒糟的酒糟-污泥衍生碳材料的红外光谱图见图 4-7。

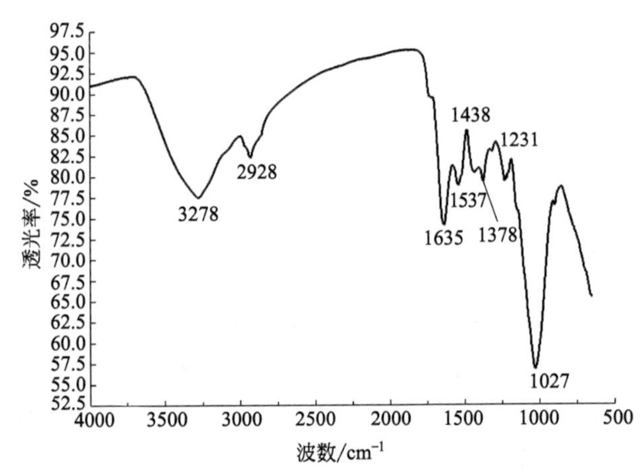

图 4-6　酒糟原料的红外光谱图

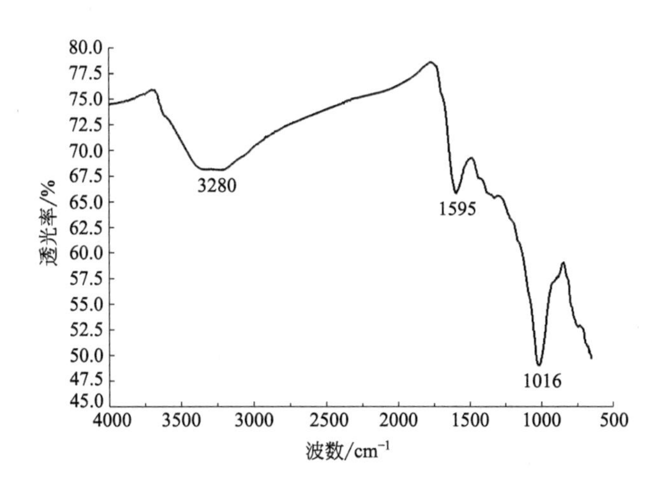

图 4-7 酒糟-污泥衍生碳材料的红外光谱图

对比图 4-6 和图 4-7 可以发现，酒糟热解过程中，原有的一些结构也受到了破坏，酒糟中 2928cm^{-1} 处的峰消失，1635cm^{-1} 处的峰向右移动至 1595cm^{-1}，1537～1231cm^{-1} 处的几个弱峰几乎消失。添加酒糟的酒糟-污泥衍生碳材料的表面结构和污泥衍生碳材料的表面结构基本类似，红外光谱图上主要由三个峰构成：一个在 3280cm^{-1} 附近的宽峰；一个在 1595cm^{-1} 附近的峰；还有一个峰在 1016cm^{-1} 附近。

4.3 花生壳-污泥衍生碳材料

花生是我国主要的油料作物和传统的出口农产品，其总产量和出口量均居世界首位，2017 年，我国花生产量约 1750 万吨，占世界花生总产量的 39.5%。作为花生生产的副产物，每年我国都会产生大量的花生壳。花生壳约占花生质量的 30%，其中主要含半纤维素和粗纤维素，两者占花生壳质量的 75%～80%；此外还含蛋白质、粗脂肪、碳水化合物等营养物质。从元素含量来看，花生壳主要由碳、氢、氧等元素组成。目前，我国花生壳大部分用作饲料和肥料，很少进行深加工，附加值和利用率低，造成了资源的极大浪费。因此，许多研究人员对花生壳的开发利用做了大量研究以提高花生壳的利用价值，尤其是以花生壳为原料制备活性炭成为研究人员关注的焦点[9-20]。综上考虑，本节以花生壳和污泥两种废弃生物质为原料制备复合碳材料，并对碳材料进行了表征。

4.3.1 孔隙结构特征

污泥衍生碳材料与添加花生壳后制备的花生壳-污泥衍生碳材料的孔隙结构特征见表 4-2。

表 4-2　污泥衍生碳材料和花生壳-污泥衍生碳材料的孔隙结构特征

项目	SA	SPSA	改变率/%
$S_{BET}/(m^2/g)$	138.33	508.27	267.43
PV/(m^3/g)	0.1728	0.3889	125.06
MPV/(m^3/g)	0.0426	0.1757	312.44
PS/nm	5.01	3.06	—

注：SA 为污泥衍生碳材料；SPSA 为添加花生壳后的花生壳-污泥衍生碳材料；S_{BET} 为 BET 比表面积；PV 为总孔容；MPV 为微孔容；PS 为平均孔径。

由表 4-2 可以看出：在污泥中添加花生壳后，所制备的碳材料的比表面积有了大幅度的增长，由 138.33m^2/g 增加到了 508.27m^2/g，增幅达到 267.43%；总孔容增加了 125.06%；微孔容增幅最大，达到了 312.44%；平均孔径由 5.01nm 缩减到 3.06nm。这说明在污泥中添加花生壳可以有效地增加孔容积，改善污泥衍生碳材料的吸附性能。

4.3.2 BJH 孔径分布曲线

污泥衍生碳材料和花生壳-污泥衍生碳材料的 BJH 孔径分布曲线见图 4-8。

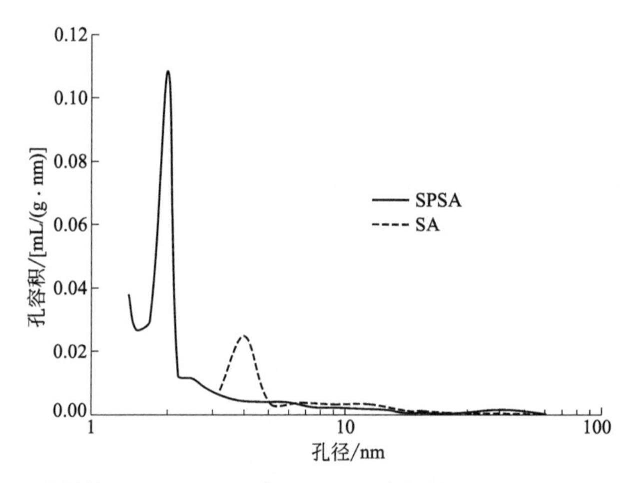

图 4-8　污泥衍生碳材料（SA）和花生壳-污泥衍生碳材料（SPSA）的 BJH 孔径分布曲线

由图 4-8 可以看出，污泥衍生碳材料的 BJH 孔径分布最高峰在 4.0nm 左右，而添加花生壳的花生壳-污泥衍生碳材料的 BJH 孔径分布最高峰在 2.0nm 左右，而且添加花生壳的花生壳-污泥衍生碳材料的 BJH 孔径分布要比没有添加花生壳的污泥衍生碳材料的 BJH 孔径分布窄。

4.3.3 N_2 吸附-脱附曲线

污泥衍生碳材料和花生壳-污泥衍生碳材料的 N_2 吸附-脱附曲线见图 4-9。

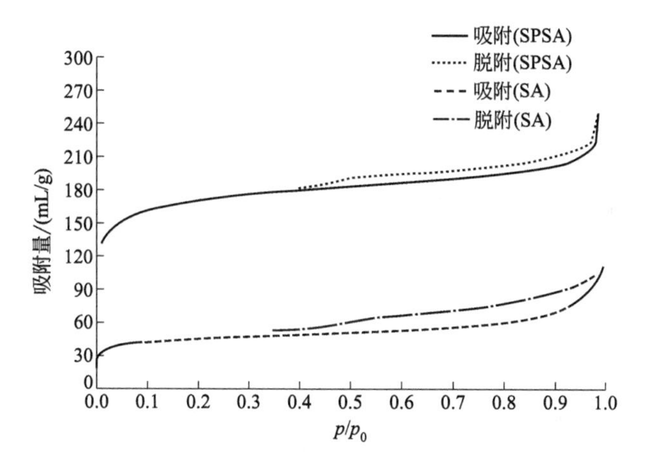

图 4-9　污泥衍生碳材料（SA）和花生壳-污泥衍生碳材料（SPSA）的 N_2 吸附-脱附曲线

由图 4-9 可以看出，添加花生壳的花生壳-污泥衍生碳材料等温线在较低的相对压力下，类似于Ⅰ型等温线，相应于 Langmuir 单层可逆吸附过程，是微孔填充现象。在较高的相对压力下，类似于Ⅱ型等温线，开始形成第二层吸附或者多层吸附，符合中孔或大孔的吸附特征，说明添加花生壳后污泥衍生碳材料不仅形成了更多的微孔，同时还有大量的中孔甚至大孔形成。

4.3.4　红外光谱图

花生壳原料的红外光谱见图 4-10，添加花生壳的花生壳-污泥衍生碳材料的红外光谱见图 4-11。

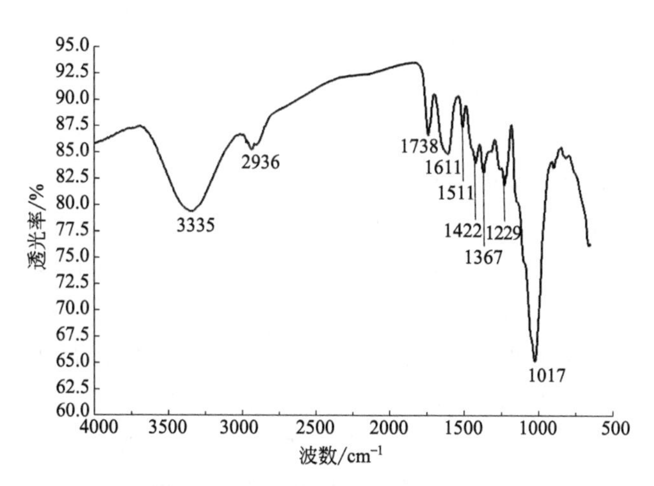

图 4-10　花生壳原料的红外光谱图

对比图 4-10 和图 4-11 可以发现，花生壳和污泥共热解过程中原有的一些结构受到了破坏，花生壳中 2936cm^{-1} 处的峰消失，3335cm^{-1} 处的宽峰发生了右移，出现在

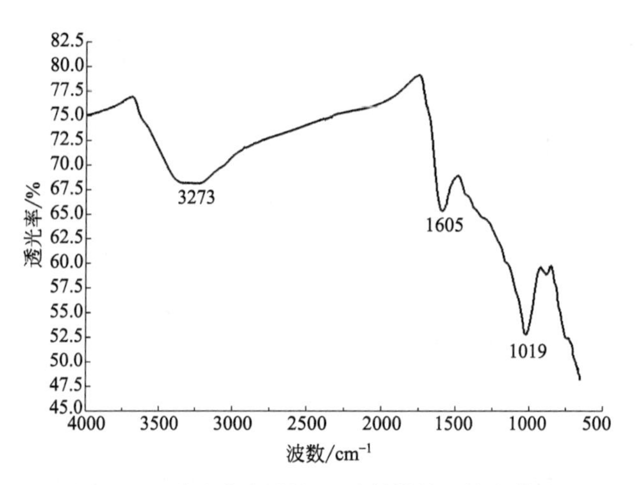

图 4-11　花生壳-污泥衍生碳材料的红外光谱图

3273cm^{-1} 附近，1738～1229cm^{-1} 处的六个峰发生了变化，仅在 1605cm^{-1} 处出现一个峰，其他几个峰在花生壳-污泥衍生碳材料中消失。添加花生壳的花生壳-污泥衍生碳材料的表面结构和污泥衍生碳材料的表面结构基本类似，红外光谱图上主要由三个峰构成：一个在 3273cm^{-1} 附近的宽峰；一个在 1605cm^{-1} 附近的峰；还有一个峰在 1019cm^{-1} 附近。

4.4　废纸屑-污泥衍生碳材料

现代城市和农村每天产生大量废纸。据中国造纸协会统计，2018 年我国废纸回收总量约 4964 万吨，较上年下降 6.07%，回收率达到 47.6%，废纸利用率为 63.9%[21,22]。2019 年我国废纸回收量为 5244 万吨，较 2018 年增长 5.64%。2019 年我国废纸回收率为 49.0%，较上一年度增加了 1.4 个百分点，创历史新高。在废纸利用方面，2019 年我国废纸利用率为 58.3%，较 2018 年减少 5.6 个百分点。我国的废纸利用率曾经达到世界较高水平，在 2009 年最高达到 74.4%，但近几年呈逐年下降趋势[23]。欧洲纸张回收理事会（EPRC）发布的报告表示，由于欧洲造纸工业对废纸的稳定利用，欧洲纸张回收率从 2018 年的 71.7%增加到 2019 年的 72%。中国对欧洲废纸需求数量的持续大幅下降，与土耳其和印度等其他国家需求的增长相互平衡[24]。美国林纸协会（AF&PA）宣布，2019 年美国消费的纸张中有 66.2%被回收利用[25]。

废纸作为一种可再生的、潜力巨大的生物质资源，传统上应用于再生纸的生产，回收利用范围较窄且缺乏深度。由于造纸工业是国家支撑性的产业，其消费量很大，同时需要大量的原生木材，因此废纸的回收利用能降低森林的砍伐率，对生态环境的循环有着现实的意义。我国大力提倡和推广废纸制浆，并取得了一定的成功，达到了国际废纸回用先进水平，现在废纸在造纸原料中占有很大比重。但是由于废纸作为二次纤维回用，会发生品质衰变的现象，纤维强度下降，而且基于当前的技术发展状况，还有相当一部分废纸因为经济成本和技术原因无法回收利用，使再生纸的品质降低。因此，废纸除了作为造纸原材料或包装材料再利用外，研究人员还不断开发其他利用途径。戚军军[26] 以生物质废弃物废纸为原料，分别采用热解和水热炭化两种方法制备新型碳基固体酸催化剂。德国早在 20 世纪 70 年代就将废纸用于人造板的生产，研究表明：使用废纸作为刨花板生产的原料是可行的。但由于材料的密度不同，纸张和木屑的混合会遇到困难，且废纸主要用作中间层或板材的芯层原料。根据所用废纸的种类（书写或印刷用纸、木浆报纸等），可得到不同性能的板材[27]。我国研究人员对于废纸在人造板领域中的应用也进行了大量的研究，取得了不错的进展。同时也发现废纸与木质材料制备复合材料存在一些问题，如废纸不具备木材天然的刚度，堆积密度小，被压缩后存在较大的回弹性。使用废纸替代部分木质材料制备复合板材，随着废纸添加量的增加，制备的板材物理力学性能急剧下降。另外，由于废纸的吸水量和吸水率远大于木质材料，在使用废纸与木质材料混合制备复合板材时需要添加防水剂，以控制复合板材的吸水厚度膨胀率[28-31]。日本王子造纸公司成功地将办公废纸溶于苯酚中生产出了酚醛树脂，与用旧报纸为原料相比节约了近 50%成本。诺维信公司还成功地用废纸和纸张制造乙醇，并开始大规模生产这种生物燃料[32]。岳正波等[33] 以办公室废纸为基质材料，通过采用预炭化、KOH 活化的方法，按照正交试验设计制备得到活性炭，并进一步优化条件制备得到超级电容器电极材料。除此之外，废纸还可以用于制备功能性材料，如导电纸、净水材料、橡胶复合材料和吸水树脂等；可以用来制备新型燃料，如乙醇、氢气等；可以用来制备肥料、煤尘抑制剂、吸油剂和保温材料等[34]。考虑到废纸主要由纤维素和半纤维素等成分组成，固定碳含量高，本节以废纸和污泥两种废弃生物质为原料制备复合碳材料，并对碳材料进行了表征。

4.4.1 孔隙结构特征

污泥衍生碳材料与添加废纸屑后制备的废纸屑-污泥衍生碳材料的孔隙结构特征见表 4-3。

表 4-3 污泥衍生碳材料和废纸屑-污泥衍生碳材料的孔隙结构特征

项目	SA	SWPA	改变率/%
$S_{BET}/(m^2/g)$	138.33	341.60	146.95
$PV/(m^3/g)$	0.1728	0.2390	38.31
$MPV/(m^3/g)$	0.0426	0.1197	180.99
PS/nm	5.01	2.80	—

注：SA 为污泥衍生碳材料；SWPA 为添加废纸屑后的废纸屑-污泥衍生碳材料；S_{BET} 为 BET 比表面积；PV 为总孔容；MPV 为微孔容；PS 为平均孔径。

由表 4-3 可以看出：在污泥中添加废纸屑后，所制备的碳材料的比表面积有了大幅度的增长，由 138.33m^2/g 增加到了 341.60m^2/g，增幅达到 146.95%；总孔容增加了 38.31%；微孔容增幅最大，达到了 180.99%；平均孔径由 5.01nm 缩减到 2.80nm。这说明在污泥中添加废纸屑可以增加污泥衍生碳材料的孔容积，改善污泥衍生碳材料的吸附性能。

4.4.2 BJH 孔径分布曲线

污泥衍生碳材料（SA）和废纸屑-污泥衍生碳材料（SWPA）的 BJH 孔径分布曲线见图 4-12。

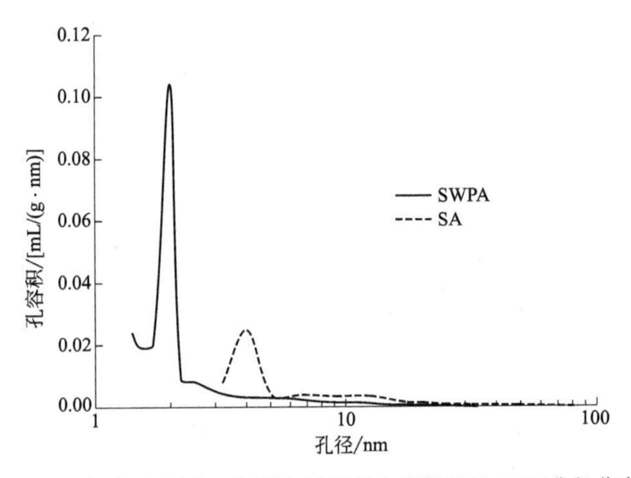

图 4-12 污泥衍生碳材料和废纸屑-污泥衍生碳材料的 BJH 孔径分布曲线

由图 4-12 可以看出，污泥衍生碳材料的 BJH 孔径分布最高峰在 4.0nm 左右，而添加废纸屑的废纸屑-污泥衍生碳材料的 BJH 孔径分布最高峰在 2.0nm 左右，而且添加废纸屑的废纸屑-污泥衍生碳材料的 BJH 孔径分布要比没有添加废纸屑的污泥衍生碳材料的 BJH 孔径分布窄。说明污泥中添加废纸屑后会导致所制备的碳材料的微孔数量增多。

4.4.3 N_2 吸附-脱附曲线

污泥衍生碳材料（SA）和废纸屑-污泥衍生碳材料（SWPA）的 N_2 吸附-脱附曲线见图 4-13。

由图 4-13 可以看出，添加废纸屑的废纸屑-污泥衍生碳材料的吸附等温线在较低的相对压力下，类似于I型等温线，相应于 Langmuir 单层可逆吸附过程，属于微孔填充现象。这点从表 4-3 中也可以看出，添加废纸屑后微孔容积所占比例增大，由 24.68%增大到 50.10%。

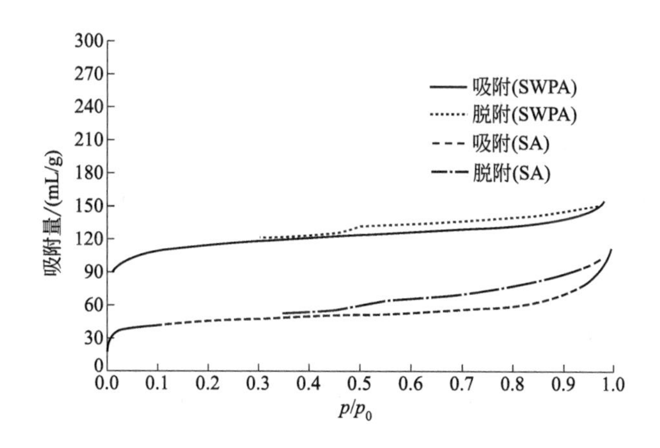

图 4-13 污泥衍生碳材料和废纸屑-污泥衍生碳材料的 N_2 吸附-脱附曲线

4.4.4 红外光谱图

废纸屑原料的红外光谱见图 4-14，添加废纸屑的废纸屑-污泥衍生碳材料的红外光谱见图 4-15。

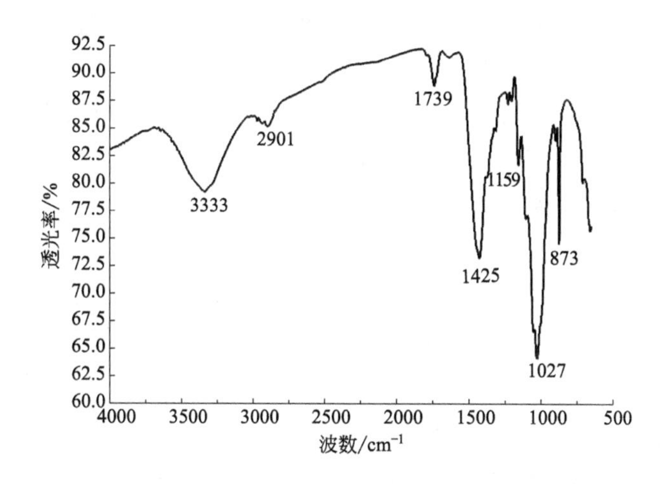

图 4-14 废纸屑原料的红外光谱图

对比图 4-14 和图 4-15 可以发现，废纸屑和污泥共热解过程中，原有的一些结构受到了破坏，废纸屑中 2901cm^{-1} 处的峰消失，3333cm^{-1} 处的宽峰发生了右移，出现在 3289cm^{-1} 附近，1739cm^{-1}、1425cm^{-1}、1159cm^{-1} 处的三个峰在废纸屑-污泥衍生碳材料中消失。添加废纸屑的废纸屑-污泥衍生碳材料的表面结构和污泥衍生碳材料的表面结构基本类似，红外光谱图上主要由三个峰构成：一个在 3289cm^{-1} 附近的宽峰；一个在 1591cm^{-1} 附近的峰；还有一个峰在 1020cm^{-1} 附近。

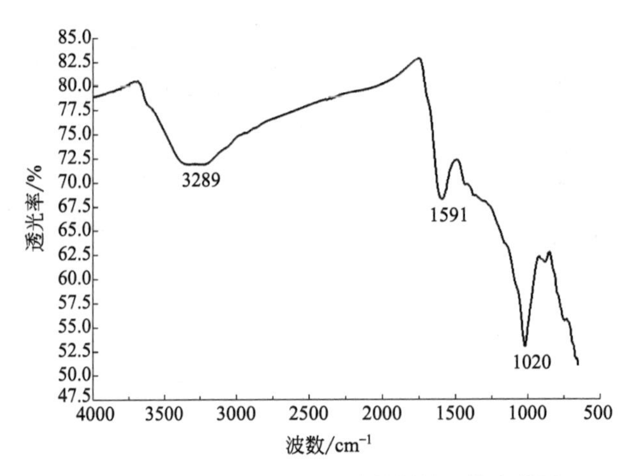

图 4-15 废纸屑-污泥衍生碳材料的红外光谱图

4.5 锯末-污泥衍生碳材料

锯末是指在进行木材加工时因为切割而从树木上散落下来的树木本身的末状木屑。锯末中含有纤维素、半纤维素、木质素等，纤维素和木质素是主要成分，在木材中纤维素的含量为40%～55%。锯末作为生物质资源的一部分，在林区及木材加工厂的产量很大，如果得不到合理利用，不仅污染环境而且浪费资源。尤其是随着人们对木材需求的日益增加，林业木材的采伐量不断增加，伴随而来的加工剩余物的数量也相继有增无减。我国1980年木材综合利用率仅为50%左右，在加工剩余物中锯末之类利用率较低。目前锯末综合利用途径主要有以下几种。

(1) 燃料

目前，国外生产木地板、木门窗、家具及各种木质建材的工厂，基本上都以锯屑、刨花、木粉等加工剩余物为燃料，提供木材加工生产用热、采热和生活用热水。

(2) 热解利用

热解是在隔绝空气或少量空气的条件下，使锯末受热分解以制取各种热解产品的方法，如以锯末为原料制备多孔碳材料等。

(3) 水解利用

水解是基于木质化生物质多糖苷键的水解作用，是将多糖分解为单糖，然后通过化学或生物化学方法对这些单糖进行加工，生产出酒精糠醛及其衍生物等，以及其他工业和民用的各种产品。

(4) 生产清洁能源

作为一种重要的生物质能源，锯末经过加工后可以制成酒精、合成气等。

(5) 制造有机肥料

以锯末为原料，经过混合发酵，制成有机肥料，以改良土壤。目前，以锯末和树皮制成的混合肥料已经在日本和美国等国家得到应用。

(6) 制成压缩板

锯末广泛应用在装修和家具当中，人们利用木材的锯末和边角废料来制作胶合板、压缩板、三合板、大芯板等材料，从而大大提高了木材的利用率，减少了资源浪费。

除此之外，锯末还可以用来作为食用菌和花卉培养的基质、进行发酵床养殖、修复矿区土壤重金属污染、制作木质陶瓷和新型复合材料等[35-41]。

本节以锯末和污泥两种废弃生物质为原料制备复合碳材料，并对碳材料进行了表征。

4.5.1 孔隙结构特征

污泥衍生碳材料与添加锯末后制备的锯末-污泥衍生碳材料的孔隙结构特征见表4-4。

表 4-4 污泥衍生碳材料和锯末-污泥衍生碳材料的孔隙结构特征

项目	SA	SSDA	改变率/%
S_{BET}/(m^2/g)	138.33	367.81	165.89
PV/(m^3/g)	0.1728	0.2439	41.15
MPV/(m^3/g)	0.0426	0.1324	210.80
PS/nm	5.01	2.65	—

注：SA 为污泥衍生碳材料；SSDA 为添加锯末后的锯末-污泥衍生碳材料；S_{BET} 为 BET 比表面积；PV 为总孔容；MPV 为微孔容；PS 为平均孔径。

由表 4-4 可以看出：在污泥中添加锯末后，所制备的锯末-污泥衍生碳材料的比表面积有了大幅度的增长，由 138.33m^2/g 增加到了 367.81m^2/g，增幅达到 165.89%；总孔容增加了 41.15%；微孔容增幅最大，达到了 210.80%；平均孔径由 5.01nm 缩减到 2.65nm。这说明在污泥中添加锯末可以增加污泥衍生碳材料的孔容积，改善污泥衍生碳材料的吸附性能。

4.5.2 BJH 孔径分布曲线

污泥衍生碳材料和锯末-污泥衍生碳材料的 BJH 孔径分布曲线见图 4-16。

由图 4-16 可以看出，污泥衍生碳材料的 BJH 孔径分布最高峰在 4.0nm 左右，而添加锯末的锯末-污泥衍生碳材料的 BJH 孔径分布最高峰在 2.0nm 左右，而且添加锯末的锯末-污泥衍生碳材料的 BJH 孔径分布要比没有添加锯末的污泥衍生碳材料的 BJH 孔径分布窄。这说明污泥中添加锯末后会导致所制备的碳材料的微孔数量增多。

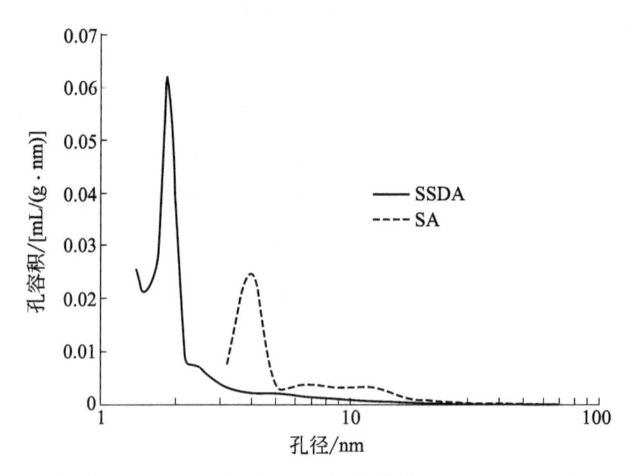

图 4-16　污泥衍生碳材料（SA）和锯末-污泥衍生碳材料（SSDA）的 BJH 孔径分布曲线

4.5.3　N_2 吸附-脱附曲线

污泥衍生碳材料和锯末-污泥衍生碳材料的 N_2 吸附-脱附曲线见图 4-17。

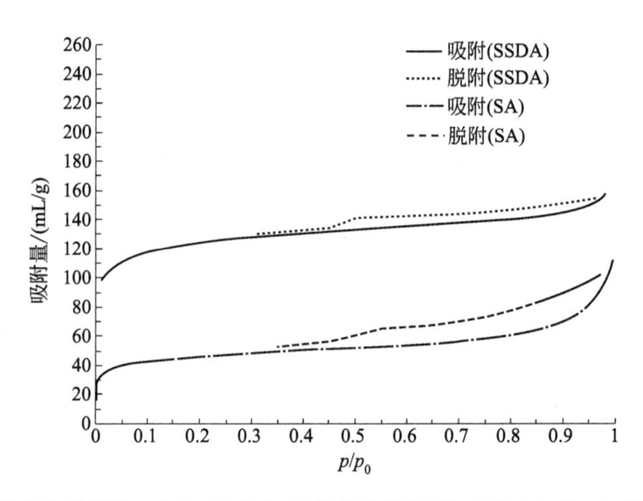

图 4-17　污泥衍生碳材料（SA）和锯末-污泥衍生碳材料（SSDA）的 N_2 吸附-脱附曲线

由图 4-17 可以看出，没有添加锯末的污泥衍生碳材料的吸附等温线与Ⅱ型等温线有些类似，但也有区别，在较低的相对压力下吸附量迅速上升，曲线上凸，出现拐点，说明单分子层吸附完成；之后曲线变得平缓，在较高的相对压力（$p/p_0>0.8$）下，曲线又开始上升，且吸附线和脱附线之间存在滞后环，说明在较高压力下发生了毛细孔凝聚现象，说明在污泥衍生碳材料的孔隙结构中，除了存在微孔外还存在中孔和狭窄的层状裂隙孔。

添加锯末的锯末-污泥衍生碳材料的吸附等温线在较低的相对压力下，类似于Ⅰ型等温线，相应于 Langmuir 单层可逆吸附过程，属于微孔填充现象。这点从表 4-4 中也可以看出，添加锯末后微孔容积所占比例增大，由24.65%增大到54.28%。

4.5.4 红外光谱图

锯末原料的红外光谱见图4-18，添加锯末的锯末-污泥衍生碳材料的红外光谱见图4-19。

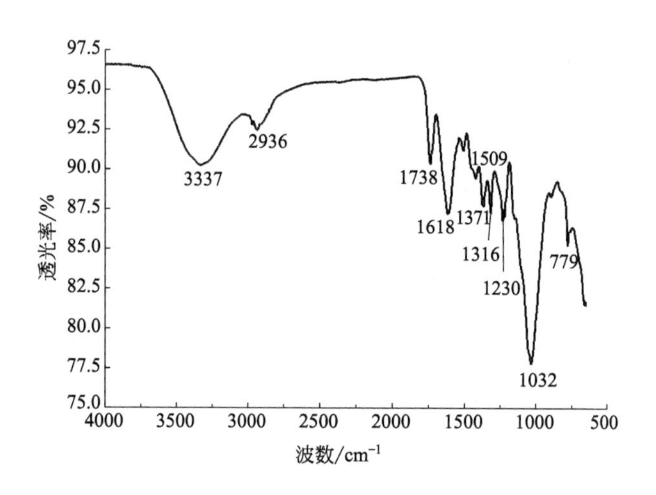

图4-18 锯末原料的红外光谱图

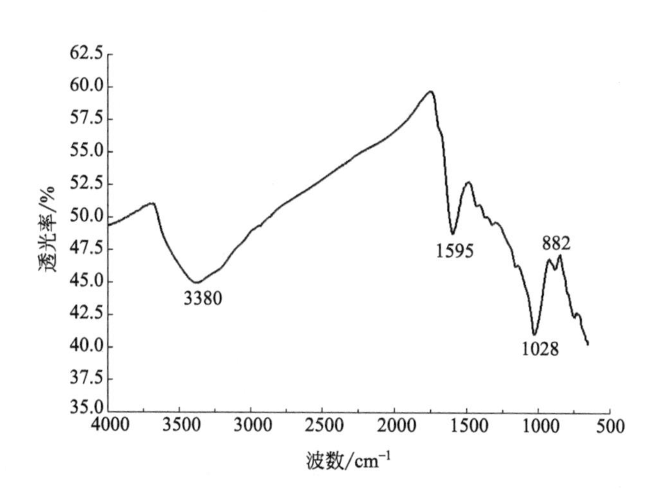

图4-19 锯末-污泥衍生碳材料的红外光谱图

对比图4-18和图4-19可以发现，锯末和污泥共热解过程中，原有的一些结构受到了破坏，锯末中2936cm^{-1}处的峰消失，1738～1230cm^{-1}中间的六个峰在锯末-污泥衍生碳材料中消失。添加锯末的锯末-污泥衍生碳材料的表面结构和污泥衍生碳材料的表面结构基本类似，红外光谱图上主要由三个峰构成：一个在3380cm^{-1}附近的宽峰；一个在 1595cm^{-1} 附近的峰；还有一个峰在 1028cm^{-1} 附近。

4.6 秸秆-污泥衍生碳材料

我国作为农业大国，农作物种类多、产量大，农作物秸秆每年的产生量也很大。作为一种重要的生物质资源，秸秆综合利用主要有以下几种方式。

(1) 秸秆还田

秸秆还田包括直接还田、堆沤还田和过腹还田等模式。

① 直接还田就是通过联合收割机收获秸秆，并通过收割机上的粉碎装置对秸秆进行粉碎直接抛撒在地表翻压进土壤中，但是这种方式会将秸秆中存在的虫卵和微生物直接带入土壤中，影响下一茬播种，因此需要在翻压前进行杀虫杀菌作业。

② 堆沤还田是让秸秆经过高温腐熟后重新施加在土壤中，堆肥化时可以在其中翻入蚯蚓，通过蚯蚓堆肥，蚯蚓可以使肥料实现翻堆、通气及破碎，大大提高堆肥效率，有效提高土壤肥力。

③ 过腹还田是以秸秆为饲料形成粪便后重新施加在土壤中。

(2) 秸秆饲料化

秸秆饲料化是利用加工设备将秸秆作为低质粗饲料进行粉碎加工、青储、微储、氨化等饲用处理，转变为动物的食粮。这种处理方式不仅能够实现清洁化生产，同时也能够实现农业的循环利用。

(3) 秸秆基料化

秸秆基料化是将秸秆粉碎后用作培育食用菌和竹笋的基料。

(4) 秸秆燃料化

秸秆燃料化是将秸秆加工成燃料利用。秸秆燃料的热值为 18～21MJ/kg，与原煤的热值大约相当。但是，秸秆堆积密度大且分散，因此秸秆收集利用需要进行预处理，与煤混合后形成燃料。

(5) 秸秆材料化

秸秆材料化是将秸秆进行加工处理形成各种材料，如碳材料、人造板材、纳米纤维素、餐饮具和包装容器具等[42-48]。

本节以秸秆和污泥两种废弃生物质为原料制备复合碳材料，并对碳材料进行了表征。

4.6.1 孔隙结构特征

污泥衍生碳材料与添加秸秆后制备的秸秆-污泥衍生碳材料的孔隙结构特征见表 4-5。

表 4-5 污泥衍生碳材料和秸秆-污泥衍生碳材料的孔隙结构特征

项目	SA	SSA	改变率/%
S_{BET}/(m^2/g)	138.33	459.77	232.37
PV/(m^3/g)	0.1728	0.3195	84.90
MPV/(m^3/g)	0.0426	0.1638	284.51
PS/nm	5.01	3.34	—

注：SA为污泥衍生碳材料；SSA为添加秸秆后的秸秆-污泥衍生碳材料；S_{BET}为BET比表面积；PV为总孔容；MPV为微孔容；PS为平均孔径。

由表4-5可以看出：在污泥中添加秸秆后，吸附剂的比表面积有了大幅度的增长，由138.33m^2/g增加到了459.77m^2/g，增幅达到232.37%；总孔容增加了84.90%；微孔容增幅最大，达到了284.51%；平均孔径由5.01nm缩减到3.34nm。这说明在污泥中添加秸秆可以增加污泥衍生碳材料的孔容积，改善污泥衍生碳材料的吸附性能。

4.6.2 BJH孔径分布曲线

污泥衍生碳材料和秸秆-污泥衍生碳材料的BJH孔径分布曲线见图4-20。

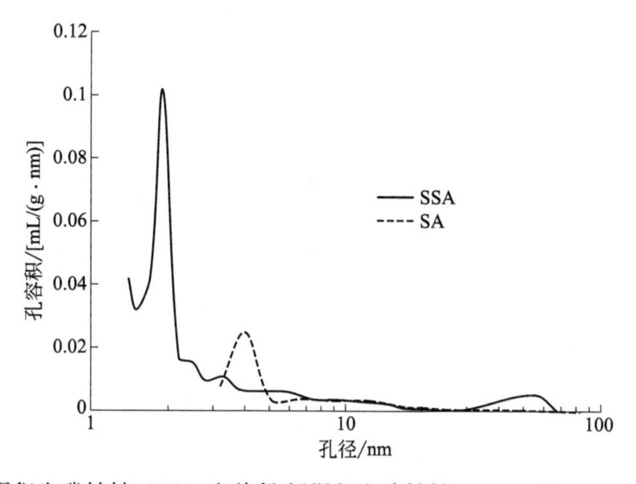

图4-20 污泥衍生碳材料（SA）和秸秆-污泥衍生碳材料（SSA）的BJH孔径分布曲线

由图4-20可以看出，污泥衍生碳材料的BJH孔径分布最高峰在4.0nm左右，而添加秸秆的秸秆-污泥衍生碳材料的BJH孔径分布最高峰在1.9nm左右，而且添加秸秆的秸秆-污泥衍生碳材料的BJH孔径分布要比没有添加秸秆的污泥衍生碳材料的BJH孔径分布窄。这说明污泥中添加秸秆后会导致所制备的碳材料的微孔数量增多。

4.6.3 N_2 吸附-脱附曲线

污泥衍生碳材料和秸秆-污泥衍生碳材料的 N_2 吸附-脱附曲线见图 4-21。

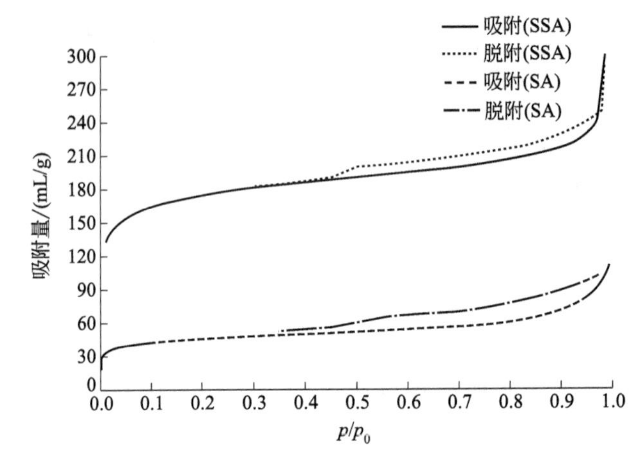

图 4-21 污泥衍生碳材料（SA）和秸秆-污泥衍生碳材料（SSA）的 N_2 吸附-脱附曲线

由图 4-21 可以看出，添加秸秆的秸秆-污泥衍生碳材料的吸附等温线在较低的相对压力下，类似于Ⅰ型等温线，相应于 Langmuir 单层可逆吸附过程，属于微孔填充现象。这点从表 4-5 中也可以看出，添加秸秆后，微孔容积所占比例增大，由 24.65%增大到 51.27%。

4.6.4 红外光谱图

秸秆原料的红外光谱见图 4-22，添加秸秆的秸秆-污泥衍生碳材料的红外光谱见图 4-23。

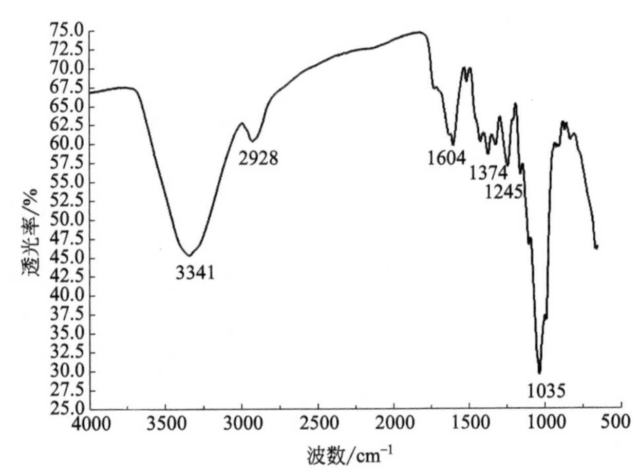

图 4-22 秸秆原料的红外光谱图

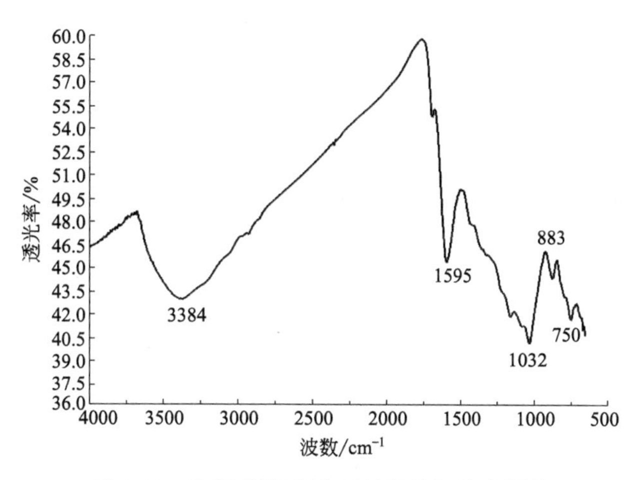

图 4-23 秸秆-污泥衍生碳材料的红外光谱图

对比图 4-22 和图 4-23 可以发现，秸秆和污泥共热解过程中，原有的一些结构受到了破坏，秸秆中 2928cm^{-1} 处的峰消失，1604～1245cm^{-1} 中间的峰在秸秆-污泥衍生碳材料中消失，并且在秸秆-污泥衍生碳材料中 1595cm^{-1} 处出现一个新的峰。添加秸秆的秸秆-污泥衍生碳材料的表面结构和污泥衍生碳材料的表面结构基本类似，红外光谱图上主要由三个峰构成：一个在 3384cm^{-1} 附近的宽峰；一个在 1595cm^{-1} 附近的峰；还有一个峰在 1032cm^{-1} 附近。

4.7 添加不同生物质制备污泥衍生碳材料的比较

添加不同生物质对污泥衍生碳材料的孔隙结构影响的比较见表 4-6。

表 4-6 添加不同生物质对污泥衍生碳材料的孔隙结构的影响

项目	S_{BET}/(m^2/g)	PV/(m^3/g)	MPV/(m^3/g)	PS/nm
SA	138.33	0.1728	0.0426	5.01
SLA	333.73	0.2330	0.1210	2.79
SPSA	508.27	0.3889	0.1757	3.06
SWPA	341.60	0.2390	0.1197	2.80
SSDA	367.81	0.2439	0.1324	2.65
SSA	459.77	0.3195	0.1638	3.34

注：SA 为污泥衍生碳材料；SLA 为添加酒糟后的酒糟-污泥衍生碳材料；SPSA 为添加花生壳后的花生壳-污泥衍生碳材料；SWPA 为添加废纸屑后的废纸屑-污泥衍生碳材料；SSDA 为添加锯末后的锯末-污泥衍生碳材料；SSA 为添加秸秆后的秸秆-污泥衍生碳材料；S_{BET} 为 BET 比表面积；PV 为总孔容；MPV 为微孔容；PS 为平均孔径。

从表 4-6 可以看出，在污泥原料中，添加酒糟、花生壳、废纸屑、锯末和秸秆等含碳生物质均可以改善污泥衍生碳材料的吸附性能，增加比表面积和孔容积，在所有添加物质中，花生壳的添加效果最好，其次是秸秆和锯末，然后是废纸屑和酒糟。

参考文献

[1] 任晓莉，朱开金．化学干法热解制备污泥吸附剂及其工艺优化［J］．化工进展，2013，32（12）：2997-3001，3031.

[2] 顾翰琦．酒糟高值化综合利用方式研究现状［J］．南方农机，2018，49（12）：15-16.

[3] 附青山，陈超，陈雪丹，等．KOH 及 $ZnCl_2$ 活化酒糟基活性炭吸附亚甲基蓝的对比研究［J］．四川理工学院学报（自然科学版），2019，32（6）：1-7.

[4] 陈思瑶．酒糟活性炭制备工艺的研究［D］．包头：内蒙古科技大学，2020.

[5] 王思宇．白酒糟活性炭的制备及其吸附性能研究［D］．沈阳：东北大学，2010.

[6] 王广建，张路平，王芳，等．酒糟渣活性炭的制备及其表征［J］．青岛大学学报（自然科学版），2014，27（2）：17-22.

[7] 杨威．酒糟热解特性及其活性炭制备的研究［D］．湛江：广东海洋大学，2020.

[8] 蔡凤娇，蔡林洋，孔博，等．白酒糟的多元化利用研究进展［J］．酿酒，2020，47（2）：11-15.

[9] 董文召，韩锁义，徐静，等．花生壳研究现状与应用前景分析［J］．中国农学通报，2019，35（32）：14-19.

[10] 徐涛，刘晓勤．花生壳活性炭研究进展［J］．花生学报，2007（3）：1-4.

[11] 孙保帅，俞力家，龚彦文．用花生壳制备活性炭的研究［J］．河南工业大学学报（自然科学版），2009，30（4）：45-48.

[12] 刘光全，隋建红，张华，等．花生壳活性炭对反渗透（RO）浓水的吸附特性［J］．环境化学，2012，31（6）：862-868.

[13] 王倩楠．生物废弃物基活性炭的制备及其超电容特性的研究［D］．淄博：山东理工大学，2015.

[14] 牛树章．花生壳基活性炭的制备及其电化学性能的研究［D］．天津：天津大学，2009.

[15] 储磊．生物炭基多孔炭材料的制备及其电吸附脱盐性能研究［D］．淮南：安徽理工大学，2015.

[16] 钟卓亚．微波辅助化学活化制备活性炭的研究［D］．长沙：湖南大学，2012.

[17] 张玉磊．磁性污泥-花生壳基复合活性炭的制备及其吸附性能研究［D］．成都：西南交通大学，2017.

[18] 陶利春．磁性花生壳基活性炭的制备及其吸附性能研究［D］．成都：西南交通大学，2016.

[19] 蒋孝晨．花生壳活性炭电极材料的制备与改性及其电化学特性［D］．徐州：中国矿业大学，2020.

[20] 张亚迪．污泥活性炭的制备及其对苯酚的吸附特性研究［D］．长沙：湖南大学，2018.

[21] 中国造纸协会．中国造纸工业 2018 年度报告［J］．造纸信息，2019（5）：6-16.

[22] 陈瑞建，章伟伟，云虹，等．废纸在人造板领域中的回收利用技术及研究进展［J］．林产工业，2019，46（7）：7-10.

[23] 郭彩云．2019 年我国废纸回收利用及废纸、废纸浆进出口概况［J］．造纸信息，2020（9）：16-23.

[24] 陈京环．2019 年欧洲纸张回收率增至 72%［J］．造纸信息，2020（9）：45.

[25] 陈京环．美国 2019 年废纸回收率高达 66.2%［J］．造纸信息，2020（11）：63.

[26] 戚军军．废纸碳基固体酸催化剂的制备及其催化性能的研究［D］．大连：大连工业大学，2017.

[27] Clad W. Use of waste paper in particleboard production［J］．Holz als Roh-und Werkstoff，1970，28（3）：101-104.

[28] 沈耀文．在刨花板生产中以废纸和垃圾纤维作代用材料［J］．东北林业大学学报，1985，13（S1）：41-47.

[29] 邢成，杨明辉，赵春辉，等．废纸刨花板制造工艺的初步研究［J］．木材工业，1998，12（1）：9-10.
[30] 岳孔，叶建，郑虹，等．办公废纸-废木刨花制作家具碎料板的研究［J］．西北林学院学报，2008，23（5）：166-168.
[31] 陈瑞建，章伟伟，云虹，等．废纸在人造板领域中的回收利用技术及研究进展［J］．林产工业，2019，46（7）：7-10.
[32] 兰硕，臧路遥，李梓熙．废纸再生利用现状及展望［J］．造纸装备及材料，2020，49（3）：61-62.
[33] 岳正波，高旭，王策，等．利用办公废纸制备活性炭基超级电容器［J］．合肥工业大学学报（自然科学版），2020，43（4）：552-558.
[34] 付玉，黄金阳，林澜欣，等．废纸的高值化利用研究进展［J］．中国资源综合利用，2020，38（2）：84-88.
[35] 马紫朝．松树锯末活性炭的制备及其对 SO_2 吸附性能的研究［D］．西安：西安建筑科技大学，2014.
[36] 秀淑兰．谈谈锯木屑的利用前景［J］．林业经济，1987（1）：63-64.
[37] 张言．热转化锯木屑联合草本植物修复矿区土壤重金属污染研究［D］．北京：北京科技大学，2020.
[38] 刘学鹏．锯木屑/低阶煤热解焦协同污泥处理及高效能源化利用［D］．湘潭：湖南科技大学，2016.
[39] 张义田．利用稻壳和锯木屑生产生物质颗粒工艺研究［J］．辽宁林业科技，2012（3）：17-18.
[40] 吴国庆．锯木屑发酵养猪法［J］．农村新技术，2014（6）：25-26.
[41] 王建和．国内外对锯木屑的利用和研究概述［J］．广东林业科技，1991（3）：23-27.
[42] 林凌．秸秆综合利用及清洁化生产［J］．长江技术经济，2021，5（S1）：12-14.
[43] 吴岳．济南市秸秆综合利用的措施问题及建议［J］．农家科技，2020（2）：220-221.
[44] 陈银，李庆才．永宁秸秆综合利用现状及解决办法［J］．农机科技推广，2018，194（12）：38-39.
[45] 班婷，郭兆峰，马艳，等．新疆棉秸秆综合利用现状及基质化利用发展前景［J］．农业工程，2019（5）：45.
[46] 雷彩霞，臧爱梅．高密市小麦秸秆综合利用模式探讨［J］．山西农经，2021（3）：142-143.
[47] 宋春霞．秸秆综合利用与农村生态环境治理［J］．农业开发与装备，2021（2）：11-12.
[48] 宾齐，李海红，张田田．活化剂改性秸秆基活性炭的制备及其表征［J］．纺织高校基础科学学报，2020，33（4）：111-117.

第5章

农林生物质衍生碳材料对橙黄 G 的吸附

5.1 概述

5.1.1 农林生物质简介

我国是农业和林业大国，每年农林业生产产量较大，因此农林业生产产生的废弃生物质原料储量较大。农林生物质主要包括农作物秸秆（是指在农业生产过程中，收获小麦、玉米、稻谷、大豆等农作物籽实后残留的不能食用的根、茎、叶等残留物）和农产品加工废弃物（是指农作物收获后进行加工时产生的废弃物，如稻壳、玉米芯、果壳、花生壳等），还包括树木采伐、园林造景、木材加工过程中产生的锯木屑以及树枝修剪过程中产生的枯枝、落叶等。随着科学技术的不断进步和农村经济的快速发展，农作物产量不断提高、农产品加工产业迅速发展以及新农村建设不断展开，包括农作物秸秆在内的各种农林废弃物总量和种类呈上升趋势。从全球角度来看，农林生物质能已经成为世界上重要的新能源，是全球继石油、煤炭、天然气之后的第四大能源。目前，农林生物质综合利用方式主要包括农林生物质发电、生物质燃气、农林生物质燃料、堆肥还田、食用菌栽培等。在我国，农林生物质是我国经济社会赖以生存发展的宝贵原料，为突出农林生物质综合开发利用对支撑现代农业可持续发展的保障作用，2006 年国家出台了《国家中长期科学和技术发展规划纲要（2006—2020 年）》（以下简称《纲要》），提出了“农林生物质综合开发利用”优先领域主题。《纲要》发布以来，有关部门颁布了多项促进农林生物质技术及产业化发展的导向性和激励性政策，通过科技支撑和财税政策扶持，我国农林生物质综合开发利用技术得到了快速发展，相关技术取得突破性的进展[1-3]。

国内很多研究人员对农林生物质资源化利用进行了研究。北京化工大学的张辰宇[4] 研究了热解技术用于生物质原料的可行性、反应过程动力学分析及热解产物特性研究，以及浸渍催化新型热解工艺的催化效果，并提出了与之对应的含镍生物质碳材料二次回收利用方法。索琳娜等[5] 研究探讨了利用农林生物质废弃物生产无土栽培基质，进而在花卉生产中部分或全部替代泥炭基质的可行性，并在农林生物质废弃物稳定化处理过程中引入高温惰化处理技术，与发酵腐熟技术相结合，为实现不同种类农林生物质废弃物高效、稳定、低成本的利用提供了新的途径。白秋红等[6] 以果壳、农林产品加工残渣等生物质为原料，通过分析生物质木质素、纤维素、半纤维素含量，元素组成，孔结构和形貌，制备条件对碳材料微观形貌、孔隙结构、比表面积、不同组分稳定性的影响，选择性能优异的生物质为碳源，结合氮掺杂等改性方法，实现了生物质基功能性多孔碳材料的绿色活化、炭化制备与性能调控，并研究其在吸附和储能方面的应用。沈莹莹等[7] 以松木、杉木和棉秆三种常见农林生物质为研究对象，以工业分析值为参比，利用光谱技术结合化学计量学建模方法，建立快速测定生物质原料水分、挥发分、灰分、固定碳含量以及热值的数学预测模型。在此基础上研究其较佳的生物质炭化工艺条件，分析了原料种类、不同装载量和最高炭化温度等工艺参数变化对生物质碳材料的挥发分、灰分、固定碳含量和热值等热工特性指标以及炭化产率和能量得率的影响。由于生物质碳材料具有良好的多孔性物理结构和特殊的化学组成，可较好地应用于固碳减排、改良土壤与肥料增效、环境保护等领域[8,9]。孙迎超等[10] 以玉米芯和松子壳为原料在温度为200℃时制备生物质碳材料，对生物质碳材料形貌结构进行了分析，并对水溶液中的Cr(Ⅵ) 进行了吸附性能研究。以农林生物质为原料制备多孔碳材料，不仅可以节约成本，而且可以缓解大量焚烧废弃生物质而引起的环境污染问题，有助于实现废弃生物质资源的清洁转化与高值化利用。

5.1.2 橙黄G结构及应用

橙黄G是一种偶氮染料，分子式是$C_{16}H_{10}N_2Na_2O_7S_2$，中文别名为1-苯基偶氮-2-萘酚-6,8-二磺酸钠。化学结构见图5-1。

橙黄G是黄红色粉末或结晶性小片，溶于水和乙醇，不溶于乙醚和氯仿；水溶液为橙黄色，乙醇溶液为橙色，遇盐酸水溶液无变化，遇氢氧化钠呈黄红色，遇氯化钙生成结晶性钙盐。

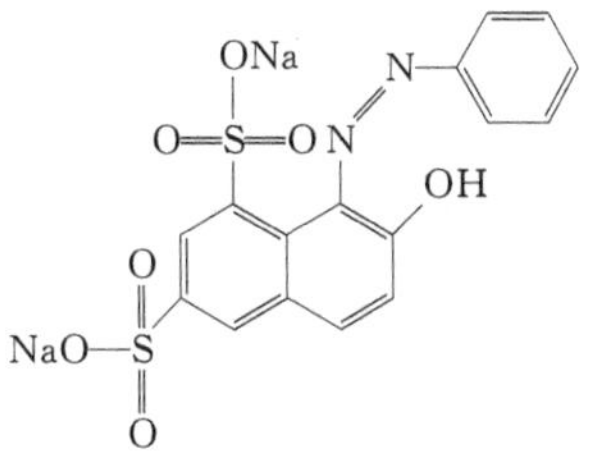

图5-1 橙黄G化学结构

橙黄G可以用于丝、毛织品的染色，也可染纸及制造墨水，还可用于木制品的着色和制造铅笔，也可用于生物着色。此外，当用作酸碱指示剂时，其pH值变色范围为11.5（黄）～14.0（橙红）。

5.1.3 橙黄G染料废水处理研究进展

地球表面的水资源极为丰富，但能被人们直接利用的淡水却只占全球水储量的0.3%。随着社会的不断发展，水资源受到了不同程度的污染，其中纺织、印刷、冶金、制药等行业产生的印染废水污染情况严重。橙黄G作为一种工业染料，其废水具有色度深、难降解、有机污染物含量高等特点，如果不进行有效处理将会带来严重的生态污染，对人类健康造成威胁。因此，研究人员对橙黄G废水处理做了大量的相关研究。

陈锋等[11] 以天然生物质废弃物（豆渣）为原材料，以碳酸钾为活化剂，采用一步炭化活化法制备具有片状结构的无定形多孔碳材料，比表面积为 $1247.3m^2/g$，孔体积为 $0.75cm^3/g$，且表面含有羟基和羧基等含氧官能团，并研究了其对橙黄G的吸附性能，结果表明该多孔碳材料对橙黄G的主要吸附包括孔隙吸附和含氧官能团的化学吸附。李桂菊等[12] 利用混合法自制非均相催化剂，采用臭氧催化氧化技术，用于深度降解印染废水中的橙黄G。贺君等[13] 采用盐酸预处理后的天然沸石，经过高温焙烧和有机改性制得最优改性沸石，对影响其吸附橙黄G的因素包括温度、振荡时间、改性方法等进行了研究，并探讨其吸附机理。朱应良等[14] 采用电化学协同过硫酸盐法（EC-PS）氧化处理橙黄G染料废水，研究了初始pH值、PS投加量、电流密度、电极间距对橙黄G染料废水脱色去除效果的影响规律，结果发现，对橙黄G脱色率达到了97.85%。杨耕耘[15] 选用天然沸石作为原材料，分别采用无机改性与有机改性两种方法制得改性沸石，并研究了其对橙黄G的吸附。吴强等[16] 利用 HNO_3 改性后的活性炭为吸附材料，研究了其在不同吸附条件下对活性炭吸附橙黄G的影响，并研究了该吸附过程的吸附等温线和吸附动力学，结果发现吸附过程符合Langmuir吸附等温方程，吸附数据可用伪二级吸附动力学方程拟合。杨利敬[17] 将电化学氧化和芬顿反应结合起来，通过投加 $FeSO_4 \cdot 7H_2O$ 和 H_2O_2 与电化学氧化相结合，使橙黄G的脱色率在30min内就达到了95%，1h内COD去除率达到80%。并且研究了在铁作牺牲阳极条件下的电芬顿反应效果，探讨了铁为阳极时不同的反应时间对脱色率的影响，确定了最佳的 H_2O_2 投加量等因素。潘峰等[18] 以石墨为阳极，研究了电化学混凝-内电解耦合法对橙黄G染料废水的降解效果，考察了NaCl投加量、$FeSO_4 \cdot 7H_2O$ 投加量、溶液初始pH值以及铁碳投加量对废水中橙黄G脱色率及COD去除率的影响，同时对比了电化学混凝-内电解耦合法与电化学混凝和内电解单独使用时对橙黄G染料废水的处理效果，最佳运行条件下橙黄G脱色率和COD去除率分别为98.3%和66.7%。吴强[19] 研究了臭氧氧化、活性炭吸附和活性炭吸附-臭氧氧化三种方式对橙黄G模拟废水的处理。刘一帆等[20] 以高活性铁柱撑蒙脱石（Fe-Mt）为催化剂，采用非均相UV/Fenton反应体系对含橙黄G（OG）染料废水进行氧化脱色处理研究。朱江[21] 采用Fenton试剂处理橙黄G染料废水，并讨论了Fenton反应过程中染料废水初始浓度、pH值、H_2O_2 以及 $FeSO_4$ 投加量、反应时间、反应温度对橙黄G染料废水COD去除率的影响。王战敏等[22] 采用电凝聚法处理工艺，对有代表性的橙黄G模拟染料废水进行处理，探索了处理工艺和操作方式的可行性、有效性。对影响电混凝法的有关参数进行了探讨，结果显示电混凝法处理橙黄G模拟染料废水有良好的效果。孙剑辉等[23] 采用Sn(Ⅳ）掺杂负载型纳米 TiO_2/AC处理橙黄G偶氮染料废水，以橙黄G的去除率为指标，对光催化反应工艺条件进行了优化，结果发现橙黄G的去除率可达99.1%，废水中的共存阴离子

SO_4^{2-} 和 $H_2PO_4^-$ 对橙黄 G 的光催化降解反应均有一定的抑制作用。

本节以花生壳、秸秆、落叶和锯末为原料制备生物质衍生碳材料，并研究其对橙黄 G 的吸附性能。

5.2 农林生物质衍生碳材料吸附橙黄 G 实验

5.2.1 实验材料和试剂

实验所用的主要试剂见表 5-1。

表 5-1 实验所用的主要试剂

试剂	生产厂家
氯化锌(AR)	天津市天大化工实验厂
浓盐酸(AR)	石家庄鑫隆威化工有限公司
浓硫酸(95%～98%)	石家庄鑫隆威化工有限公司
氢氧化钠(AR)	天津市申泰化学试剂有限公司
橙黄 G(AR)	天津市北联精细化学品开发有限公司

注：AR 表示分析纯。

5.2.2 实验仪器和设备

实验所用的主要仪器设备见表 5-2。

表 5-2 实验所用的主要仪器设备

仪器设备	型号	生产厂家
高速多功能粉碎机	JP-150A	永康市久品工贸有限公司
箱式电阻炉	BSX2-2.5-12TP	上海-恒科学仪器有限公司
循环水式多用真空泵	SHB-Ⅲ	郑州长城科工贸有限公司
电热恒温鼓风干燥箱	DHG-9070	上海佳胜实验设备有限公司
双光束紫外可见分光光度计	TU-1901	北京普析通用仪器有限责任公司
紫外可见分光光度计	752	上海舜宇恒平科学仪器有限公司
气浴恒温振荡器	ZD-85A	常州澳华仪器有限公司
pH 计	PHSJ-4A	上海仪电科学仪器股份有限公司

5.2.3 吸附实验

称取一定量的生物质衍生碳材料，加入橙黄 G 染料溶液中，在一定温度下振荡一定时间，过滤，测定吸光度，计算脱色率和吸附量等。

5.2.4 分析与检测

5.2.4.1 橙黄 G 最大吸收波长

使用双光束紫外可见分光光度计测 30mg/L 的橙黄 G 溶液在 300～800nm 处的吸光度，以去离子水为对照，绘制橙黄 G 的吸收光谱图，结果见图 5-2。

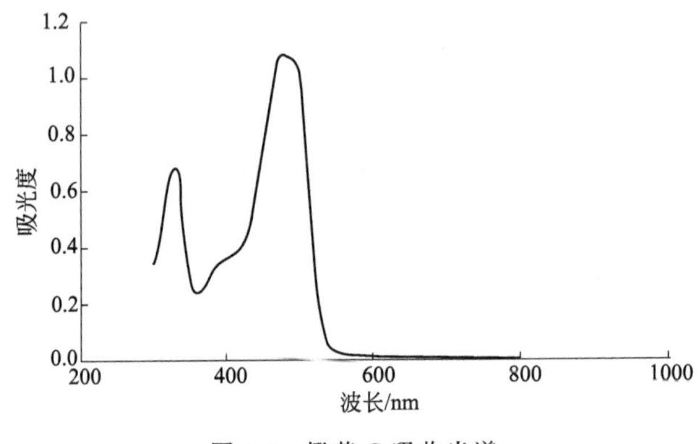

图 5-2 橙黄 G 吸收光谱

根据图 5-2，选定 477nm 为橙黄 G 溶液的测定波长。

5.2.4.2 标准曲线

分别移取质量浓度为 200mg/L 的橙黄 G 溶液 1.5mL、3mL、4.5mL、6mL、7.5mL、9mL、10mL 于 50mL 的比色管中，用去离子水定容至刻度后摇匀，使用紫外分光光度计在 477nm 处以去离子水为对照测定上述不同质量浓度溶液的吸光度，绘制橙黄 G 的标准曲线，结果见图 5-3。

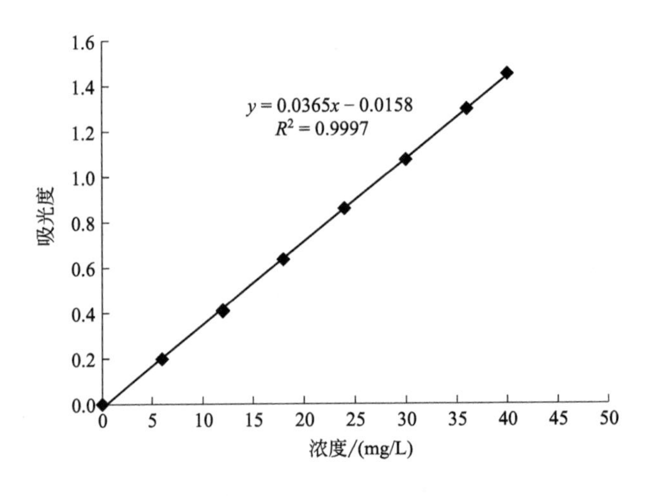

图 5-3 标准曲线

由图 5-3 可见，在 0～40mg/L 范围内橙黄 G 溶液的线性回归方程为：

$$y=0.0365x-0.0158, R^2=0.9997$$

式中　y——吸光度；

x——浓度，mg/L。

5.2.4.3　脱色率和吸附量的计算

脱色率的计算公式为：

$$n=\frac{C_0-C}{C_0}\times 100\% \tag{5-1}$$

吸附量的计算公式为：

$$Q=\frac{(C_0-C)V}{m} \tag{5-2}$$

式中　n——脱色率，100%；

C_0——吸附前橙黄 G 溶液的初始浓度，mg/L；

C——吸附后橙黄 G 溶液的浓度，mg/L；

Q——吸附量，mg/g；

V——被吸附溶液的体积，L；

m——吸附剂的质量，g。

5.3　吸附机理和模型

5.3.1　吸附动力学

在实际的废水处理过程中，处理时间一般是有限的，吸附速率直接决定吸附量的大小，吸附动力学主要是研究吸附过程中吸附时间对吸附速率的影响。本节采用准一级动力学模型、准二级动力学模型及颗粒内扩散模型来进行拟合，以分析吸附过程的动力学机制。

1898 年，Lagergren 提出了准一级动力学模型，该模型假设吸附速率与吸附质的含量的一次方成正比。但是在一般情况下，准一级动力学模型常用于描述吸附的初始阶段。准一级动力学模型的线性公式如下：

$$\ln(Q_e-Q_t)=\ln Q_e-K_1t \tag{5-3}$$

准二级动力学模型认为吸附的速率控制步骤是吸附剂和吸附质的相互作用。准二级动力学模型的线性公式如下：

$$\frac{t}{Q_t}=\frac{1}{K_2Q_e^2}+\frac{t}{Q_e} \tag{5-4}$$

颗粒内扩散模型是判断是否存在染料向吸附剂内部扩散的过程。颗粒内扩散模型的线性公式如下：

$$Q_t = K_3 t^{0.5} + C \tag{5-5}$$

式中　Q_e——吸附平衡时的吸附量，mg/g；

Q_t——t 时的吸附量，mg/g；

K_1——准一级吸附速率常数，min^{-1}；

K_2——准二级吸附速率常数，g/(mg·min)；

K_3——颗粒内扩散速率常数，mg/(g·$min^{0.5}$)；

C——颗粒内扩散常数，mg/g。

5.3.2 吸附等温线

吸附等温线是用来描述在一定温度下溶质分子在两相界面上进行的吸附过程达到平衡时，吸附质在液相和固相之间分布的情况，由此可以推断吸附剂与吸附质之间的相互作用机理。本节选用 Langmuir 和 Freundlich 模型来进行吸附等温线模型拟合。

Langmuir 模型假设吸附质在吸附剂表面为均匀的单分子层吸附，每一个吸附位点吸附一个吸附质，直至吸附平衡时吸附量达到最大[23,24]。Langmuir 模型的线性公式如下：

$$C_e/Q_e = 1/(K_L Q_m) + C_e/Q_m \tag{5-6}$$

Freundlich 模型假设吸附剂的表面是非均匀的，染料可被多层吸附，各吸附位点的吸附能力不同，一段时间后达到吸附平衡[23,24]。Freundlich 模型的线性公式如下：

$$\ln Q_e = \ln C_e/n + \ln K_F \tag{5-7}$$

n 与温度及吸附系统有关，当 n 在 2～10 之间时表示容易吸附，当 $n<0.5$ 时表示难以吸附[25]。

式中　C_e——吸附平衡时橙黄 G 溶液的浓度，mg/L；

Q_e——吸附平衡时的吸附量，mg/g；

K_L——Langmuir 常数，L/mg；

Q_m——最大吸附量，mg/g；

n——Freundlich 浓度指数，g/L；

K_F——Freundlich 常数，mg/g。

5.3.3 吸附热力学

吸附过程中温度的变化能够引起吉布斯自由能（ΔG）、焓变（ΔH）、熵变（ΔS）等热力学参数的变化，通过这些参数可以推测作用力的大小和性质。$\Delta G<0$ 时，吸附可以自发进行；$\Delta H>0$，说明吸附是吸热的过程；$\Delta S>0$，说明吸附时两相间的混乱程度增加。吸附过程中的吉布斯自由能可通过不同温度下的 $\ln K$ 值求得[26]，焓变和熵变可由式(5-10) 计算求得。

$$K=\frac{Q_e}{C_e} \tag{5-8}$$

$$\Delta G=-RT\ln K \tag{5-9}$$

$$\ln K=\frac{\Delta S}{R}-\frac{\Delta H}{RT} \tag{5-10}$$

式中 K——平衡吸附系数，L/g；

Q_e——吸附平衡时的吸附量，mg/g；

C_e——吸附平衡时溶液的浓度，mg/L；

R——气体常数，为 8.314J/(mol· K)；

T——热力学温度，K；

ΔG——吉布斯自由能，kJ/mol；

ΔH——焓变，kJ/mol；

ΔS——熵变，kJ/(mol·K)。

5.4 花生壳衍生碳材料对橙黄 G 的吸附

橙黄 G 染液初始 pH 值为 6.7，当 pH＞11 时染液变为橙红色。所以研究染液 pH 值对吸附的影响时，染液 pH 值设置梯度为 3～10。首先在 100mL 的碘量瓶中准确加入一定质量的吸附剂和一定浓度的橙黄 G 溶液，将其放入已设温度的摇床中进行振荡(转速为每分钟 110～120 次)，到预定时间后取出并用滤纸过滤溶液，在橙黄 G 的最大吸收波长（$\lambda_{max}=477$nm）处测定滤液吸光度，再根据橙黄 G 的标准曲线计算吸附后溶液的浓度、吸附率及吸附量。

5.4.1 投加量对橙黄 G 吸附的影响

分别取 0.10g、0.15g、0.20g、0.25g、0.30g 花生壳衍生碳材料吸附剂，然后加入 100mg/L 的染液 100mL，在 22℃条件下进行振荡，2h 后测定滤液吸光度，结果见图 5-4。

由图 5-4 可见，脱色率随着花生壳衍生碳材料投加量的增加而增大。投加量从 1.0g/L 增加到 2.0g/L 时，脱色率较快地从 48.28％上升到 96.50％，增加了将近 50％，此时染液的浓度已经低于 4mg/L。这是因为当投加量增加时吸附剂的可吸附位点和表面积相应地也会增加，因此脱色率显著增大；但是继续增加投加量，多余的吸附剂得不到充分利用，脱色率变化趋于平缓。在其他条件不变的情况下，选择 2.0g/L 作为最适投加量。

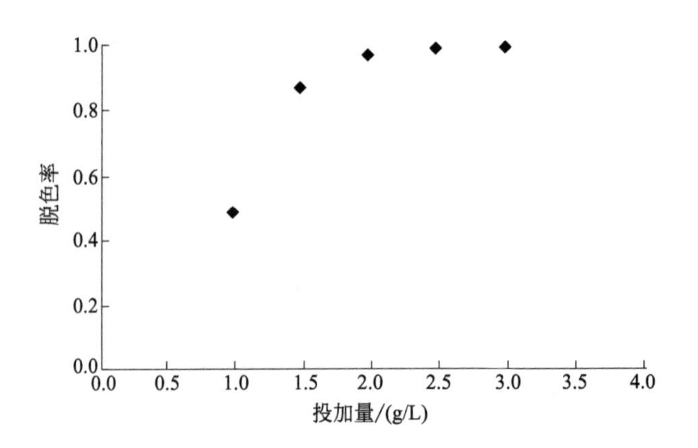

图 5-4　花生壳衍生碳材料投加量对脱色率的影响

5.4.2　吸附时间对橙黄 G 吸附的影响

取 0.1g 花生壳衍生碳材料吸附剂，然后加入 100mg/L 的染液 50mL，在 22℃ 条件下，分别振荡 30min、60min、90min、120min、150min、180min 后测定滤液吸光度，结果见图 5-5。

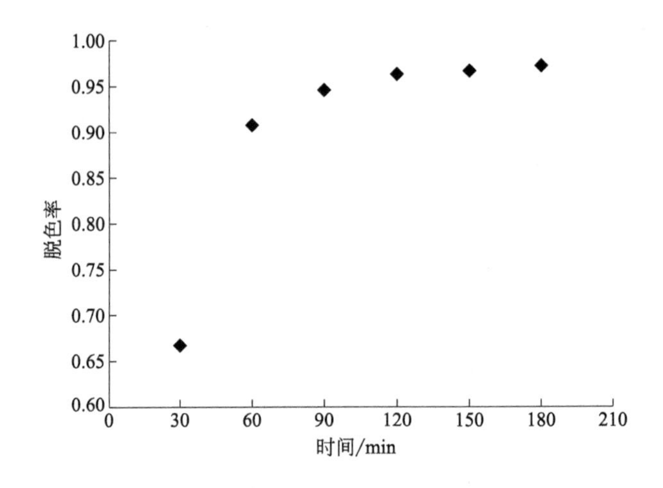

图 5-5　吸附时间对脱色率的影响

由图 5-5 可见，吸附时间越长，脱色率越高。当吸附时间从 30min 增加至 90min 时脱色率从 66.72%快速上升至 94.58%，90min 后再增加吸附的时间，脱色率上升空间不大。说明前期橙黄 G 被较快地吸附在花生壳的外表面；在吸附的后期，溶液浓度减小，吸附位点趋于饱和，同时橙黄 G 向内部扩散的阻力不断增加。其他条件不变的情况下，选择 90min 作为最适吸附时间。

5.4.3 吸附温度对橙黄 G 吸附的影响

取 0.06g 花生壳衍生碳材料吸附剂，然后加入 100mg/L 的染液 50mL，分别在 20℃、25℃、30℃、35℃、40℃下进行振荡，2h 后测定滤液吸光度，结果见图 5-6。

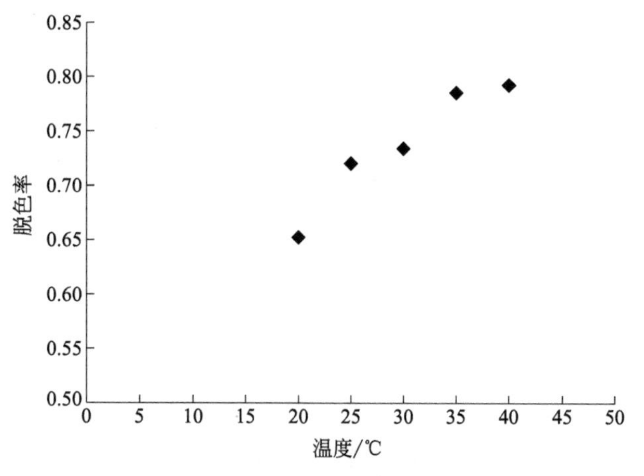

图 5-6 吸附温度对脱色率的影响

由图 5-6 可见，温度越高，花生壳衍生碳材料对橙黄 G 的脱色率越高。温度从 20℃上升到 40℃时，脱色率从 65.24%增加到了 79.27%，增加了 14.03%，说明升高温度利于花生壳衍生碳材料对橙黄 G 分子的吸附。

5.4.4 pH 值对橙黄 G 吸附的影响

取 0.1g 花生壳衍生碳材料吸附剂，然后加入 100mg/L 的染液 50mL，分别调节染液 pH 值梯度为 3～10，在 25℃下进行振荡，2h 后测定滤液吸光度，结果见图 5-7。

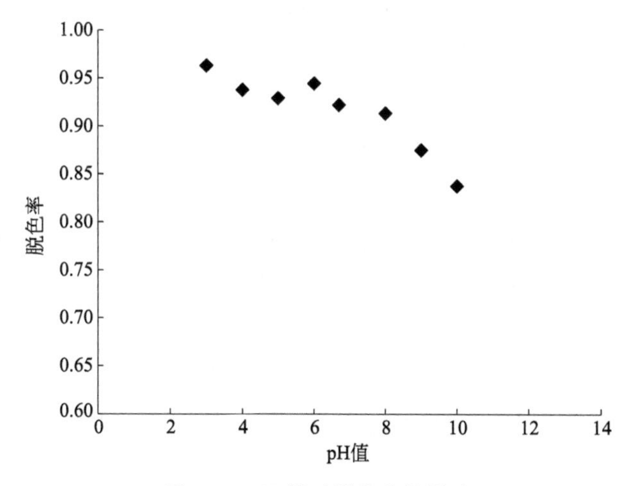

图 5-7 pH 值对脱色率的影响

由图 5-7 可见，花生壳衍生碳材料对橙黄 G 的脱色率随着溶液 pH 值的增加而降低。染液 pH 值为 3 时，吸附剂表面吸附位点带正电荷，带负电荷的橙黄 G 分子易被其吸附；不断增大 pH 值，吸附剂表面带电性由正变为负，其吸附橙黄 G 的能力逐渐降低。当 pH 值为 10 时，脱色率仅为 83.79%，而当 pH 值为 3 时脱色率最高达到了 96.31%。

5.4.5 吸附动力学

向碘量瓶中加入 0.1g 花生壳衍生碳材料吸附剂和 100mg/L 橙黄 G 溶液 50mL，分别在 25℃、35℃、45℃下振荡不同的时间，测滤液吸光度，直至吸附平衡（到 8h 时吸光度仍在不断减小，接下来最后一组振荡 24h），计算吸附后橙黄 G 溶液的浓度及吸附量。不同温度下吸附量随时间的变化见图 5-8。

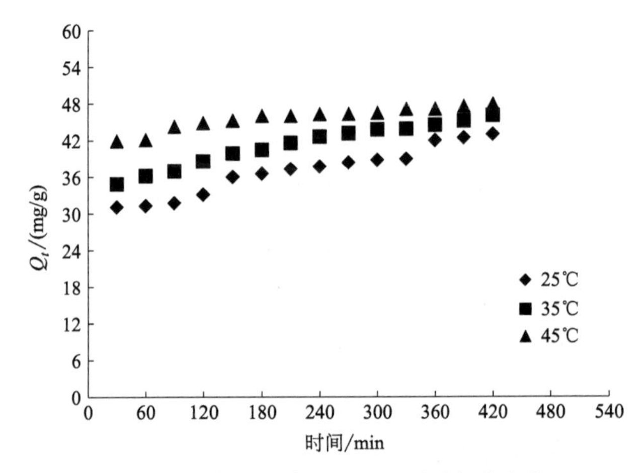

图 5-8 橙黄 G 吸附量（Q_t）随时间的变化

由图 5-8 可以看出，吸附量随吸附时间的增加而增加，当时间为 360min 时吸附基本达到平衡，这是因为随着时间的增加，吸附位点逐渐被橙黄 G 染料分子填充，逐渐达到吸附和解吸的动态平衡，且温度越高，花生壳衍生碳材料对橙黄 G 染料分子的吸附量越大。

根据式(5-3)～式(5-5) 对数据进行计算，绘制准一级动力学模型、准二级动力学模型和颗粒内扩散模型的线性拟合曲线，结果见图 5-9～图 5-11。

动力学模型相关参数见表 5-3。

表 5-3 花生壳衍生碳材料对橙黄 G 的吸附动力学模型的相关参数

温度/℃	实测 Q_e/(mg/g)	准一级动力学			准二级动力学			颗粒内扩散		
		K_1/min^{-1}	计算 Q_e/(mg/g)	R^2	$K_2\times10^4$/[g/(mg·min)]	计算 Q_e/(mg/g)	R^2	K_3/[mg/(g·min$^{0.5}$)]	C/(mg/g)	R^2
25	46.77	0.0036	19.93	0.9313	6.41	44.84	0.9910	0.8478	24.87	0.9499
35	47.43	0.0051	16.39	0.9656	8.62	47.62	0.9965	0.7615	30.35	0.9924
45	48.83	0.0046	7.56	0.9542	22.47	48.54	0.9996	0.3480	40.19	0.9390

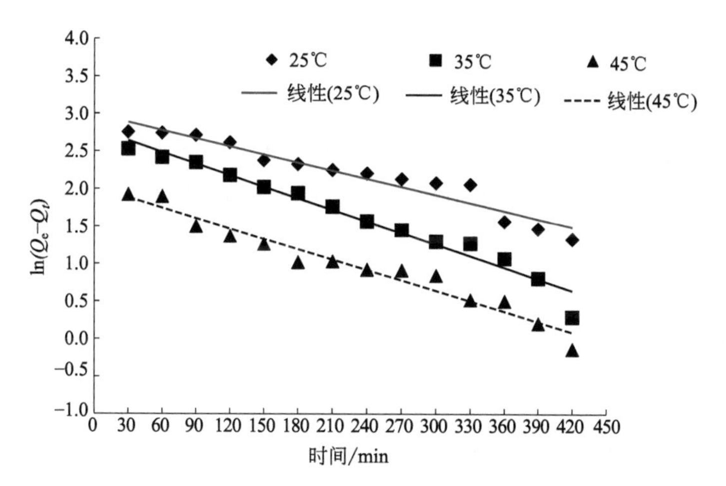

图 5-9 准一级动力学模型线性拟合曲线

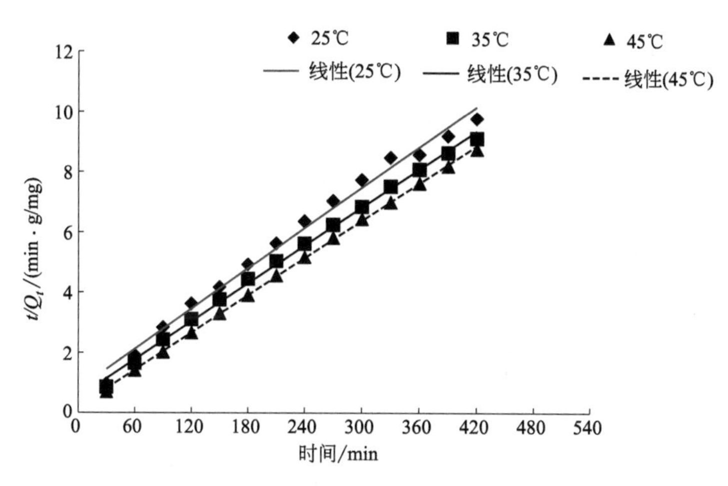

图 5-10 准二级动力学模型线性拟合曲线

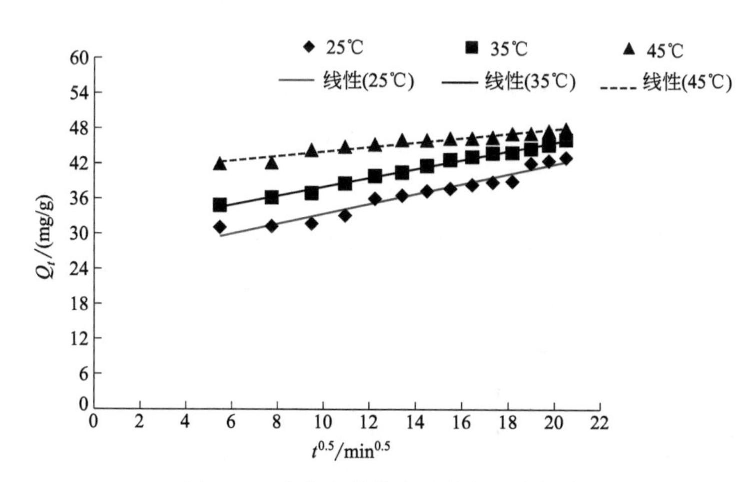

图 5-11 颗粒内扩散方程线性拟合曲线

由表 5-3 可知，准二级动力学能较好地描述花生壳衍生碳材料对橙黄 G 的吸附过程，最大吸附量理论值与实测结果较为相近，且 R^2 均大于 0.99。而准一级动力学和颗粒内扩散模型的 R^2 较低一些。从 Q_e 来说，准二级动力学的计算 Q_e 与实测 Q_e 比较接近，而准一级动力学的计算 Q_e 与实测 Q_e 相差较大，且颗粒内扩散方程不通过原点。综上所述，认为花生壳衍生碳材料对橙黄 G 的吸附过程受包括颗粒表面、液体膜内扩散等其他吸附过程的共同控制。

5.4.6 吸附等温线

首先向碘量瓶中加入 0.1g 花生壳衍生碳材料吸附剂，再加入 50mL 不同浓度的橙黄 G 溶液，分别在 25℃、35℃、45℃下振荡，12h 后取出，先用滤纸除去溶液中的吸附剂，再测定溶液吸光度，计算吸附后橙黄 G 溶液的浓度及吸附量。在不同温度下，以 C_e 为横坐标，以 Q_e 为纵坐标，绘制花生壳衍生碳材料吸附剂的吸附等温线，结果见图 5-12。

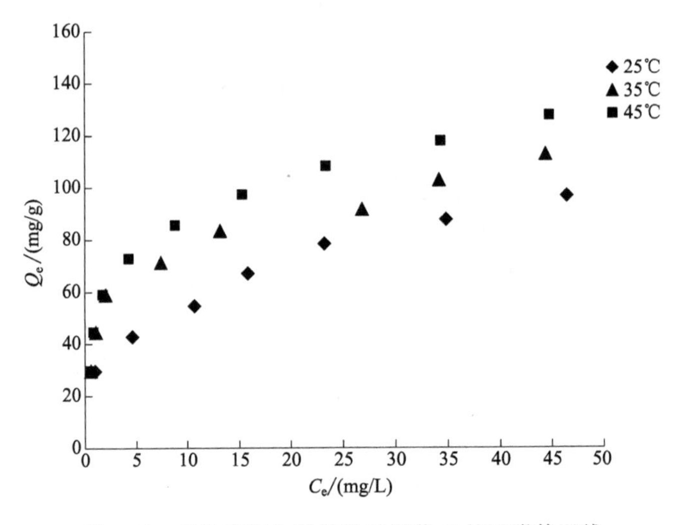

图 5-12 花生壳衍生碳材料对橙黄 G 的吸附等温线

根据式(5-6) 和式(5-7) 对图 5-12 中的数据进行 Langmuir 和 Freundlich 模型拟合，结果见图 5-13、图 5-14。

Langmuir 模型和 Freundlich 模型相关参数见表 5-4。

表 5-4 花生壳衍生碳材料对橙黄 G 的等温吸附相关参数

温度/℃	Langmuir 模型			Freundlich 模型		
	K_L/(L/mg)	Q_m/(mg/g)	R^2	K_F/(mg/g)	n/(g/L)	R^2
25	0.0740	128.21	0.9928	24.97	2.85	0.9926
35	0.2299	120.48	0.9901	46.53	4.51	0.9800
45	0.2890	131.58	0.9905	49.40	4.00	0.9938

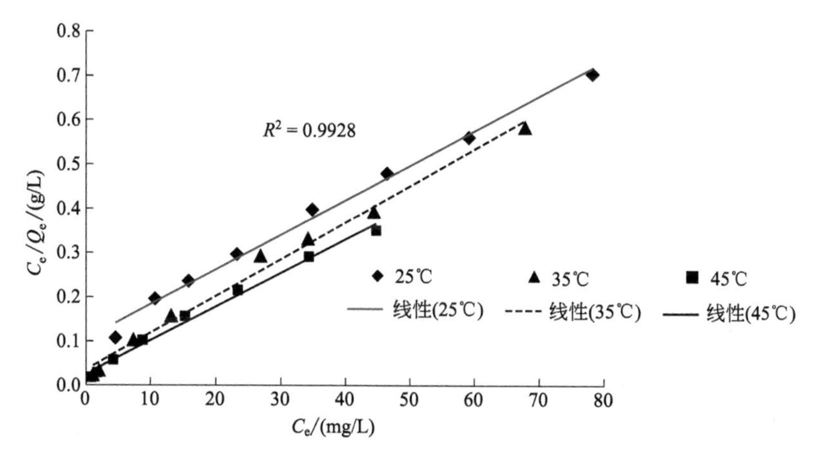

图 5-13　Langmuir 等温吸附线性拟合曲线

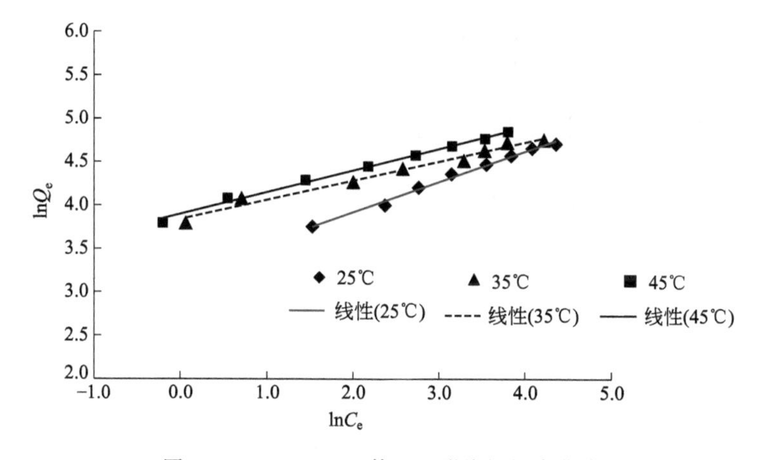

图 5-14　Freundlich 等温吸附线性拟合曲线

由表 5-4 可以看出，Langmuir 模型和 Freundlich 模型都能描述花生壳衍生碳材料对橙黄 G 的吸附过程。Langmuir 模型的理论最大吸附量（依次为 128.21mg/g、120.48mg/g、131.58mg/g）与实验测得的平衡吸附量（依次为 110.95mg/g、116.11mg/g、127.63mg/g）较接近。Freundlich 方程的 n 均在 2～10 之间，说明该染料易被吸附。同时，可以看出升高温度利于花生壳衍生碳材料对橙黄 G 的吸附。

5.4.7　吸附热力学

根据式(5-8)～式(5-10) 计算吉布斯自由能（ΔG）、焓变（ΔH）、熵变（ΔS），本研究计算了 120mg/L、180mg/L 和 240mg/L 三个浓度，结果见表 5-5。

表 5-5 花生壳衍生碳材料对橙黄 G 的热力学相关参数

初始浓度/(mg/L)	ΔH/(kJ/mol)	ΔS/[kJ/(mol·K)]	ΔG/(kJ/mol)		
			25℃	35℃	45℃
120	75.78	0.27	−4.04	−8.64	−9.35
180	41.82	0.15	−3.01	−4.73	−6.02
240	31.45	0.11	−1.82	−2.82	−4.06

由表 5-5 中的数据可知，ΔG 在−10～0kJ/mol 之间，表明花生壳衍生碳材料对橙黄 G 的吸附主要是自发进行的物理过程。$\Delta H>0$，说明吸附是吸热的，升高温度有利于花生壳衍生碳材料对橙黄 G 的吸附。ΔS 为正值，说明该过程是熵变增加的，花生壳衍生碳材料吸附橙黄 G 分子时两相间混乱程度增加。

5.5 秸秆衍生碳材料对橙黄 G 的吸附

5.5.1 投加量对橙黄 G 吸附的影响

分别取 0.10g、0.15g、0.20g、0.25g、0.30g 玉米秸秆衍生碳材料吸附剂，加入 100mg/L 的染液 100mL，在 22℃条件下振荡，2h 后测定滤液吸光度，结果见图 5-15。

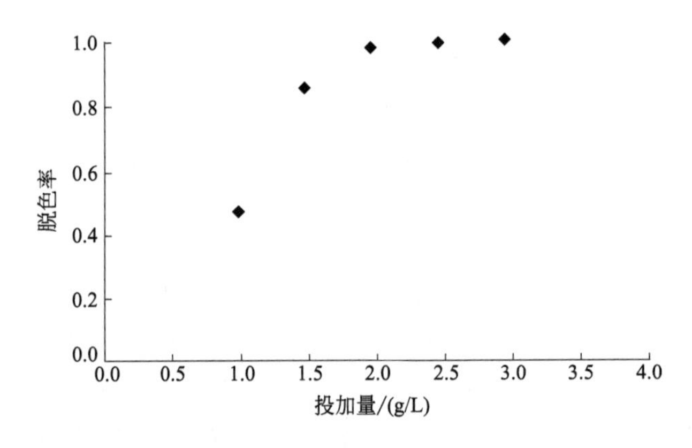

图 5-15 投加量对脱色率的影响

由图 5-15 可以看出，脱色率随着玉米秸秆衍生碳材料投加量的增加而增大。投加量从 1.0g/L 增加到 2.0g/L 时，脱色率较快地从 46.22%上升到 97.32%，增加了约 50%，此时染液的浓度已经低于 3mg/L；继续增加投加量，多余的吸附剂得不到充分利用，脱色率变化趋于平缓，吸附基本达到平衡。结果表明，其他条件不变的情况下选择 2.0g/L 作为最适投加量。

5.5.2 吸附时间对橙黄 G 吸附的影响

取 0.1g 玉米秸秆衍生碳材料吸附剂，然后加入 100mg/L 的染液 50mL，在 22℃条件下，分别振荡 30min、60min、90min、120min、150min、180min 后测定滤液吸光度，结果见图 5-16。

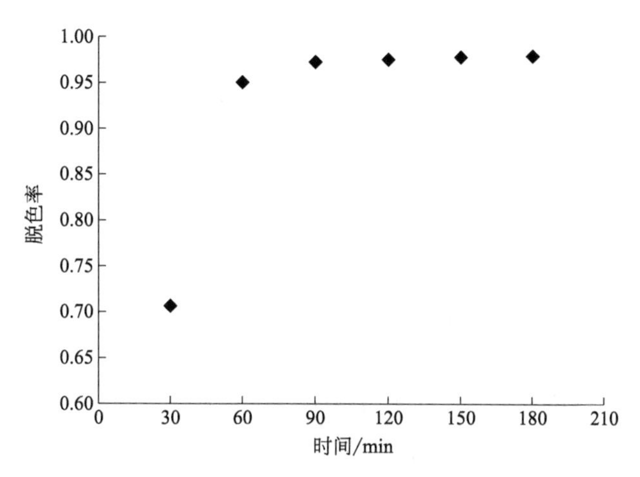

图 5-16 吸附时间对脱色率的影响

由图 5-16 可见，吸附时间越长，脱色率越高。当吸附时间从 30min 增加至 90min 时，脱色率上升较快，从 70.63%增加至 97.27%；90min 后再增加吸附的时间，脱色率上升空间不大。吸附前期，橙黄 G 被较快地吸附在玉米秸秆衍生碳材料的外表面；在吸附的后期，溶液浓度减小，吸附位点趋于饱和，同时橙黄 G 向内部扩散的阻力不断增加。其他条件不变的情况下，选择 90min 作为玉米秸秆衍生碳材料吸附剂的最适吸附时间。

5.5.3 吸附温度对橙黄 G 吸附的影响

取 0.06g 玉米秸秆衍生碳材料吸附剂，然后加入 100mg/L 的染液 50mL，分别在 20℃、25℃、30℃、35℃和 40℃下进行振荡，2h 后过滤测定滤液吸光度，结果见图 5-17。

由图 5-17 可见，温度越高，吸附剂对橙黄 G 的脱色率越高。温度从 20℃上升到 40℃时，脱色率从 61.57%上升到 84.50%，增加了 22.93%，说明升高温度利于秸秆衍生碳材料对橙黄 G 分子的吸附。

5.5.4 pH 值对橙黄 G 吸附的影响

取 0.1g 玉米秸秆衍生碳材料吸附剂，然后加入 100mg/L 的染液 50mL，分别调节

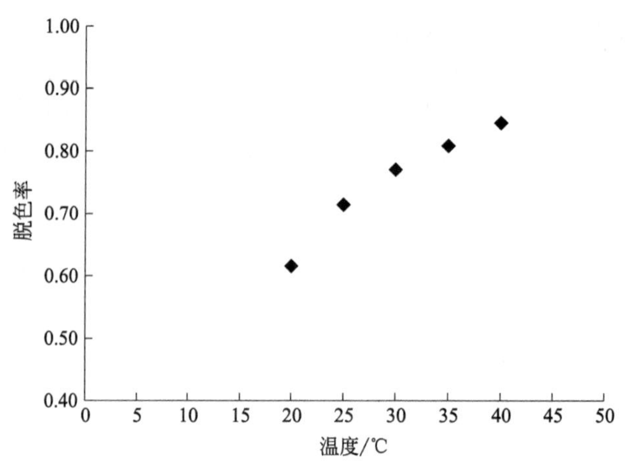

图 5-17　温度对脱色率的影响

染液 pH 值梯度为 3～10，在 25℃下进行振荡，2h 后测定滤液吸光度，结果见图 5-18。

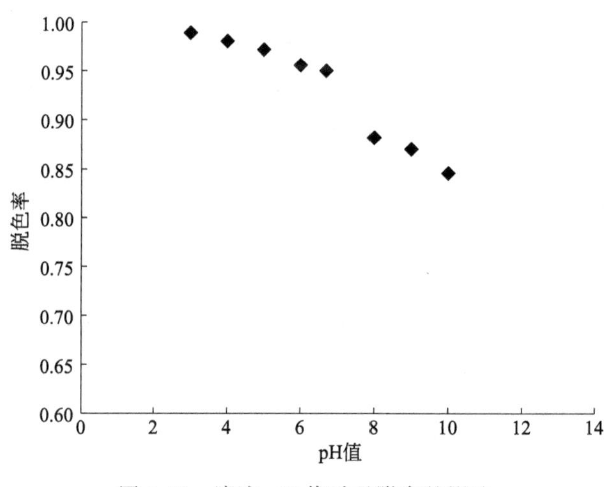

图 5-18　溶液 pH 值对吸附率的影响

由图 5-18 可见，pH 值越低，越利于该吸附剂对橙黄 G 的吸附。橙黄 G 染液 pH 值为 3 时，吸附剂表面吸附位点带正电荷，带负电荷的橙黄 G 分子易被其吸附；不断增大 pH 值，吸附剂表面带电性由正变为负，其吸附橙黄 G 的能力逐渐降低。当 pH 值从 10 降到 3 时，脱色率从 84.55%上升到 98.91%；当橙黄 G 染料为原始 pH 值时，脱色率达到了 94.99%。

5.5.5　吸附动力学

碘量瓶中加入 0.1g 玉米秸秆衍生碳材料吸附剂和 100mg/L 橙黄 G 溶液 50mL，分别在 25℃、35℃、45℃下振荡不同的时间测定滤液的吸光度。吸附量随时间的变化见图 5-19。

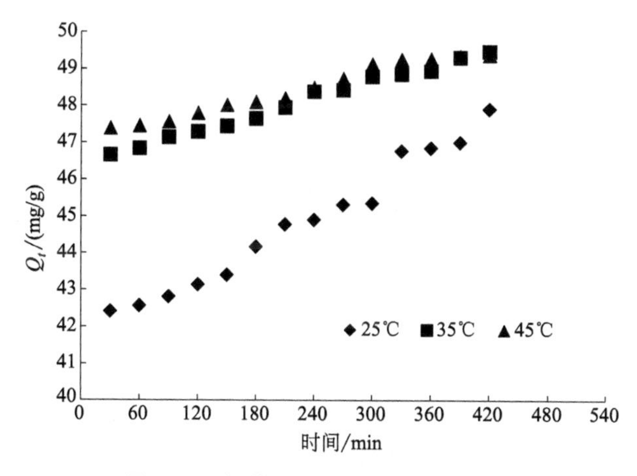

图 5-19 橙黄 G 吸附量随时间的变化

由图 5-19 可以看出，橙黄 G 吸附量随着时间的增加而增加，但是增加幅度逐渐降低，这是因为玉米秸秆衍生碳材料有大量的吸附位点，随着时间的增加和吸附的进行，对橙黄 G 染料分子的吸附渐渐达到饱和。

绘制其三种动力学模型线性拟合曲线，结果见图 5-20～图 5-22。

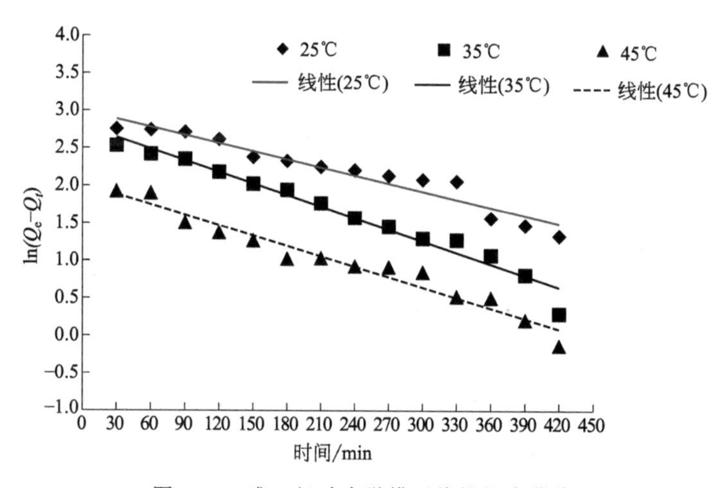

图 5-20 准一级动力学模型线性拟合曲线

动力学模型相关参数见表 5-6。

表 5-6 玉米秸秆衍生碳材料对橙黄 G 的动力学模型相关参数

温度/℃	实测 Q_e/(mg/g)	准一级动力学			准二级动力学			颗粒内扩散		
		K_1/min^{-1}	计算 Q_e/(mg/g)	R^2	$K_2\times10^4$/[g/(mg·min)]	计算 Q_e/(mg/g)	R^2	K_3/[mg/(g·$min^{0.5}$)]	C/(mg/g)	R^2
25	48.18	0.0060	10.29	0.7854	16.29	48.31	0.9983	0.3771	39.42	0.9274
35	49.73	0.0057	4.84	0.9011	35.88	49.75	0.9997	0.1974	45.26	0.9680
45	49.72	0.0056	3.66	0.9372	45.91	49.75	0.9998	0.1569	46.19	0.9466

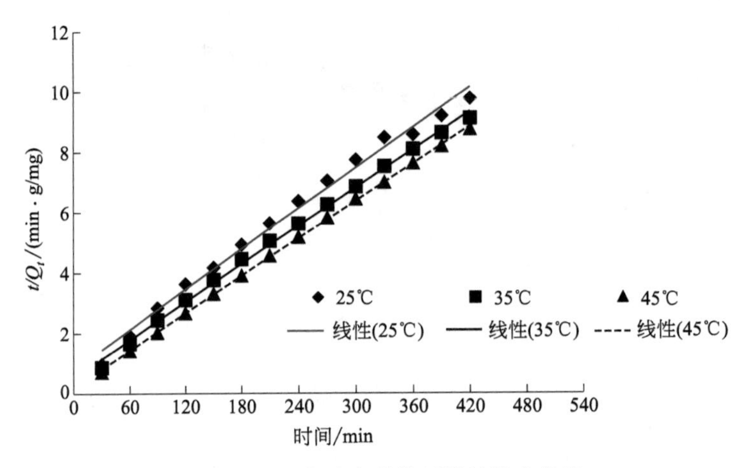

图 5-21 准二级动力学模型线性拟合曲线

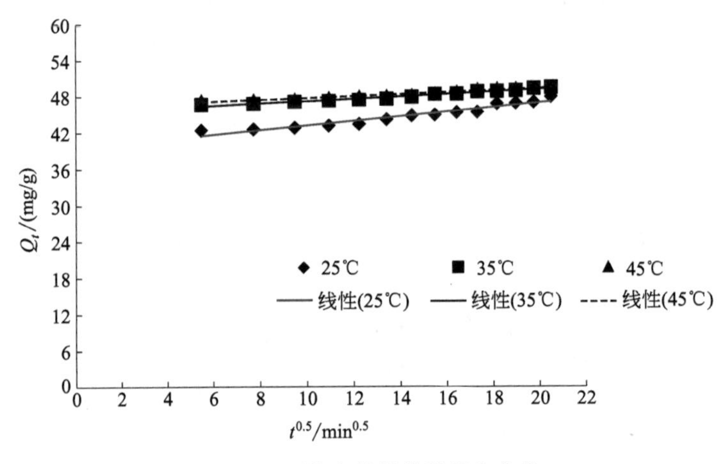

图 5-22 颗粒内扩散线性拟合曲线

由表 5-6 可知，准二级动力学能较好地描述玉米秸秆衍生碳材料对橙黄 G 的吸附过程，最大吸附量计算值与实测结果较为相近，且 R^2 均大于 0.99。而准一级动力学和颗粒内扩散模型的 R^2 较低一些，且颗粒内扩散方程不通过原点，说明玉米秸秆衍生碳材料对橙黄 G 的吸附过程受包括颗粒表面、液体膜、颗粒内扩散等吸附过程的共同控制。

5.5.6 吸附等温线

首先向碘量瓶中加入 0.1g 玉米秸秆衍生碳材料吸附剂，再加入 50mL 不同浓度的橙黄 G 溶液，分别在 25℃、35℃、45℃下振荡，12h 后取出，先用滤纸除去溶液中的吸附剂，再测定溶液吸光度，计算吸附后橙黄 G 溶液的浓度及吸附量。绘制玉米秸秆衍生碳材料吸附剂的吸附等温线，结果见图 5-23。

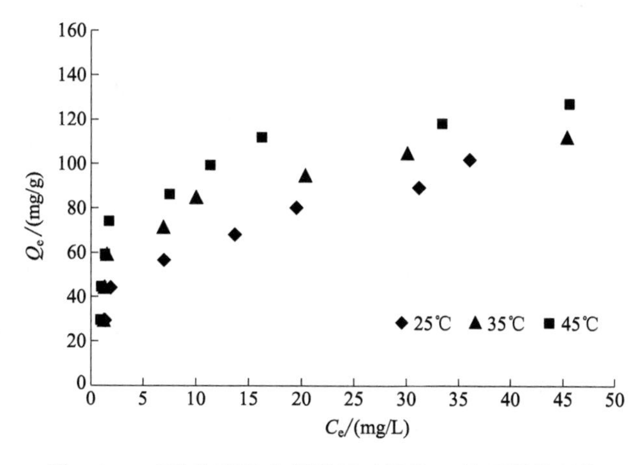

图 5-23 玉米秸秆衍生碳材料对橙黄 G 的吸附等温线

根据式(5-6) 和式(5-7) 对图 5-23 中的数据进行 Langmuir 和 Freundlich 模型拟合，结果见图 5-24 和图 5-25。

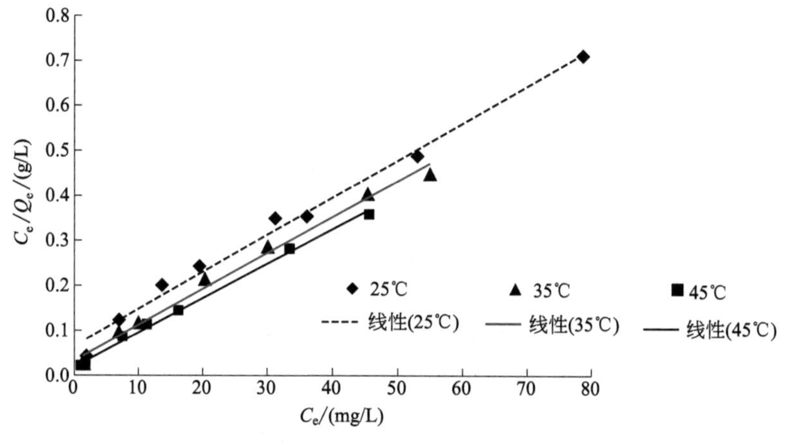

图 5-24 Langmuir 等温吸附线性拟合

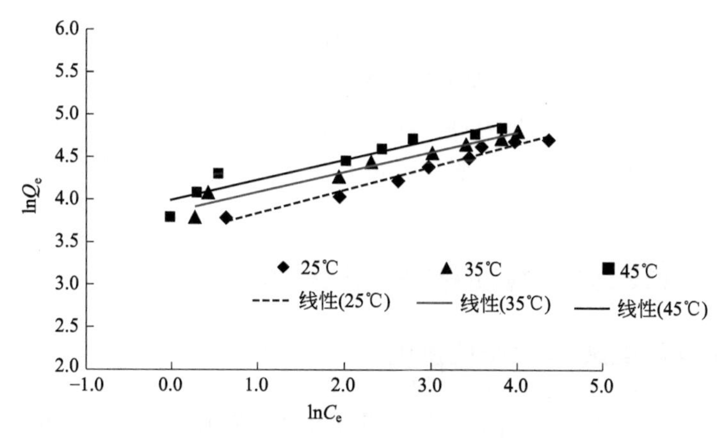

图 5-25 Freundlich 等温吸附线性拟合

Langmuir 模型和 Freundlich 模型相关参数见表 5-7。

表 5-7 玉米秸秆衍生碳材料对橙黄 G 的等温吸附相关参数

温度/℃	Langmuir			Freundlich		
	K_L/(L/mg)	Q_m/(mg/g)	R^2	K_F/(mg/g)	n/(g/L)	R^2
25	0.1250	121.95	0.9898	35.47	3.68	0.9740
35	0.2446	125.00	0.9903	47.08	4.25	0.9564
45	0.4118	129.87	0.9957	54.33	4.25	0.9130

由表 5-7 可知，Langmuir 模型能较好地描述玉米秸秆衍生碳材料对橙黄 G 的吸附过程，且相关系数均在 0.99 左右，说明等温吸附过程符合表面单分子层吸附的 Langmuir 模型。Langmuir 模型的理论最大吸附量（依次为 121.95mg/g、125.00mg/g、129.87mg/g）与实验测得的平衡吸附量（依次为 110.67mg/g、122.52mg/g、127.21mg/g）较接近。Freundlich 方程的 n 在 2～10 之间，说明该染料易被吸附。同时，可以看出升高温度利于玉米秸秆衍生碳材料吸附剂对橙黄 G 的平衡吸附量的增加。

5.5.7 吸附热力学

根据式(5-8)～式(5-10) 计算吉布斯自由能（ΔG）、焓变（ΔH）、熵变（ΔS），本研究计算了 120mg/L、180mg/L 和 240mg/L 三个浓度，结果见表 5-8。

表 5-8 玉米秸秆衍生碳材料吸附剂对橙黄 G 的热力学相关参数

初始浓度/(mg/L)	ΔH/(kJ/mol)	ΔS/[kJ/(mol·K)]	ΔG/(kJ/mol)		
			25℃	35℃	45℃
120	67.61	0.25	−5.18	−9.36	−10.03
180	40.64	0.15	−3.50	−5.47	−6.46
240	34.92	0.13	−2.58	−3.20	−5.11

由表 5-8 中数据可知，ΔG 在－20～0kJ/mol 之间，表明玉米秸秆衍生碳材料对橙黄 G 的吸附主要是自发进行的物理过程。$\Delta H>0$，可见玉米秸秆衍生碳材料对橙黄 G 的吸附是吸热的，所以升高温度有利于增加吸附量。ΔS 为正值，说明该过程是熵变增加的，玉米秸秆衍生碳材料吸附剂吸附橙黄 G 分子时两相间混乱程度增加。

5.6 落叶衍生碳材料对橙黄 G 的吸附

5.6.1 投加量对橙黄 G 吸附的影响

分别取 0.15g、0.20g、0.25g、0.30g、0.35g 落叶衍生碳材料吸附剂，加入 100mg/L 的染液 100mL，在 22℃条件下振荡，2h 后测定滤液吸光度，结果见图 5-26。

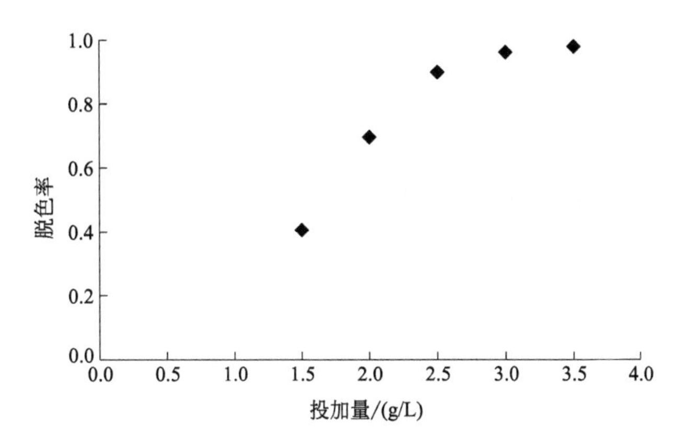

图 5-26　投加量对脱色率的影响

由图 5-26 可见，脱色率随着落叶衍生碳材料吸附剂投加量的增加而增大。投加量从 1.5g/L 增加到 3.0g/L 时，脱色率较快地从 40.55%上升到 96.25%，增加了约 55%，此时染液的浓度已经低于 4mg/L；继续增加投加量，吸附率变化不大。其他条件不变的情况下，选择 3.0g/L 作为落叶衍生碳材料吸附剂的最适投加量。

5.6.2　吸附时间对橙黄 G 吸附的影响

取 0.125g 落叶衍生碳材料吸附剂，然后加入 100mg/L 的染液 50mL，在 22℃条件下，分别振荡 30min、60min、90min、120min、150min、180min 后测定滤液吸光度，结果见图 5-27。

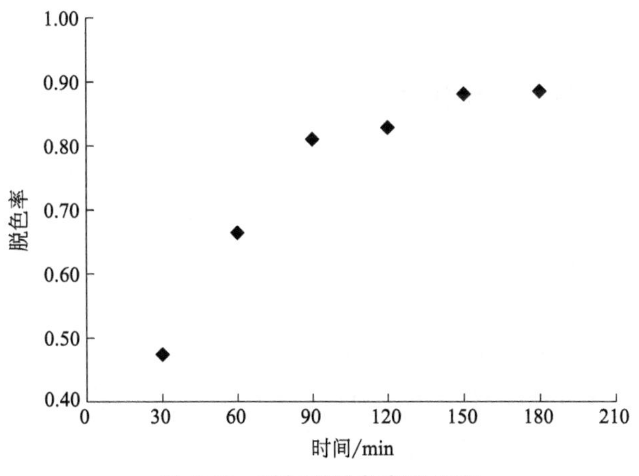

图 5-27　时间对脱色率的影响

由图 5-27 可见，吸附时间越长，脱色率越高，在 150min 时脱色率达到 88.06%，150min 后再增加吸附的时间，脱色率上升空间不大。吸附前期，吸附较快，橙黄 G 首先被吸附在吸附剂的外表面；吸附后期，两相间浓度差减小，表面吸附位点趋于饱和，橙黄 G 向内部扩散的阻力逐渐增加。其他条件不变的情况下，选择 150min 作为落叶衍生碳材料吸附剂的最适吸附时间。

5.6.3 吸附温度对橙黄 G 吸附的影响

取 0.1g 落叶衍生碳材料吸附剂，然后加入 100mg/L 的染液 50mL，分别在 20℃、25℃、30℃、35℃和 40℃下进行振荡，2h 后过滤测定滤液吸光度，结果见图 5-28。

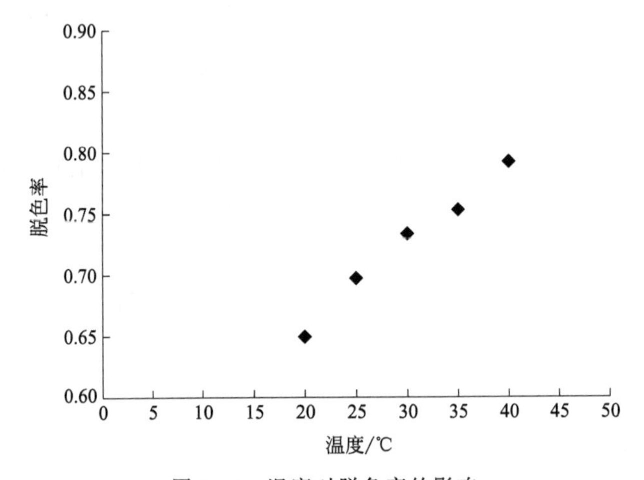

图 5-28　温度对脱色率的影响

由图 5-28 可见，随着吸附温度的增加，落叶衍生碳材料对橙黄 G 的脱色率不断提高。温度从 20℃上升到 40℃时，脱色率从 64.94%上升到 79.24%，增加了 14.3%，说明升高温度利于吸附剂对橙黄 G 分子的吸附。

5.6.4 pH 值对橙黄 G 吸附的影响

取 0.16g 落叶衍生碳材料吸附剂，然后加入 100mg/L 的染液 50mL，分别调节染液 pH 值梯度为 3～10，在 25℃下进行振荡，2h 后测定滤液吸光度，结果见图 5-29。

由图 5-29 可见，落叶衍生碳材料吸附剂对橙黄 G 的脱色率随着溶液 pH 值的增大而降低。橙黄 G 为阴离子染料，染液初始 pH 值为 6.7，脱色率为 89.43%。染液 pH 值为 3 时，吸附剂表面吸附位点带正电荷，带负电荷的橙黄 G 分子易被其吸附；不断增大 pH 值，吸附剂表面带电性由正变为负，其吸附橙黄 G 的能力逐渐降低。当 pH 值从 10 降到 3 时，脱色率从 81.62%上升到了 99.46%。

5.6.5 吸附动力学

向碘量瓶中加入 0.17g 落叶衍生碳材料吸附剂和 100mg/L 橙黄 G 溶液 50mL，分

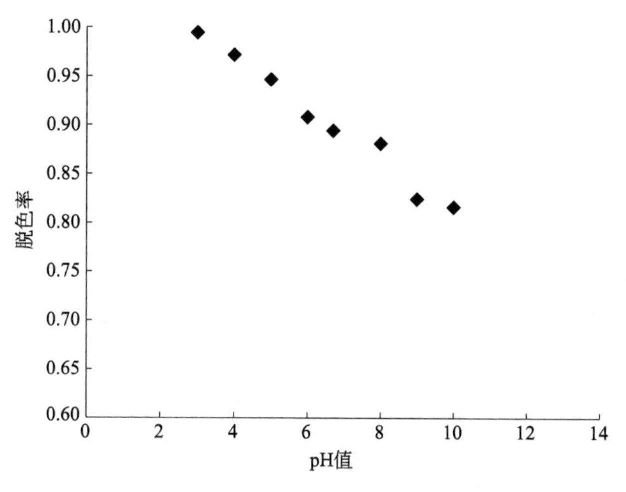

图 5-29　染液 pH 值对脱色率的影响

别在 25℃、35℃、45℃下振荡不同的时间测滤液吸光度。不同温度下吸附量随时间的变化见图 5-30。

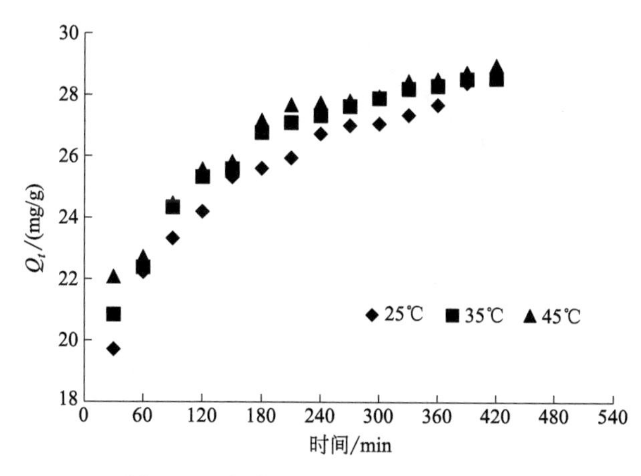

图 5-30　橙黄 G 吸附量随时间的变化

由图 5-30 可以看出，橙黄 G 吸附量随着时间的增加而增加，但是增加幅度逐渐降低，这是因为落叶衍生碳材料有大量的吸附位点，随着时间的增加和吸附的进行，对橙黄 G 染料分子的吸附渐渐达到饱和。

绘制其三种动力学模型线性拟合图，结果见图 5-31～图 5-33。

动力学模型相关参数见表 5-9。

由表 5-9 可知，准二级动力学能较好地描述落叶衍生碳材料对橙黄 G 的吸附过程，最大吸附量理论计算值(29.67mg/g、29.76mg/g、30.03mg/g) 与实测结果 (29.02mg/g、29.18mg/g、29.22mg/g) 较为相近，且 R^2 较高 (0.9983、0.9996、0.9993)。而准一级动力学和颗粒内扩散模型拟合的数据相关性较差一些，且颗粒内扩散方程不通过原点，说明落叶衍生碳材料对橙黄 G 的吸附过程受包括颗粒表面、液体膜、颗粒内扩散等吸

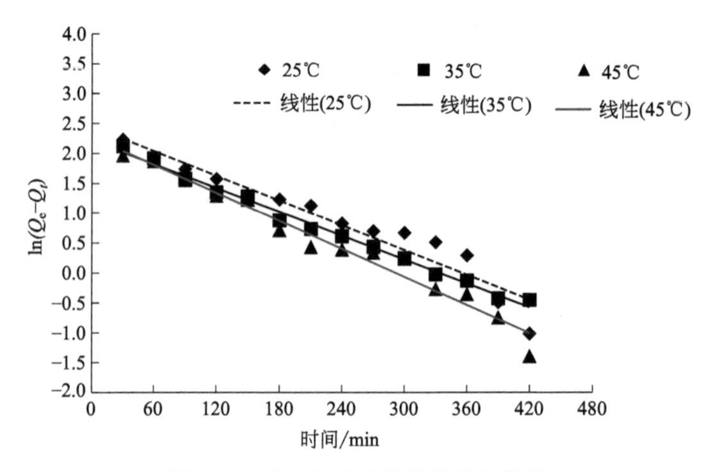

图 5-31　准一级动力学线性拟合曲线

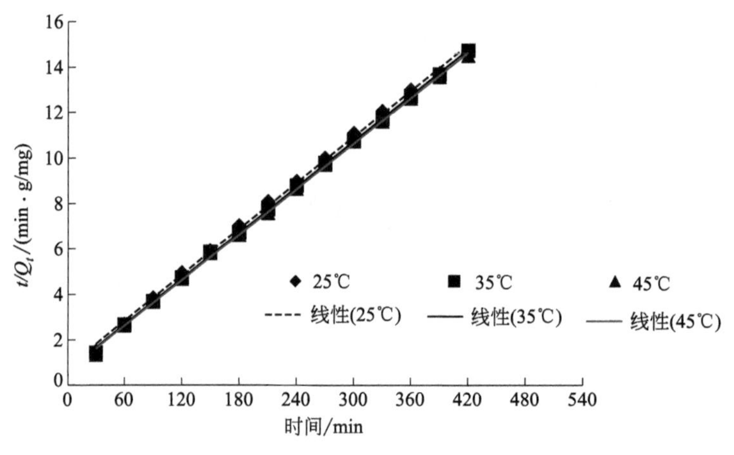

图 5-32　准二级动力学线性拟合曲线

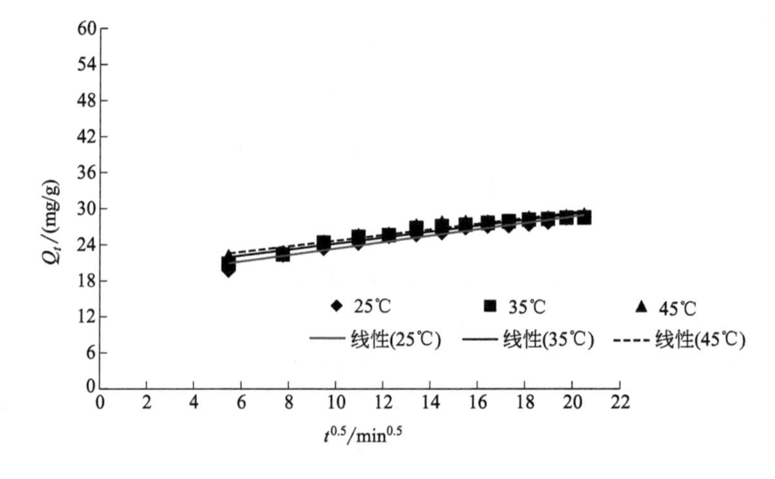

图 5-33　颗粒内扩散线性拟合曲线

附过程的共同控制。

表 5-9　落叶衍生碳材料对橙黄 G 的吸附动力学相关参数

温度/℃	实测 Q_e/(mg/g)	准一级动力学			准二级动力学			颗粒内扩散		
		K_1/min^{-1}	计算 Q_e/(mg/g)	R^2	$K_2\times10^4$/[g/(mg·min)]	计算 Q_e/(mg/g)	R^2	K_3/[mg/(g·$min^{0.5}$)]	C/(mg/g)	R^2
25	29.02	0.0069	11.6220	0.9284	13.82	29.67	0.9983	0.5347	18.01	0.9611
35	29.18	0.0067	9.1972	0.9910	17.00	29.76	0.9996	0.4975	19.22	0.9330
45	29.22	0.0078	9.7377	0.9693	17.62	30.03	0.9993	0.4668	20.01	0.9395

5.6.6 吸附等温线

首先向碘量瓶中加入 0.16g 落叶衍生碳材料吸附剂，再加入 50mL 不同浓度的橙黄 G 溶液，分别在 25℃、35℃、45℃下振荡，12h 后取出，先用滤纸除去溶液中的吸附剂，再测定溶液吸光度，计算吸附后橙黄 G 溶液的浓度及吸附量。绘制落叶衍生碳材料吸附剂的吸附等温线，结果见图 5-34。

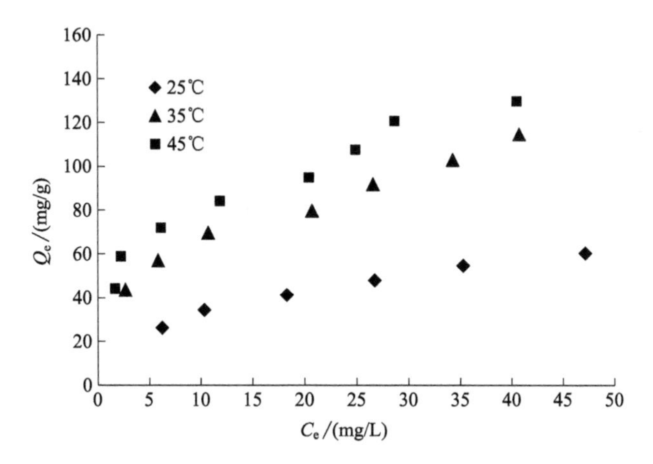

图 5-34　落叶衍生碳材料对橙黄 G 的吸附等温线

根据式(5-6) 和式(5-7) 对图 5-34 中的数据进行 Langmuir 和 Freundlich 模型拟合，结果见图 5-35、图 5-36。

Langmuir 模型和 Freundlich 模型相关参数见表 5-10。

表 5-10　落叶衍生碳材料对橙黄 G 的等温吸附相关参数

温度/℃	Langmuir			Freundlich		
	K_L/(L/mg)	Q_m/(mg/g)	R^2	K_F/(mg/g)	n/(g/L)	R^2
25	0.0609	82.64	0.9925	13.39	2.58	0.9917
35	0.0965	84.03	0.9859	18.28	2.90	0.9922
45	0.2396	96.15	0.9904	27.34	2.78	0.9559

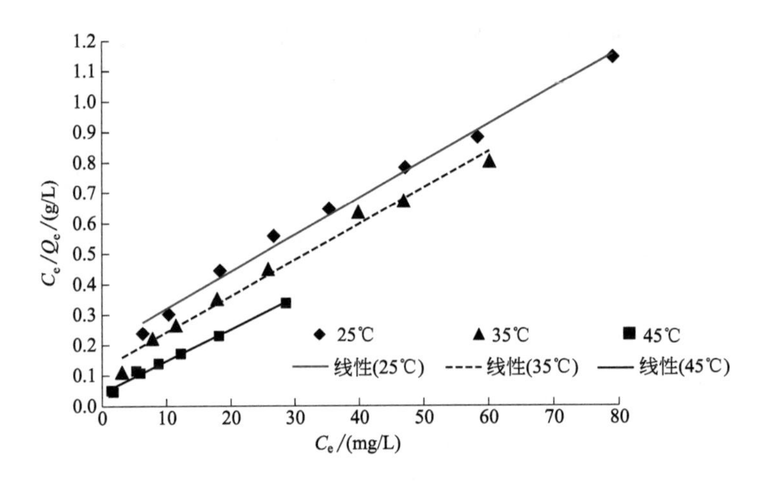

图 5-35 Langmuir 等温吸附线性拟合曲线

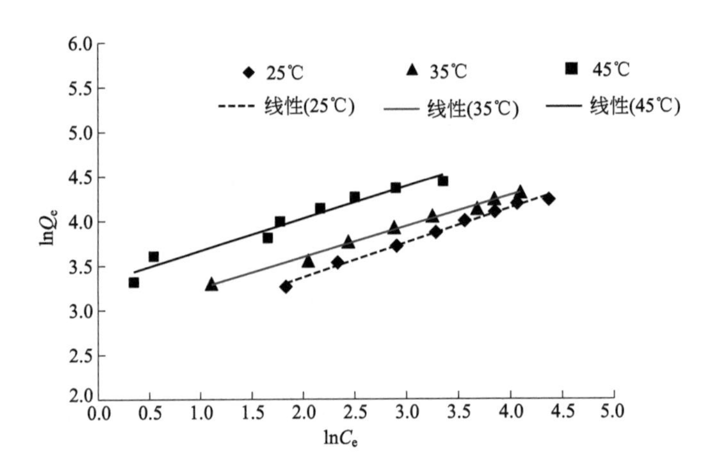

图 5-36 Freundlich 等温吸附线性拟合曲线

由表 5-10 可知，Langmuir 模型和 Freundlich 模型都能描述落叶衍生碳材料对橙黄 G 的吸附过程，Langmuir 模型拟合方程的 R^2 在 0.9859～0.9925 之间，而 Freundlich 模型拟合方程的 R^2 在 0.9559～0.9922 之间，说明等温吸附过程主要符合表面单分子层吸附的 Langmuir 模型。Freundlich 方程的 $n>2$，说明该染料易被吸附。

5.6.7 吸附热力学

根据式(5-8)～式(5-10) 计算吉布斯自由能（ΔG）、焓变（ΔH）、熵变（ΔS），本章计算了 120mg/L、180mg/L 和 240mg/L 三个浓度，结果见表 5-11。

表 5-11 落叶衍生碳材料对橙黄 G 的热力学相关参数

初始浓度 /(mg/L)	ΔH /(kJ/mol)	ΔS /[kJ/(mol·K)]	ΔG/(kJ/mol)		
			25℃	35℃	45℃
120	73.11	0.25	−2.97	−3.86	−8.11
180	64.32	0.22	−1.44	−2.67	−5.88
240	59.42	0.13	−0.61	−1.61	−4.66

由表 5-11 中数据可知，$\Delta G<0$，表明落叶衍生碳材料吸附剂对橙黄 G 的吸附主要是自发进行的物理过程。$\Delta H>0$，可见落叶衍生碳材料吸附剂对橙黄 G 的吸附是吸热的，升高温度有利于对橙黄 G 的吸附。ΔS 均为正值，说明该过程是熵变增加的，落叶衍生碳材料吸附橙黄 G 分子时两相间混乱程度增加。

5.7 锯末衍生碳材料对橙黄 G 的吸附

5.7.1 投加量对橙黄 G 吸附的影响

分别取 0.05g、0.10g、0.15g、0.20g、0.25g、0.30g 锯末衍生碳材料吸附剂，加入 100mg/L 的染液 50mL，在 22℃条件下振荡，2h 后测定滤液吸光度，结果见图 5-37。

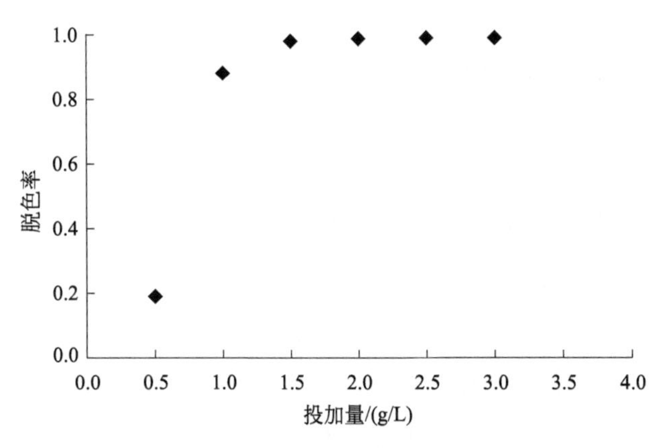

图 5-37 投加量对脱色率的影响

由图 5-37 可见，脱色率随着锯末衍生碳材料吸附剂投加量的增加而增大。投加量从 0.5g/L 增加到 1.5g/L 时，脱色率上升较快，从 19.02%上升到 98.06%，此时染液的浓度已经很低；继续增加投加量，脱色率变化很小，而成本会增加很多。因此，其他条件不变的情况下选择 1.5g/L 作为锯末衍生碳材料吸附剂的最适投加量。

5.7.2 吸附时间对橙黄 G 吸附的影响

取 0.075g 锯末衍生碳材料吸附剂，然后加入 100mg/L 的染液 50mL，在 22℃条件下分别振荡 30min、60min、90min、120min、150min、180min 后测定滤液吸光度，结果见图 5-38。

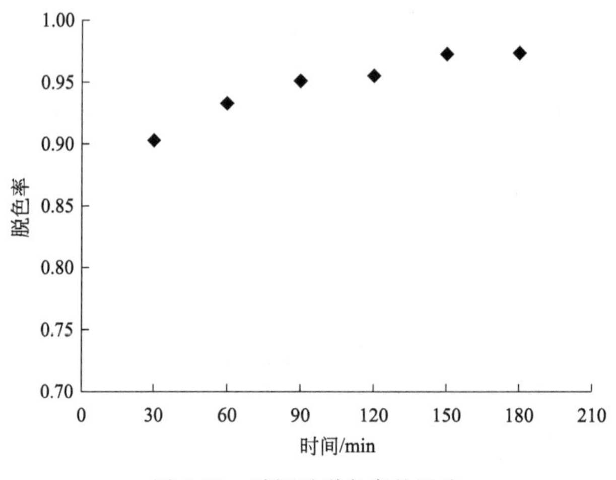

图 5-38 时间对脱色率的影响

由图 5-38 可见，随着吸附时间增加，脱色率增高，90min 后再增加吸附的时间，脱色率上升空间不大。吸附时间从 30min 增加到 90min 时，脱色率从 90.28%增加到 95.10%。吸附前期，吸附较快，橙黄 G 首先被吸附在吸附剂的外表面；吸附后期，两相间浓度差减小，表面吸附位点趋于饱和，橙黄 G 向内部扩散的阻力逐渐增加。其他条件不变的情况下，选择 90min 作为锯末衍生碳材料吸附剂的最适吸附时间。

5.7.3 吸附温度对橙黄 G 吸附的影响

取 0.05g 锯末衍生碳材料吸附剂，然后加入 100mg/L 的染液 50mL，分别在 20℃、25℃、30℃、35℃和 40℃下进行振荡，2h 后过滤测定滤液吸光度，结果见图 5-39。

由图 5-39 可见，随着吸附温度的升高，锯末衍生碳材料吸附剂对橙黄 G 的脱色率不断提高。温度从 20℃上升到 40℃时，脱色率从 79.84%增加到 90.22%，说明锯末衍生碳材料对橙黄 G 的吸附也受温度影响，且随着温度的升高而增加，升温有利于吸附的进行。

5.7.4 pH 值对橙黄 G 吸附的影响

取 0.06g 锯末衍生碳材料吸附剂，然后加入 100mg/L 的染液 50mL，分别调节染液 pH 值梯度为 3～10，在 25℃下进行振荡，2h 后测定滤液吸光度，结果见图 5-40。

由图 5-40 可见，锯末衍生碳材料吸附剂对橙黄 G 的吸附率随着溶液 pH 值的增大

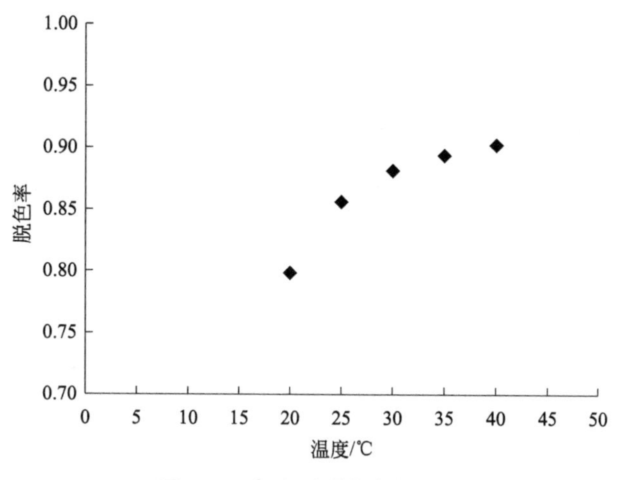

图 5-39 温度对脱色率的影响

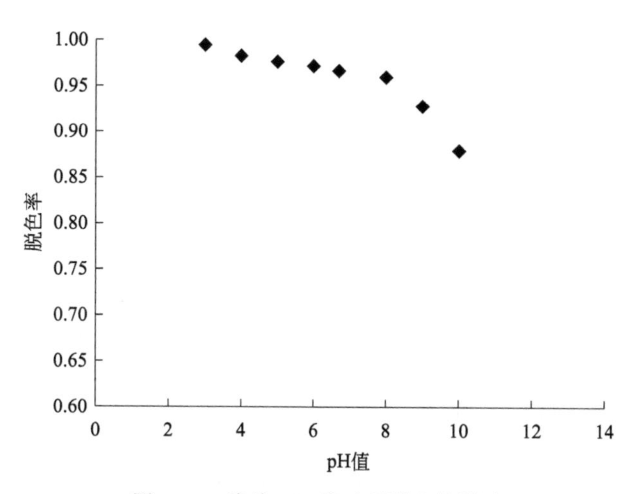

图 5-40 染液 pH 值对吸附率的影响

而降低。染液 pH 值为 3 时，吸附剂表面吸附位点带正电荷，带负电荷的橙黄 G 分子易被其吸附，脱色率达到 99.46%；不断增大 pH 值，吸附剂表面带电性由正变为负，其吸附橙黄 G 的能力逐渐降低。

5.7.5 吸附动力学

向碘量瓶中加入 0.06g 锯末衍生碳材料吸附剂和 100mg/L 橙黄 G 溶液 50mL，分别在 25℃、35℃、45℃下振荡不同的时间，测滤液吸光度。橙黄 G 吸附量随时间的变化见图 5-41。

由图 5-41 可以看出，橙黄 G 吸附量随着时间的增加而增加，但是增加幅度逐渐降低，这是因为锯末衍生碳材料有大量的吸附位点，随着时间的增加和吸附的进行，对橙黄 G 染料分子的吸附渐渐达到饱和。

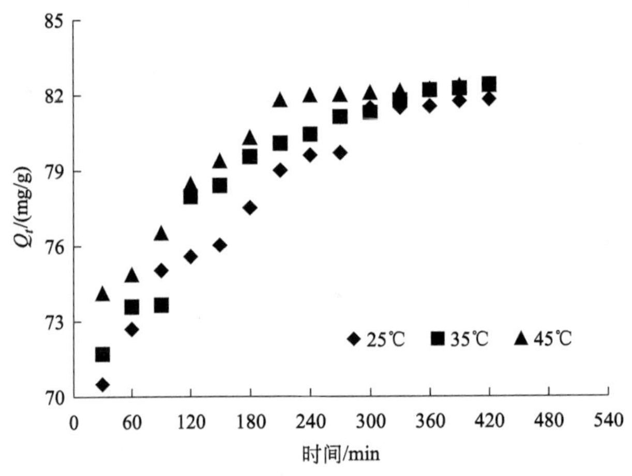

图 5-41　橙黄 G 吸附量随时间的变化

绘制其三种动力学模型线性拟合图，结果见图 5-42～图 5-44。

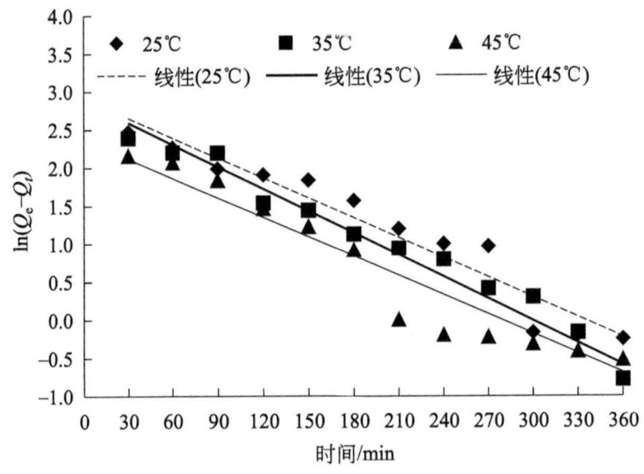

图 5-42　准一级动力学线性拟合曲线

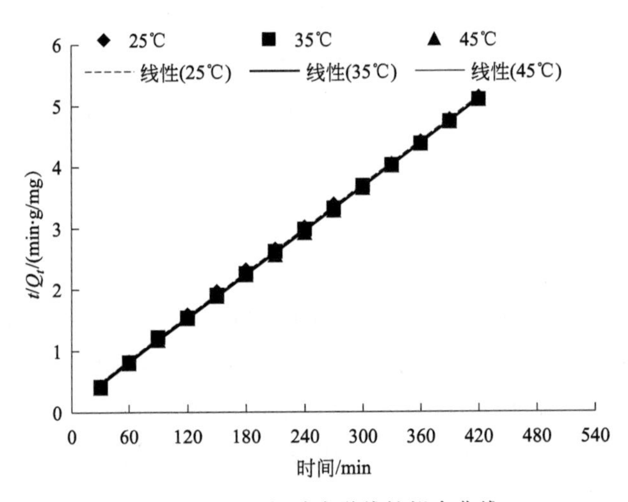

图 5-43　准二级动力学线性拟合曲线

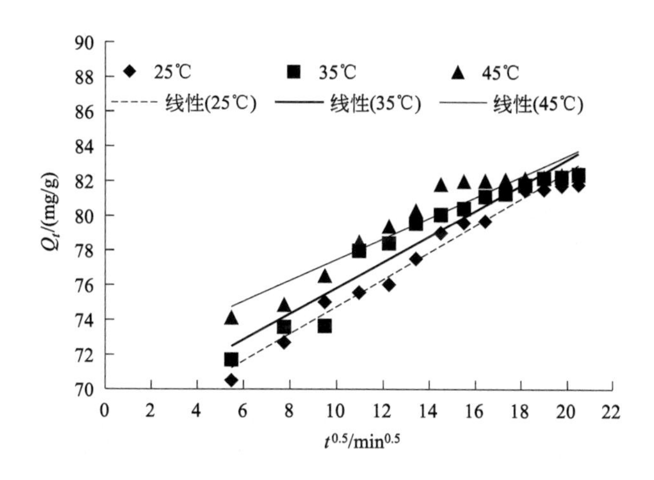

图 5-44 颗粒内扩散线性拟合曲线

动力学模型相关参数见表 5-12。

表 5-12 锯末衍生碳材料吸附剂对橙黄 G 的吸附动力学相关参数

温度/℃	实测 Q_e/(mg/g)	准一级动力学			准二级动力学			颗粒内扩散		
		K_1 /min^{-1}	计算 Q_e /(mg/g)	R^2	K_2 /[g/(mg·min)]	计算 Q_e /(mg/g)	R^2	K_3 /[mg/(g·min$^{0.5}$)]	C /(mg/g)	R^2
25	82.31	0.0087	18.42	0.9589	0.0011	83.79	0.9995	0.7777	66.99	0.9713
35	82.63	0.0096	17.84	0.9772	0.0013	84.07	0.9998	0.7399	68.43	0.9274
45	82.81	0.0085	10.71	0.9339	0.0018	83.81	0.9999	0.5986	71.48	0.8973

由表 5-12 可知，准二级动力学 R^2 均大于 0.999，能较好地描述锯末衍生碳材料吸附剂对橙黄 G 的吸附过程，而准一级动力学和颗粒内扩散模型的 R^2 较低一些。从 Q_e 来说，准二级动力学的平衡吸附量理论计算值（83.79mg/g、84.07mg/g、83.81mg/g）与实测结果（82.31mg/g、82.63mg/g、82.81mg/g）较为相近。而准一级动力学的计算 Q_e 与实测 Q_e 相差较大，且颗粒内扩散方程不通过原点。综上所述，认为锯末衍生碳材料对橙黄 G 的吸附过程受包括颗粒表面、液体膜内扩散等其他吸附过程的共同控制。说明锯末衍生碳材料吸附剂对橙黄 G 是一个主要受液膜扩散控制的快速吸附过程。

5.7.6 吸附等温线

首先向碘量瓶中加入 0.08g 锯末衍生碳材料吸附剂，再加入 50mL 不同浓度的橙黄 G 溶液，分别在 25℃、35℃、45℃下振荡，12h 后取出，先用滤纸除去溶液中的吸附剂，再测定溶液吸光度，计算吸附后橙黄 G 溶液的浓度及吸附量。绘制锯末衍生碳材料吸附剂的吸附等温线，结果见图 5-45。

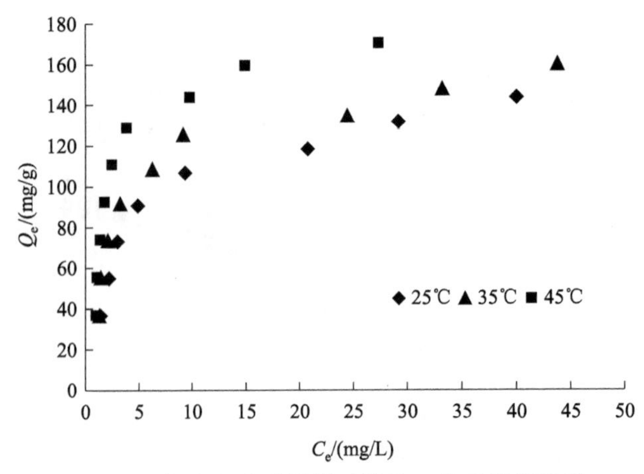

图 5-45　锯末衍生碳材料对橙黄 G 的吸附等温线

根据式（5-6）和式（5-7）对图 5-45 中的数据进行 Langmuir 和 Freundlich 模型拟合，结果见图 5-46、图 5-47。

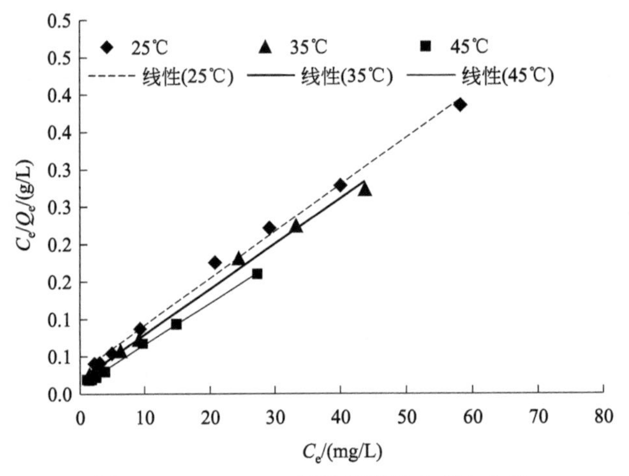

图 5-46　Langmuir 等温吸附线性拟合曲线

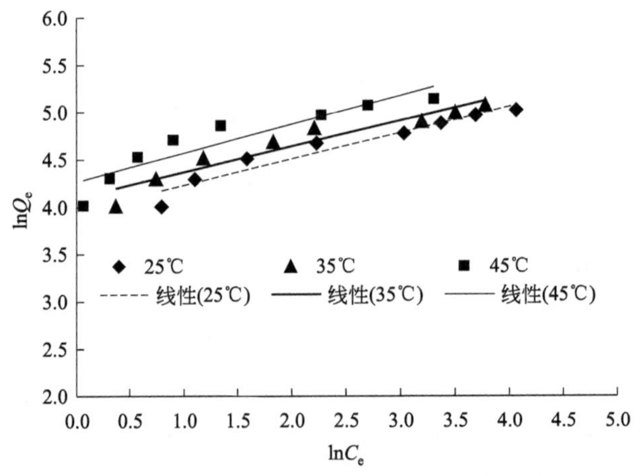

图 5-47　Freundlich 等温吸附线性拟合曲线

Langmuir 模型和 Freundlich 模型相关参数见表 5-13。

表 5-13 锯末衍生碳材料对橙黄 G 的等温吸附相关参数

温度/℃	Langmuir			Freundlich		
	K_L/(L/mg)	Q_m/(mg/g)	R^2	K_F/(mg/g)	n/(g/L)	R^2
25	0.2158	158.73	0.9954	51.20	3.62	0.9351
35	0.3245	163.93	0.9946	60.12	3.69	0.9156
45	0.5140	181.82	0.9984	71.25	3.31	0.8491

由表 5-13 可知，Langmuir 模型能较好地描述锯末衍生碳材料吸附剂对橙黄 G 的吸附过程，而且相关系数均>0.99，说明等温吸附过程符合表面单分子层吸附的 Langmuir 模型。Langmuir 模型的理论最大吸附量（依次为 158.73mg/g、163.93mg/g、181.82mg/g）与实验测得的平衡吸附量（依次为 151.12mg/g、160.14mg/g、170.43mg/g）较接近。Freundlich 方程的 n 在 2～10 之间，说明该染料易被吸附。

5.7.7 吸附热力学

根据式（5-8）～式（5-10）计算吉布斯自由能（ΔG）、焓变（ΔH）、熵变（ΔS），本研究计算了 120mg/L、180mg/L 和 240mg/L 三个浓度，结果见表 5-14。

表 5-14 锯末衍生碳材料吸附剂对橙黄 G 的热力学相关参数

初始浓度/(mg/L)	ΔH/(kJ/mol)	ΔS/[kJ/(mol·K)]	ΔG/(kJ/mol)		
			25℃	35℃	45℃
120	31.65	0.13	−7.91	−9.11	−10.56
180	53.73	0.20	−6.04	−7.31	−10.07
240	46.42	0.17	−3.74	−4.37	−7.13

由表 5-14 中数据可知，ΔG 在−20～0kJ/mol 之间，表明锯末衍生碳材料吸附剂对橙黄 G 的吸附主要是自发进行的物理过程。ΔH>0，可见锯末衍生碳材料吸附剂对橙黄 G 的吸附是吸热的，升高温度有利于对橙黄 G 的吸附。ΔS 均为正值，说明该过程是熵变增加的，锯末衍生碳材料吸附剂吸附橙黄 G 分子时两相间混乱程度增加。

参考文献

[1] 王圣，徐静馨．我国农林生物质发电现状及相关问题思考［J］．环境保护，2018，46（23）：61-63.
[2] 本刊专题报道．我国农林生物质综合开发利用技术快速发展［J］．科技促进发展，2014（5）：67-74.
[3] 张齐生，周建斌，屈永标．农林生物质的高效、无公害、资源化利用［J］．林产工业，2009，36（1）：3-8.
[4] 张辰宇．基于常见农林废弃生物质原料的热解技术及机理研究［D］．北京：北京化工大学，2013.
[5] 索琳娜．几种农林生物质废弃物再利用生产无土栽培基质技术及应用［D］．北京：北京林业大学，2012.
[6] 白秋红，舒羽，李聪，等．基于农林废弃生物质的功能性多孔碳材料构筑及应用研究［R］//中国化学会第

一届农业化学学术讨论会论文集［C］. 中国化学会，2019：1.
［7］ 沈莹莹. 农林生物质原料及炭成型燃料性能检测研究［D］. 杭州：浙江大学，2013.
［8］ 吕豪豪，刘玉学，杨生茂. 生物质碳化技术及其在农林废弃物资源化利用中的应用［J］. 浙江农业科学，2015，56（1）：19-22.
［9］ 王立宁，韩鑫宇. 生物质碳化技术的农林废弃物技术中的运用［J］. 资源节约与环保，2019（8）：112.
［10］ 孙迎超. 水热碳化废弃农林生物质及对含 Cr（Ⅵ）废液吸附特性的研究［D］. 大连：大连理工大学，2016.
［11］ 陈锋，张军蕊，王晓毅，等. 废弃豆渣派生多孔碳对橙黄 G 的吸附性能与机制［J］. 江苏农业科学，2020，48（9）：207-212.
［12］ 李桂菊，李弘涛，夏欣，等. 臭氧催化氧化技术深度处理印染废水的研究［J］. 天津科技大学学报，2019，34（2）：55-59，80.
［13］ 贺君，邢丽飞，王彩，等. 改性沸石去除橙黄 G 染料废水试验研究［J］. 非金属矿，2018，41（1）：80-83.
［14］ 朱应良，万金泉，马邕文，等. 电化学协同过硫酸盐法氧化处理橙黄 G 染料废水［J］. 水处理技术，2016，42（8）：48-51，56.
［15］ 杨耕耘. 改性沸石去除偶氮染料废水的试验研究［D］. 秦皇岛：燕山大学，2016.
［16］ 吴强，蔡天明，陈立伟. HNO_3 改性活性炭对染料橙黄 G 的吸附研究［J］. 环境工程，2016，34（2）：38-42.
［17］ 杨利敬. 电化学氧化法与纳米 Fe_3O_4 催化 H_2O_2 降解橙黄 G 的研究［D］. 新乡：河南师范大学，2015.
［18］ 潘峰，刘林，王万峰，等. 电化学混凝-内电解耦合法处理橙黄 G 染料废水［J］. 环境工程，2014，32（5）：25-29.
［19］ 吴强. 臭氧/活性炭处理橙黄 G 模拟废水的研究［D］. 南京：南京农业大学，2014.
［20］ 刘一帆，成思敏，吴宏海，等. 铁柱撑蒙脱石非均相 UV/Fenton 反应对模拟橙黄 G 染料废水的脱色机理研究［J］. 华南师范大学学报（自然科学版），2014，46（2）：72-78.
［21］ 朱江. 利用 Fenton 试剂处理橙黄 G 染料废水［D］. 咸阳：西北农林科技大学，2012.
［22］ 王战敏，何闪英，陈昆柏，等. 电混凝法处理橙黄 G 模拟染料废水［J］. 环境工程，2009，27（S1）：62-64.
［23］ 孙剑辉，王晓蕾，祁巧艳，等. Sn 掺杂纳米 TiO_2/AC 光催化降解橙黄 G 废水［J］. 工业水处理，2006（10）：36-38.
［24］ 周文波. 生物质类材料对酸性品红的吸附研究［D］. 西安：西南交通大学，2013.
［25］ 邢占赢. 改性松针对染料的吸附研究［D］. 郑州：郑州大学，2011.
［26］ 李杰. 花生壳对水中染料吸附性能的研究［D］. 郑州：郑州大学，2011.

第6章

玉米秸秆衍生碳材料对活性染料的吸附

6.1 概述

6.1.1 玉米秸秆的组成

玉米秸秆主要由纤维素、半纤维素和木质素三种组分组成。

6.1.1.1 纤维素

纤维素是一种可再生能源物质，在植物中为植物细胞壁的主要组分。在玉米秸秆中纤维素的含量大约为50%，纤维素的分子式为（$C_6H_{10}O_9$）$_n$，n 代表的是聚合度。纤维素分子的聚合度很高，在纤维素分子中C—C键比C—O—C键强，因此纤维素容易断开从而降解。

纤维素的化学性质类似于多元醇，包括水解作用、酯化作用、乙酰化作用和热解作用。

6.1.1.2 半纤维素

半纤维素是分子量比较低的一种复合聚糖碳水化合物。在结构上半纤维素比纤维素要复杂得多，也比纤维素更容易降解。在性质上半纤维素与纤维素具有相似的化学性质。

6.1.1.3 木质素

木质素是一种有机高分子聚合物，是由苯丙烷单元通过C—C键和醚键连接而成的无定形聚合物。在植物细胞中木质素与果胶、半纤维素共同作为细胞间质存在于细胞壁纤维间。

6.1.2 玉米秸秆的产量及应用

6.1.2.1 玉米秸秆的产量

我国有许多的秸秆，例如玉米秸秆、稻谷秸秆、甘蔗秸秆、大豆秸秆以及小麦秸秆等。据了解全球每年的秸秆产量有20多亿吨[1]。而我国是一个农业大国，农作物的种植面积更是居全球第一，农作物秸秆的产量高达8亿吨，其中玉米秸秆的产量占较高的比例，在2013年我国玉米秸秆的产量就有3.38亿吨。在农业生产中，1kg玉米约可产生4kg玉米秸秆。近些年来我国粮食产量连续增长，因此玉米秸秆的产量也在不断增加[2-4]。

农作物秸秆是一种比较重要的农副产品，其中含有丰富的氮、磷、钾等重要营养元素，同时还含有纤维素、木质素、半纤维素等有机物质，是能够多用途利用的可再生农作物资源。

玉米是全球秸秆产量最高的农作物之一，在我国玉米秸秆的产量占粮食农作物秸秆产量的37%左右。近年来，秸秆资源利用的问题日益受到科研领域、政府等社会各界关注。农业生产作为温室气体排放的重要来源，消除秸秆焚烧导致的环境污染和社会问题，缓解废弃秸秆的面源污染压力，秸秆综合利用事关环境保护与农业绿色发展问题，即整个农业生态环境中的水土保持以及可再生资源合理有效利用等问题，更关系到中国美丽乡村建设问题。因此，推进秸秆综合利用尤其是秸秆循环利用，是关系到整个中国农业和农村社会经济实现可持续发展的必然要求[2]。

6.1.2.2 玉米秸秆的应用

目前玉米秸秆的利用主要集中在以下5个方面。

(1) 工业原料

由于玉米秸秆中含有纤维素，因此工业上可以用玉米秸秆生产纸；同时也可以在一些领域用于生产轻型器材等。

在副业上，玉米秸秆可以用于种植一些食物，如种植蘑菇等。将玉米秸秆研磨后作为主要的原材料制备成相应的动植物及微生物生长所需要的固体有机基料。同时玉米秸秆还可以作为工业上生产酒精和酵母的原料[5,6]。

(2) 牲畜饲料

由于玉米秸秆中含有较多的粗纤维和木质素，因此可以用来喂牲畜，如牛、羊等。还可以把玉米秸秆经过加工制成具有营养的饲料。玉米秸秆中粗纤维含量为20%～45%，粗蛋白含量仅为2%～5%，是潜在的、间接的、巨大的饲料资源。用发酵秸秆粉取代部分精料饲喂肥猪，不但降低了饲料成本，而且对猪的体重增长速度无明显影响。近年来，我国的青储饲料有了较大发展，但与欧美国家的发展水平仍存在较大差距，欧洲部分国家玉米种植与收获较多是围绕青储饲料展开的，以收获去青穗秸秆或全株玉米加工青储饲料为目的，青储玉米种植面积占玉米总种植面积的90%以上，而我国全株青储玉米种植面积的比例远低于这个水平[7]。

(3) 有机肥料

农作物经过光合作用产生了许多营养物质，大都存于秸秆之中。在玉米秸秆中含有许多无机质和营养元素，例如氮、磷等。秸秆的秆、叶和根中含有大量的氮、磷、钾有机原料，100kg 鲜秸秆中约含氮 0.48kg、磷 0.38kg、钾 1.67kg。将秸秆中的这些氮、磷、钾换算成肥料相当于氮肥 2.4kg、磷肥 3.8kg[8]、钾肥 3.4kg。秸秆肥料化利用以秸秆直接还田为主，一边收获一边将秸秆打碎并埋入地下，通过秸秆深耕还田及加腐熟剂腐熟还田，能增加土壤有机质含量和土壤团粒结构，改善土壤的理化性状，有利于土壤保水、保肥，提高化肥的利用率。同时还可以增强农作物的抗旱、抗病等能力，提高单产，降低成本，增加农民的经济收入。这种方式不仅能减少秸秆焚烧带来的环境污染问题，还能增加土壤肥力[9]。

(4) 燃料

秸秆作为燃料的热值为 18～21MJ/kg，与原煤热值大致相当。玉米秸秆具有燃烧价值，在我国北方长期以来都被农民作为一种较重要的燃料利用。秸秆的燃烧价值主要体现在 2 个方面：a. 秸秆的燃烧气化，其主要是将秸秆在无氧条件下燃烧从而得到可燃性气体；b. 用于厌氧发酵生产沼气，国外一些发达国家利用秸秆燃烧进行发电。但是，秸秆堆积密度大且分散，其作为燃料利用需要进行预处理，之后致密成型和煤混合后形成颗粒燃料[10,11]。

(5) 其他

以秸秆为原料制备净化功能材料，如秸秆碳材料，或用于板材加工、生活用品加工、秸秆有机化工和秸秆编织等方面。

6.1.3 玉米秸秆碳材料制备及应用

玉米秸秆中固定碳含量高，可以用来生产活性炭。近年来，国内外相关人员做了大量的研究，采用玉米秸秆生产的活性炭主要用于废水或废液处理，也可用于废气治理。

中北大学的药星星[12] 以玉米秸秆活性炭作为实验的吸附剂，用 NaOH 作改性玉米秸秆活性炭的物质，通过静态实验，考察了玉米秸秆活性炭改性前后对模拟废水中苯酚的吸附性能，改性后的玉米秸秆活性炭的最大吸附饱和量为 19.51mg/g，并对其去除机理进行了探讨。

史蕊等[13] 以玉米秸秆为原材料，采用 $ZnCl_2$ 活化法制备玉米秸秆活性炭，并研究了其对亚甲基蓝染料废水的动力学过程。秸秆活性炭对亚甲基蓝的最大吸附量达到 909.09mg/g，具有很高的吸附能力。

山东建筑大学尉士俊[14] 以玉米秸秆为原料，以焦磷酸为活化剂，分别采用常规加热和微波辐照两种炭化方法制备了活性炭，并将它们应用于甲醛的吸附捕集。两种活性炭 BET 比表面积分别为 351.18m^2/g 和 459.94m^2/g，两种样品的孔径以微孔到小尺度中孔为主。

李兆兴等[15] 以磷酸为活化剂、玉米秸秆为碳源，制备了玉米秸秆活性炭，并研究了玉米秸秆活性炭对溶液中四环素的吸附性能和对养殖废水中四环素的去除能力，结果发现：玉米秸秆活性炭对四环素的最大吸附量为 212.6mg/g；利用玉米秸秆活性炭处理含有四环素的养殖废水时，四环素的去除率为 94.8％。

刘耀源等[16] 以玉米秸秆为原料制备活性炭，并选取性能较优的活性炭进行 NaOH 改性，研究其改性前后对甲醛的吸、脱附性能和表面结构与表面化学性质变化。结果发现 NaOH 改性能提高活性炭的表面碱、酸性官能团含量，增大活性炭比表面积与孔径，从而提高其对甲醛等极性物质的吸附能力。

柴红梅等[17] 以玉米秸秆为原料，采用氯化锌-微波法制备活性炭，所制备的活性炭的 BET 和 Langmuir 比表面积分别为 131.46m^2/g 和 241.42m^2/g，总孔容为 0.336cm^3/g，平均孔径为 92.118nm，并研究了其对亚甲基蓝吸附的最佳条件以及吸附热力学和动力学规律。通过吸附模型拟合发现，活性炭对亚甲基蓝的吸附更符合 Langmuir 吸附等温模型；热力学研究表明，该吸附过程为自发的、吸热的熵增过程，吸附动力学更符合准二级动力学模型。

朱兰保等[18] 采用磷酸活化-微波加热法制备了玉米秸秆活性炭，并在单因素研究的基础上采用正交试验探讨了 m（原料）∶V（活化剂）（料液比）、磷酸质量分数、浸渍时间和活化时间等因素对活性炭碘吸附值的影响，得到了最佳工艺条件。

陈亚伟等[19] 以玉米秸秆为原料，采用化学活化法制备活性炭吸附剂，并探讨了浸泡时间和超声活化对产品收率和吸附性能的影响。结果发现：超声浸泡可以大大缩短浸泡时间，明显提高产品的收率和吸附性能。制备出的吸附剂吸附性能优于商业活性炭，产品质量指标接近水质净化用活性炭标准。

合肥工业大学的蒋汶[20] 以玉米、小麦、高粱秸秆为研究对象，采用水热协同超声-热解法制备活性炭，对其进行表征并分析制备原理后，提出基于机器学习的活性炭吸附性能预测模型并进行验证，实现了秸秆活性炭的可控制备。结果表明：与水热炭化相比，热解法更有利于形成微孔；超声波促进了微孔转化为介孔，增加了总孔体积和比表面积；水热炭化后秸秆中的纤维素和半纤维素部分分解，热解后反应更充分；将机器学习应用于秸秆热解活性炭的亚甲基蓝吸附值和碘值预测是可行的。

沈阳农业大学的所凤阅[21] 分别以玉米秸秆、玉米芯、玉米淀粉、玉米秸秆纤维素为原料，用直接热解法和水热炭化法制备出一系列生物炭，并采用不同方法进行改性，对其进行表征。结果表明，热解法制备的生物炭，磷酸活化有助于材料理化性能的提高，材料表面的孔隙更多，官能团种类增加。水热炭化法制备的生物炭，KOH 热活化是提升材料理化性能的重要步骤，且水热过程与氧化石墨烯（GO）复合有助于材料形成多褶皱的纳米片结构，材料表面的官能团更少，芳香化程度更高。生物炭的前驱体和制备方式会对其吸附特性产生显著影响。

玉米秸秆制备的活性炭不仅在环境治理中被用作吸附剂，净化废水和废气，而且可以作为土壤改良剂。一方面，秸秆材料的孔隙结构为微生物的生存提供场所，为微生物的生长提供有机质和微量元素；另一方面，由于秸秆材料对污染物质的吸附，减少了其与土壤中微生物的接触，阻碍了微生物对其降解。综上所述，玉米秸秆在环境污染治理中的应用研究具有以废治废和可持续发展的重要意义[22]。

6.2 玉米秸秆衍生碳材料吸附染料实验

6.2.1 实验材料和仪器

6.2.1.1 实验材料

偶氮染料活性嫩黄 K-6G 和活性艳红 K-2BP 的分子量和分子式见表 6-1。

表 6-1 活性嫩黄 K-6G 和活性艳红 K-2BP 分子量和分子式

染料	分子量	分子式
活性嫩黄 K-6G	873.0	$C_{25}H_{15}Cl_3N_9Na_3O_{10}S_3$
活性艳红 K-2BP	808.5	$C_{25}H_{14}Cl_2N_7Na_3O_{10}S_3$

本实验所用的主要试剂见表 6-2。

表 6-2 实验主要试剂

序号	药品名称	规格	产地
1	氯化锌	分析纯	天津市恒星化学试剂厂
2	硫代硫酸钠	分析纯	国药集团化学试剂有限公司
3	可溶性淀粉	分析纯	国药集团化学试剂有限公司
4	碘化钾	分析纯	天津市化学试剂供销公司
5	碘	分析纯	天津博迪化工股份有限公司
6	重铬酸钾	分析纯	天津博迪化工股份有限公司
7	亚甲基蓝	分析纯	天津博迪化工股份有限公司
8	磷酸氢二钠	分析纯	国药集团化学试剂有限公司
9	磷酸氢二甲	分析纯	国药集团化学试剂有限公司
10	盐酸	分析纯	天津市恒星化学试剂厂

6.2.1.2 主要设备和仪器

实验所用的主要仪器设备见表 6-3。

表 6-3 实验主要仪器设备

序号	仪器设备名称	型号	产地
1	电子天平	EX223ZH	奥豪斯(上海)仪器有限公司
2	微波炉	MM721NGL-PL	美的集团
3	抽滤机	SHB-Ⅲ	郑州长城科工贸有限公司
4	电热恒温鼓风干燥箱	HK-351	上海佳胜实验设备有限公司
5	水浴恒温振荡器	SHB-B	金坛市精密仪器制造有限公司
6	紫外可见分光光度计	752N	上海精密科学仪器有限公司
7	pH 计	starter	上海生威电子公司

6.2.2 玉米秸秆衍生碳材料的制备

以玉米秸秆为原料，采用微波法制备碳材料的过程如下：

① 从学校附近的农田里取得玉米秸秆，将其外表洗干净。将玉米秸秆的外壳剥去，取玉米秸秆芯，将得到的玉米秸秆芯放到植物粉碎机中进行粉碎，得到粉碎好的玉米秸秆粉末过 20 目筛。

② 称取氯化锌，其质量为玉米秸秆粉末质量的 2 倍，首先将氯化锌用热开水在大烧杯中进行溶解，将玉米秸秆粉末倒在大盘里加入氯化锌溶液进行溶解，同时加入一定量的热开水使玉米秸秆粉末充分湿润并拌匀。

③ 2h 后将玉米秸秆粉末放在烘箱中烘干，再将其放在功率为 700W 的微波炉中大火加热 6min 使其炭化，将炭化后的玉米秸秆粉末碾碎，用 3mol/L 的盐酸浸泡 0.5h 再抽滤，并用去离子水冲洗，最后使其 pH 值约为 6～7，在 120℃下烘干，从而得到玉米秸秆衍生碳材料吸附剂。

玉米秸秆衍生碳材料比表面积、孔容及孔径分布的表征采用 ASAP-2020 分析仪，BET 比表面积为 937.23m^2/g，Langmuir 比表面积为 1532.28m^2/g，总孔容为 0.7174cm^3/g[23]。

6.2.3 吸附实验

吸附实验主要考察吸附剂投加量、pH 值、吸附温度、吸附时间对吸附性能的影响。

6.2.3.1 投加量对活性嫩黄 K-6G 和活性艳红 K-2BP 吸附性能的影响

玉米秸秆衍生碳材料吸附剂的投加量是影响吸附性能的一个重要因素，是一个重要的衡量吸附性能的参数。为了确定吸附剂的最佳投加量，准确称取质量为 0.05g、0.1g、0.15g、0.2g、0.25g、0.3g、0.35g、0.4g 的吸附剂分别放入标号为 1、2、3、4、5、6、7、8 的 2L 锥形瓶中，然后在每个锥形瓶中加入浓度为 60mg/L 的偶氮染料活性嫩黄 K-6G 和活性艳红 K-2BP 溶液 200mL，在 25℃下恒温振荡 2h，过滤，分别测其吸光度。计算脱色率，绘制脱色率与玉米秸秆衍生碳材料吸附剂投加量的关系曲线。

6.2.3.2 pH 值对活性嫩黄 K-6G 和活性艳红 K-2BP 吸附性能的影响

pH 值是影响吸附剂吸附性能的一个重要因素。实验过程中，在 8 个 2L 的锥形瓶内分别加入 200mL 浓度为 60mg/L 的偶氮染料活性嫩黄 K-6G 和活性艳红 K-2BP 溶液，然后用氢氧化钠和盐酸调一定的 pH 梯度值，然后分别向锥形瓶中加入 0.2g 玉米秸秆衍生碳材料吸附剂，考察 pH 值对吸附性能的影响。分别调不同的 pH 梯度值，然后分别加入 0.2g 的吸附剂，测定在不同 pH 值下的吸光度，计算脱色率，绘制脱色率与 pH

值的关系曲线。

6.2.3.3 吸附温度对活性嫩黄 K-6G 和活性艳红 K-2BP 吸附性能的影响

温度是影响吸附性能的另外一个重要的因素，分别调温度为 25℃、35℃、40℃、45℃、50℃，测定每个温度下的吸光度，计算脱色率，绘制脱色率与温度的关系曲线。

6.2.3.4 吸附时间对活性嫩黄 K-6G 和活性艳红 K-2BP 吸附性能的影响

实验过程，在温度为 25℃条件下，在标号为 1、2、3 的锥形瓶内分别加入 0.2g 改性玉米秸秆吸附剂，然后在 1、2、3 号瓶内分别加入浓度为 100mg/L 的偶氮染料活性嫩黄 K-6G 和活性艳红 K-2BP 溶液 300mL。在不同的时间段下，测定其吸光度，通过标准曲线确定染料废水的剩余浓度，计算其脱色率，绘制脱色率与时间的关系曲线。

6.2.3.5 等温吸附实验

玉米秸秆衍生碳材料吸附剂为 0.1g，在不同的温度（25℃、35℃、45℃）下每个温度对应一个体积为 50mL 的不同浓度梯度的偶氮染料溶液，测定在该温度下每个浓度的吸光度，通过标准曲线确定染料废水的剩余浓度，计算其脱色率和吸附量，得到两种偶氮染料的等温线图。

6.3 玉米秸秆衍生碳材料的吸附影响因素

6.3.1 投加量对活性染料吸附的影响

投加量对活性嫩黄 K-6G 和活性艳红 K-2BP 模拟染料废水吸附性能的影响如图 6-1 和图 6-2 所示。

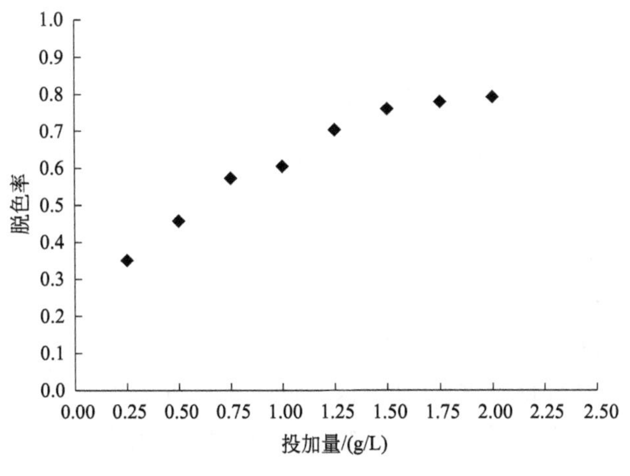

图 6-1 投加量对活性嫩黄 K-6G 吸附性能的影响

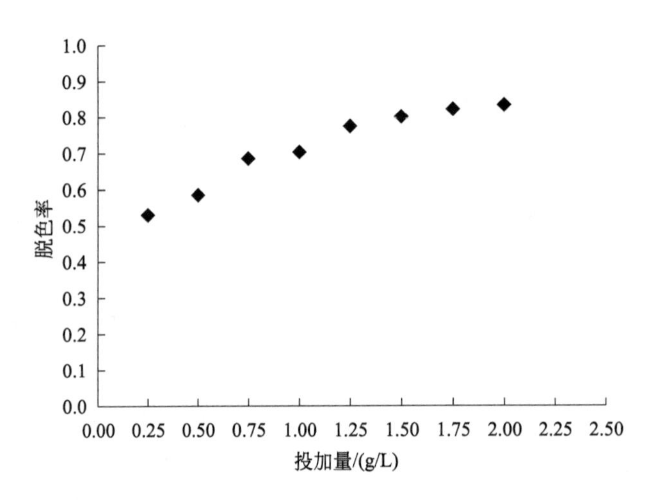

图 6-2 投加量对活性艳红 K-2BP 吸附性能的影响

从图 6-1 中可以看出，活性嫩黄 K-6G 染料溶液的脱色率随着吸附剂投加量的逐渐增加不断增大，最后趋于平衡。在投加量为 0.25g/L 时，脱色率为 35.11%；当投加量增加到 1.75g/L 和 2.00g/L 时，脱色率分别为 77.99%和 79.29%，逐渐趋于平衡。因此，同时考虑脱色率和经济因素，选择吸附剂最佳投加量为 2.00g/L。

由图 6-2 可知，活性艳红 K-2BP 染料溶液的脱色率随着吸附剂投加量的逐渐增加不断增大，最后趋于平衡。在投加量为 0.25g/L 时，脱色率为 53.07%；当投加量为 1.75g/L 和 2.00g/L 时，脱色率分别为 82.22%和 83.41%，逐渐趋于平衡。因此，同时考虑脱色率和经济因素，选择吸附剂最佳投加量为 2.00g/L。

图 6-1 和图 6-2 刚开始的时候脱色率变化较大，是由于增加了改性玉米秸秆吸附剂的量相当于增加了活性炭吸附的表面积和吸附的结合位点。但随着吸附剂量的不断增加，导致了吸附剂的重叠或聚合，从而使吸附的表面积和吸附结合位点减少，因此最大吸附量趋于平衡，不再随吸附剂量的增加而增大。

6.3.2 吸附时间对活性染料吸附的影响

吸附时间对两种偶氮染料活性嫩黄 K-6G 和活性艳红 K-2BP 吸附性能的影响如图 6-3 和图 6-4 所示。

由图 6-3 可知，活性嫩黄 K-6G 溶液的脱色率随着吸附时间的增加而增大，刚开始 120min 时染料废水溶液的脱色率上升较快，随后随着时间的增加，脱色率虽增大，但幅度开始变缓，最后在 320min 时逐渐达到平衡。

由图 6-4 可知，活性艳红 K-2BP 溶液的脱色率随着吸附时间的增加而增大，刚开始脱色率上升较快，随后随着时间的增加，脱色率增大的幅度开始变缓，最后在时间为 540min 时逐渐趋于平衡。

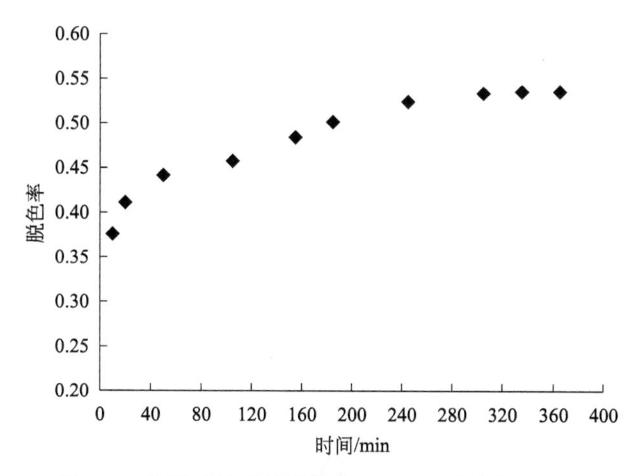

图 6-3 吸附时间对活性嫩黄 K-6G 吸附性能的影响

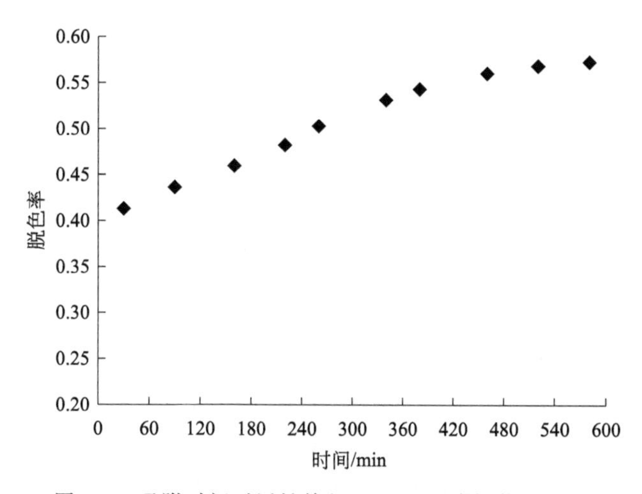

图 6-4 吸附时间对活性艳红 K-2BP 吸附性能的影响

分析原因，玉米秸秆衍生碳材料在刚开始的时候与吸附质之间的范德华力较大，在吸附过程中起主导作用，因此可以知道该吸附过程是一个物理吸附过程。而在最后吸附过程逐渐变得缓慢是由于吸附剂上吸附位点的吸附或吸附表面上的吸附起主导作用，是一个化学吸附过程。由图 6-3 和图 6-4 可知，在初始浓度相同的情况下活性嫩黄 K-6G 比活性艳红 K-2BP 的吸附率高，因此玉米秸秆衍生碳材料对活性嫩黄 K-6G 的吸附效果要优于对活性艳红 K-2BP 的吸附效果。

6.3.3 吸附温度对活性染料吸附的影响

吸附温度对两种偶氮染料活性嫩黄 K-6G 和活性艳红 K-2BP 吸附性能的影响如图 6-5 和图 6-6 所示。

由图 6-5 可知，活性嫩黄 K-6G 溶液的脱色率随着吸附温度的升高而增大，温度为

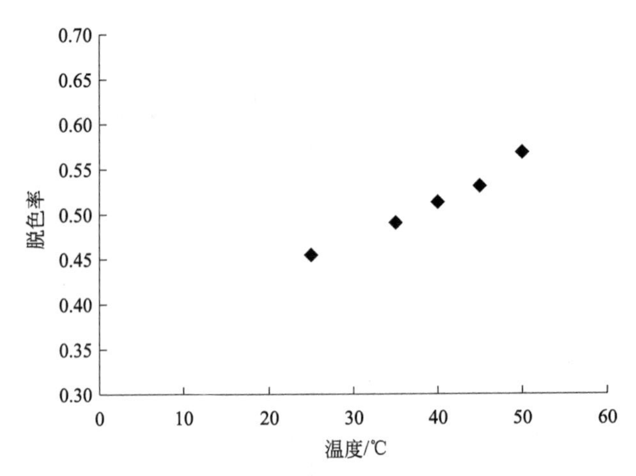

图 6-5　温度对活性嫩黄 K-6G 吸附性能的影响

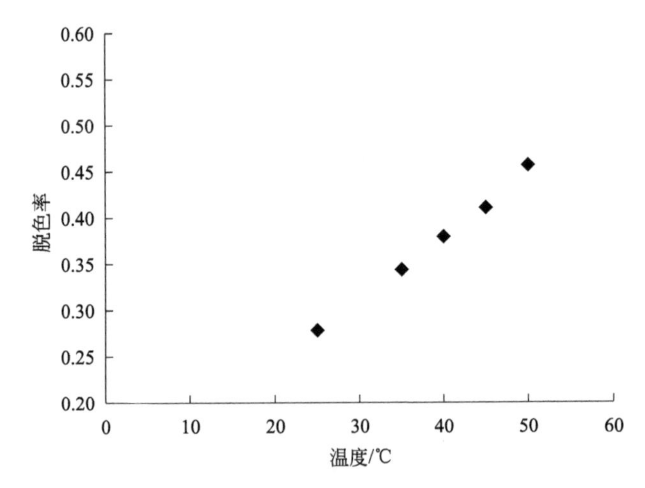

图 6-6　温度对活性艳红 K-2BP 吸附性能的影响

25℃、35℃、40℃、45℃、50℃时染料溶液的脱色率分别为 45.46%、49.02%、51.29%、53.07%、56.79%，这说明实验过程为吸热过程。

由图 6-6 可知，活性艳红 K-2BP 溶液的脱色率随着吸附温度的升高而增大。温度为 25℃、35℃、40℃、45℃、50℃时染料溶液的脱色率分别为 27.8%、34.37%、37.92%、41.03%、45.62%，这说明实验过程为吸热过程。

由图 6-5 和图 6-6 可知，两种活性染料的脱色率都随温度的升高而增大，说明高温有利于吸附的进行。

6.3.4　pH 值对活性染料吸附的影响

pH 值对两种偶氮染料活性嫩黄 K-6G（pH 值分别为 1.4、2、3、4、5、6、7、8）和活性艳红 K-2BP（pH 值分别为 3、4、5、6、7、8、9、10）吸附性能的影响如图 6-7

和图 6-8 所示。

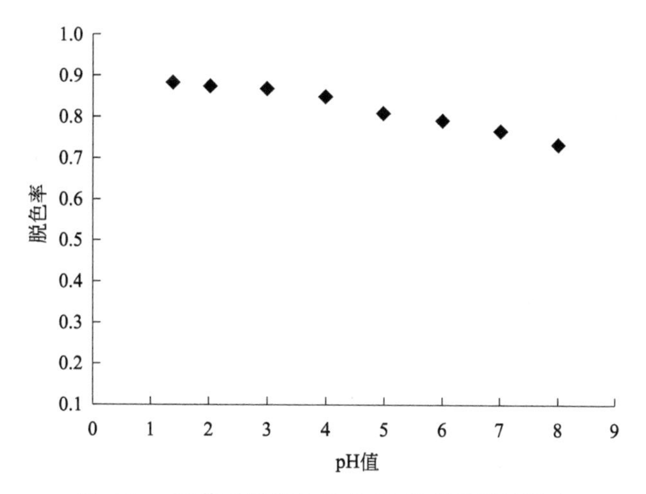

图 6-7　pH 值对活性嫩黄 K-6G 吸附性能的影响

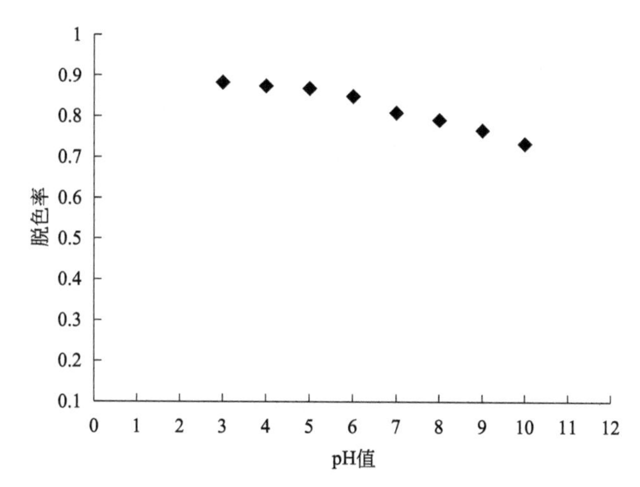

图 6-8　pH 值对活性艳红 K-2BP 吸附性能的影响

由图 6-7 可知，活性嫩黄 K-6G 的脱色率随着 pH 值的减小而增大。在 pH 值为 8 时脱色率为 66.67%，当 pH 值为 2 和 1.4 时脱色率分别达 87.86%和 88.34%，逐渐趋于平衡，因此酸性条件有利于吸附。

由图 6-8 可知，活性艳红 K-2BP 脱色率随着 pH 值的增大而减小。在 pH 值为 10 时脱色率为 73.33%，当 pH 值为 4 和 3 时脱色率为 87.40%和 88.29%，逐渐趋于平衡，因此酸性条件有利于吸附。

上述结果表明酸性条件有利于偶氮染料的去除。这是因为这两种偶氮染料都是阴性染料，随着酸性的增强，溶液中的 H^+ 不断增加，从而使偶氮染料与吸附剂之间的静电引力增强，有利于偶氮染料的去除。

6.3.5 吸附动力学

吸附动力模型一般用于描述玉米秸秆衍生碳材料吸附剂对偶氮染料的去除机制，同时通过对玉米秸秆衍生碳材料吸附剂的动力学模型的研究，可以知道玉米秸秆衍生碳材料吸附剂的吸附速率和吸附速率控制吸附剂对固液界面吸附质的吸附时间。在描述动力学模型时，一般用伪一级动力学模型、伪二级动力学模型和颗粒内扩散模型来进行拟合计算，从而分析吸附过程的动力学机制。

（1）伪一级动力学模型

$$\frac{dQ_e}{dt}=K_1(Q_e-Q_t) \tag{6-1}$$

对于上述公式边界条件 $t=0$、$Q_e=0$、$t=t$ 时，$Q_t=Q_t$，将其代入上面的公式，定积分然后转化成常用对数得：

$$\ln(Q_e-Q_t)=\ln Q_e-K_1t \tag{6-2}$$

式中 Q_e——吸附剂对偶氮染料溶液吸附平衡的吸附量，mg/g；

Q_t——吸附剂对偶氮染料溶液在时间 t 时的吸附量，mg/g；

t——吸附时间，min；

K_1——准一级吸附动力学的速率常数，min^{-1}；

（2）伪二级动力学模型

$$\frac{dQ_e}{dt}=2K_2(Q_e-Q_t)^2 \tag{6-3}$$

经积分后得

$$\frac{t}{Q_t}=\frac{1}{K_2Q_e^2}+\frac{t}{Q_e} \tag{6-4}$$

式中 K_2——准二级吸附动力学的速率常数，g/(mg·min)；

其他符号意义同前。

（3）颗粒内扩散模型

伪一级动力学和伪二级动力学模型并不能够反映出整个吸附过程的扩散机制以及整个吸附过程的速率控制步骤，因此需要颗粒内扩散模型的经验表达式来进行实验数据拟合。颗粒内扩散模型原理：假设颗粒内吸附过程的速率是可以控制的，吸附量与时间 $t^{0.5}$ 而不与时间 t_0 呈线性关系。根据这个原理，颗粒内扩散模型的表达式为：

$$Q_t=K_3t^{0.5}+C \tag{6-5}$$

式中 K_3——颗粒内扩散速率常数，$mg/(g\cdot min^{0.5})$；

C——截距，mg/g。

C 的大小表示边界厚度作用的大小，数值越大，则表示边界层对吸附效果的影响越大。数据 C 的值可以通过数据 Q_e 对 $t^{0.5}$ 的线性图计算得到。

6.3.5.1 伪一级动力学模型

通过 $\ln(Q_e - Q_t)$ 对时间 t 作图，可以得到两种偶氮染料活性嫩黄 K-6G 和活性艳红 K-2BP 的伪一级动力学模型线性拟合曲线，如图 6-9 和图 6-10 所示。

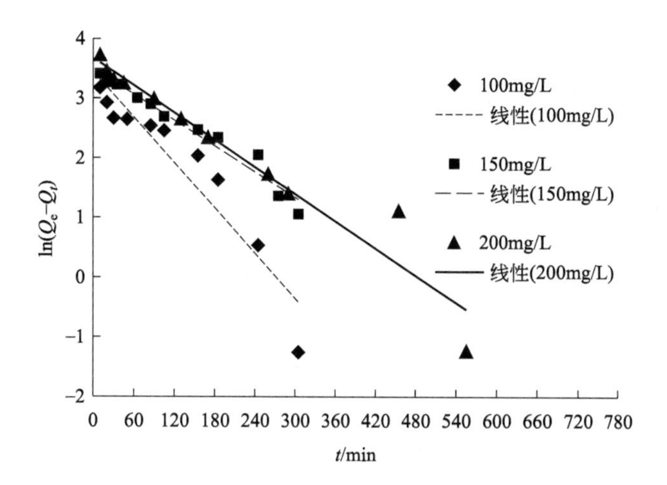

图 6-9　活性嫩黄 K-6G 伪一级动力学模型线性拟合曲线

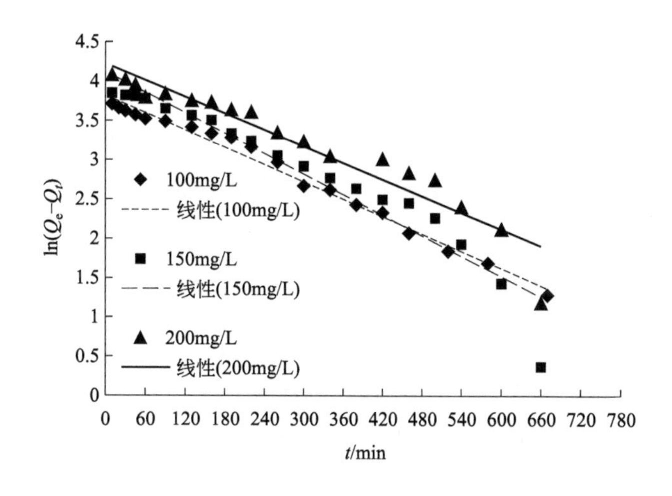

图 6-10　活性艳红 K-2BP 伪一级动力学模型线性拟合曲线

6.3.5.2 伪二级动力学模型

通过 t/Q_t 对时间 t 作图可以得到两种偶氮染料活性嫩黄 K-6G 和活性艳红 K-2BP 的伪二级动力学模型线性拟合曲线，如图 6-11 和图 6-12 所示。

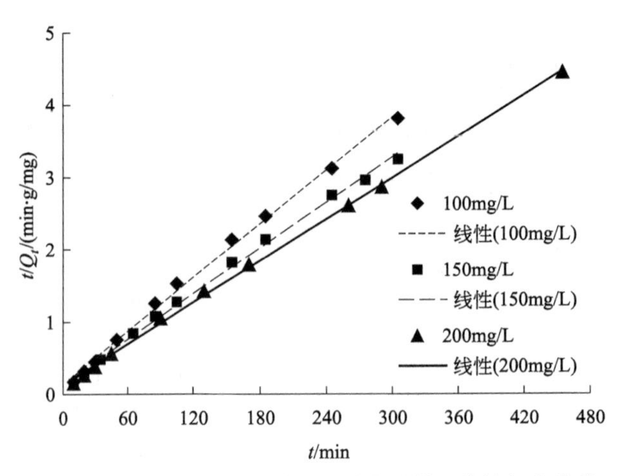

图 6-11　活性嫩黄 K-6G 伪二级动力学模型线性拟合曲线

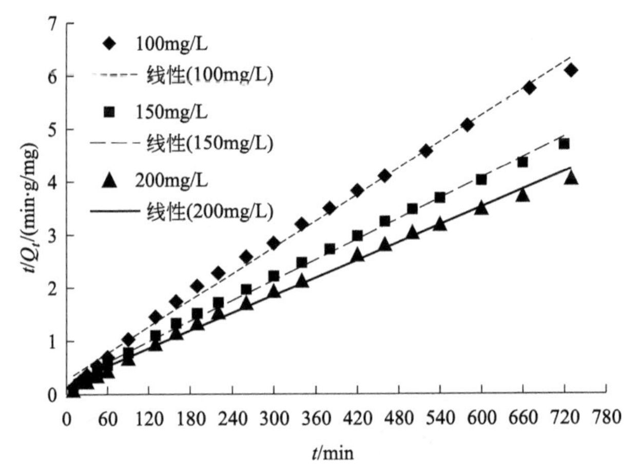

图 6-12　活性艳红 K-2BP 伪二级动力学模型线性拟合曲线

6.3.5.3　颗粒内扩散模型

通过 Q_t 对时间 $t^{0.5}$ 作图可以得到两种偶氮染料活性嫩黄 K-6G 和活性艳红 K-2BP 的颗粒内扩散模型线性拟合曲线，如图 6-13 和图 6-14 所示。

活性嫩黄 K-6G 和活性艳红 K-2BP 的伪一级动力学拟合参数和伪二级动力学拟合参数分别见表 6-4 和表 6-5。

表 6-4　活性嫩黄 K-6G 拟合参数

初始浓度 C_0/(mg/L)	$Q_{e,exp}$/(mg/g)	伪一级动力学			伪二级动力学		
		K_1/min^{-1}	$Q_{e,cal}$/(mg/g)	R^2	$K_2\times10^4$/[g/(mg·min)]	$Q_{e,cal}$/(mg/g)	R^2
100	80.34	0.0126	31.23	0.8930	11.25	81.30	0.9967
150	96.95	0.0072	33.05	0.9602	8.23	95.24	0.9968
200	105.44	0.0063	39.29	0.9358	7.28	105.26	0.9989

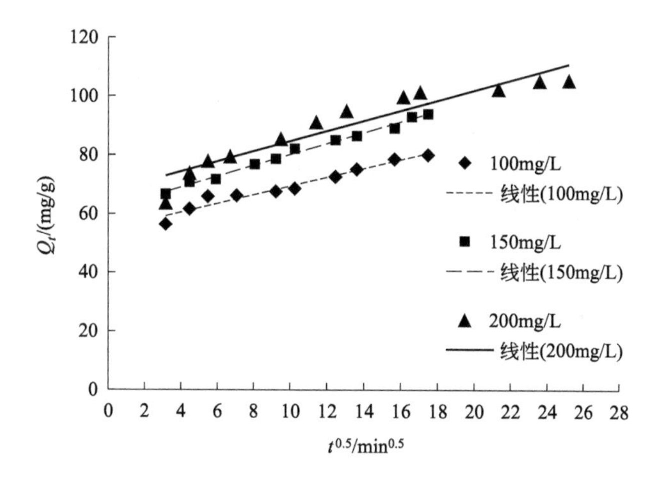

图 6-13　活性嫩黄 K-6G 颗粒内扩散模型线性拟合曲线

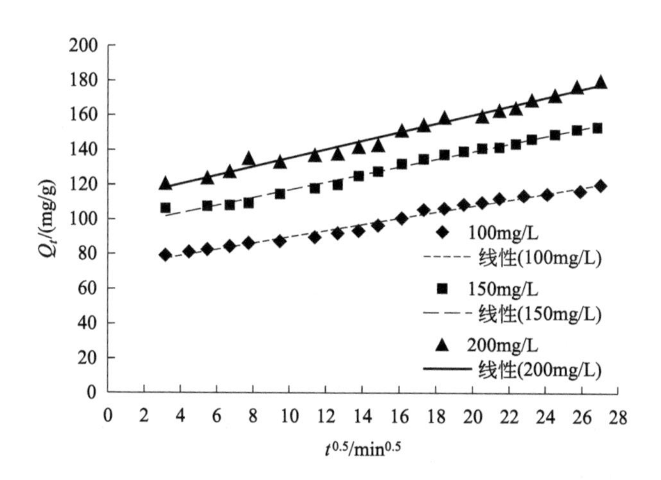

图 6-14　活性艳红 K-2BP 颗粒内扩散模型线性拟合曲线

表 6-5　活性艳红 K-2BP 拟合参数

初始浓度 C_0/(mg/L)	$Q_{e,exp}$ /(mg/g)	伪一级动力学			伪二级动力学		
		K_1/min^{-1}	$Q_{e,cal}$ /(mg/g)	R^2	$K_2\times10^4$ /[g/(mg·min)]	$Q_{e,cal}$ /(mg/g)	R^2
100	120.11	0.0037	45.70	0.9874	25.44	120.48	0.9947
150	153.36	0.0043	61.71	0.9200	19.03	156.25	0.9959
200	180.06	0.0035	68.34	0.9146	15.54	181.82	0.9938

由表 6-4 和表 6-5 可以看出，活性嫩黄 K-6G 和活性艳红 K-2BP 的伪一级动力学拟合参数 R^2 相比于伪二级动力学拟合参数 R^2 较小。由表 6-4 中伪一级动力学参数可知，

活性嫩黄 K-6G 的初始浓度分别为 100mg/L、150mg/L、200mg/L 时，其 R^2 值分别为 0.8930、0.9602、0.9358，其理论吸附量 $Q_{e,cal}$ 的值分别为 31.23mg/g、33.05mg/g、39.29mg/g，这些值与实验得出的吸附量 $Q_{e,exp}$ 的值相差较大，而伪二级动力学拟合参数中 R^2 均在 0.99 以上，并且平衡吸附值的理论计算值和实验值比较接近。同理，由表 6-5 中伪一级动力学参数可知，活性艳红 K-2BP 的初始浓度分别为 100mg/L、150mg/L、200mg/L 时，R^2 值分别为 0.9874、0.9200、0.9146，其理论吸附量 $Q_{e,cal}$ 的值分别为 45.70mg/g、61.71mg/g、68.34mg/g，该值与实验吸附量 $Q_{e,exp}$ 的值 120.11mg/g、153.36mg/g、180.06mg/g 相差较大，而伪二级动力学拟合参数 R^2 均在 0.99 以上，并且平衡吸附值的理论计算值和实验值比较接近。由上述结果可知，伪二级动力学方程能够很好地描述改性玉米秸秆吸附剂对活性嫩黄 K-6G 和活性艳红 K-2BP 的吸附过程。

颗粒内扩散拟合参数见表 6-6 和表 6-7。

表 6-6 活性嫩黄 K-6G 颗粒内扩散拟合参数

初始浓度/(mg/L)	K_3/[mg/(g·min$^{0.5}$)]	C/(mg/g)	R^2
100	1.49	54.60	0.9535
150	1.85	61.66	0.9912
200	1.72	67.51	0.8982

表 6-7 活性艳红 K-2BP 颗粒内扩散拟合参数

初始浓度/(mg/L)	K_3/[mg/(g·min$^{0.5}$)]	C/(mg/g)	R^2
100	1.79	71.87	0.9826
150	2.21	94.86	0.9881
200	2.48	109.49	0.9814

对于颗粒内扩散模型，由表 6-6 和表 6-7 可知，活性嫩黄 K-6G 和活性艳红 K-2BP 的拟合曲线均没通过原点，这表明吸附剂上吸附的颗粒内扩散过程是该吸附速率的控制步骤，但不是唯一的速率控制步骤。同时由表 6-6 和表 6-7 可知，随着浓度的增加，K_3 和 C 的值也在增加，这是由于吸附质浓度的增加增大了吸附质在吸附剂颗粒内的传质阻力。

6.3.6 吸附等温线

吸附等温线是在一定的温度下吸附达到平衡时吸附量与平衡浓度两者之间的关系。通过实验可以知道吸附剂与吸附质两者的作用机理，同时也可以用来选择最佳的吸附剂。

在等温条件下吸附剂表面发生的吸附现象，一般情况下用 Langmuir 和 Freundlich 方程来表征固体表面吸附量和介质中溶质平衡浓度之间的关系[24-26]。

Langmuir 方程：

$$Q_e=\frac{K_L Q_m C_e}{1+K_L C_e} \tag{6-6}$$

Freundlich 方程：

$$Q_e=K_F C_e^{\frac{1}{n}} \tag{6-7}$$

式中　Q_e——吸附平衡时偶氮染料的吸附量，mg/g；

C_e——吸附平衡时偶氮染料的浓度，mg/L；

Q_m——理论上的最大吸附量，mg/g；

K_L——Langmuir 常数，L/mg；

K_F——Freundlich 常数，mg/g；

n——表面覆盖经验常数，g/L。

6.3.6.1 Langmuir 等温线

对玉米秸秆衍生碳材料吸附剂对两种偶氮染料活性嫩黄 K-6G 和活性艳红 K-2BP 在不同温度下的吸附量 Q_e 和溶液平衡时的质量浓度 C_e 作吸附等温线图，其结果如图 6-15 和图 6-16 所示。

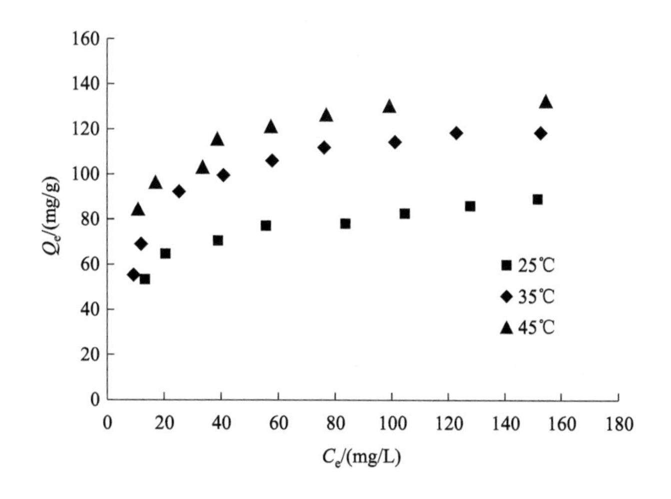

图 6-15　活性嫩黄 K-6G 的吸附等温线

由图 6-15 和图 6-16 可知，两种染料活性嫩黄 K-6G 和活性艳红 K-2BP 在相同平衡浓度时的平衡吸附量 Q_e 均随着温度的升高而增大。由此可以得知温度升高有利于吸附，吸附过程是一个吸热的过程。还可以看出，随着染料初始浓度的升高，吸附量上升，这主要是由于浓度升高，浓度梯度形成的推动力增大。

C_e/Q_e 对 C_e 作图可以得到两种偶氮染料活性嫩黄 K-6G 和活性艳红 K-2BP 的 Langmuir 等温线，如图 6-17 和图 6-18 所示。

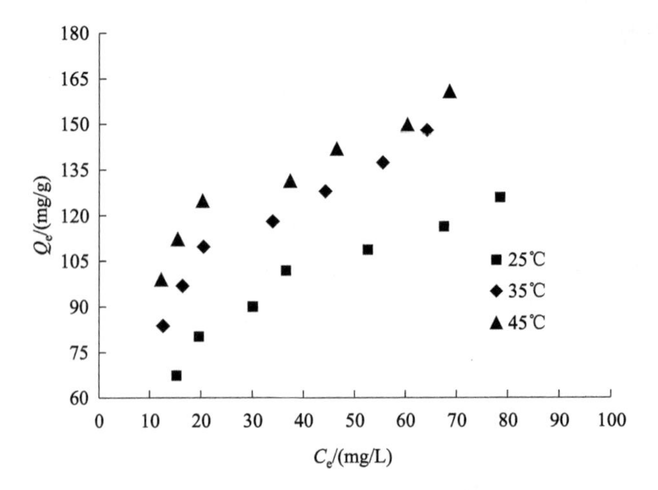

图 6-16　活性艳红 K-2BP 的吸附等温线

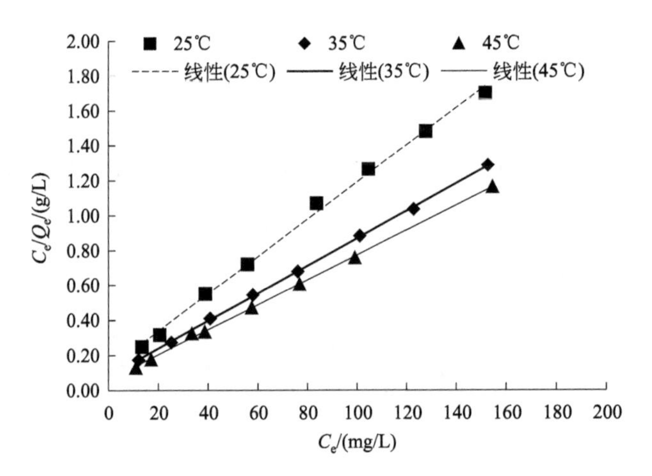

图 6-17　活性嫩黄 K-6G 的 Langmuir 等温线

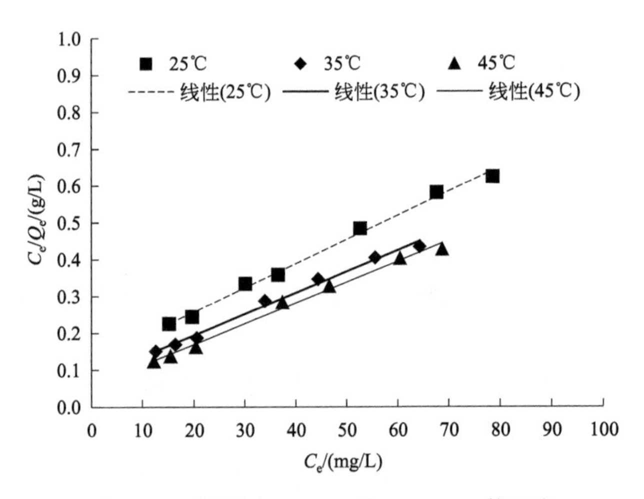

图 6-18　活性艳红 K-2BP 的 Langmuir 等温线

活性嫩黄 K-6G 和活性艳红 K-2BP 的 Langmuir 等温模型拟合参数见表 6-8。

表 6-8 两种活性染料的 Langmuir 等温模型拟合参数

染料	温度/℃	Q_m/(mg/g)	K_L/(L/mg)	R^2
活性嫩黄 K-6G	25	93.46	0.0851	0.9970
	35	126.58	0.0962	0.9996
	45	140.85	0.1156	0.9990
活性艳红 K-2BP	25	151.52	0.0521	0.9943
	35	172.41	0.0737	0.9915
	45	178.57	0.0995	0.9917

由表 6-8 中拟合参数可知，偶氮染料活性嫩黄 K-6G 在温度为 25℃、35℃、45℃时 Langmuir 等温线的 R^2 值分别为 0.9970、0.9996、0.9990，这说明 Langmuir 等温线能很好地描述玉米秸秆衍生碳材料吸附剂对染料的吸附过程。同时也说明了吸附为单分子层吸附，这是由于吸附剂表面性质较均一，从而具有相同的吸附性能。活性嫩黄 K-6G 在 25℃、35℃、45℃ 时的最大理论吸附量 Q_m 分别为 93.46mg/g、126.58mg/g、140.85mg/g，Q_m 值随着温度升高而增大，由此可知吸附过程为吸热过程，升高温度有利于吸附的进行，这一结果与前面结果相一致。偶氮染料活性艳红 K-2BP 在温度为 25℃、35℃、45℃时 Langmuir 等温线的 R^2 值分别为 0.9943、0.9915、0.9917，这说明 Langmuir 等温线能很好地描述玉米秸秆衍生碳材料吸附剂对染料的吸附过程。同时也说明了吸附为单分子层吸附，这是由于吸附剂表面性质较均一，从而具有相同的吸附性能。活性艳红 K-2BP 在 25℃、35℃、45℃ 时的最大理论吸附量 Q_m 分别为 151.52mg/g、172.41mg/g、178.57mg/g，Q_m 值随着温度升高而增大，由此可知吸附过程为吸热过程，升高温度有利于吸附的进行，这一结果与前面结果一致。对比表 6-8 中活性嫩黄 K-6G 和活性艳红 K-2BP 的最大理论吸附量 Q_m，可以看出玉米秸秆衍生碳材料对活性艳红 K-2BP 的吸附效果要优于对活性嫩黄 K-6G 的吸附效果。

6.3.6.2 Freundlich 等温线

$\ln Q_e$ 对 $\ln C_e$ 作图可以得到两种偶氮染料活性嫩黄 K-6G 和活性艳红 K-2BP 的 Freundlich 等温线，如图 6-19 和图 6-20 所示。

活性嫩黄 K-6G 和活性艳红 K-2BP 的 Freundlich 等温模型拟合参数见表 6-9。

表 6-9 两种活性染料的 Freundlich 等温模型拟合参数

染料	温度/℃	K_F/(mg/g)(L/mg)$^{1/n}$	n/(g/L)	R^2
活性嫩黄 K-6G	25	34.80	5.27	0.9554
	35	44.99	4.90	0.9290
	45	57.67	5.68	0.9441

续表

染料	温度/℃	$K_F/(mg/g)(L/mg)^{1/n}$	$n/(g/L)$	R^2
活性艳红 K-2BP	25	27.25	2.85	0.9740
	35	39.99	3.22	0.9645
	45	56.80	4.16	0.9488

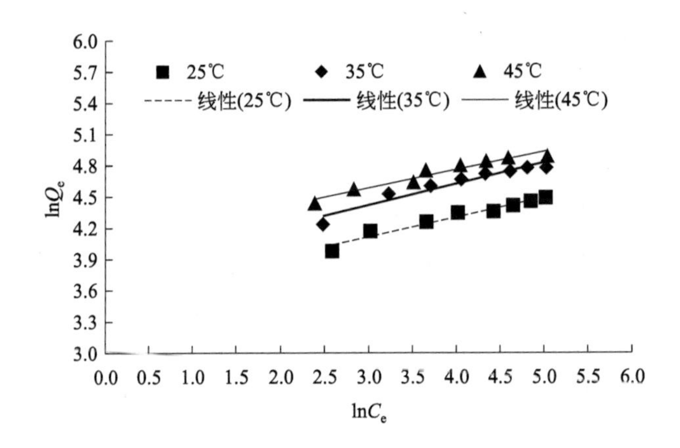

图 6-19 活性嫩黄 K-6G 的 Freundlich 吸附等温线

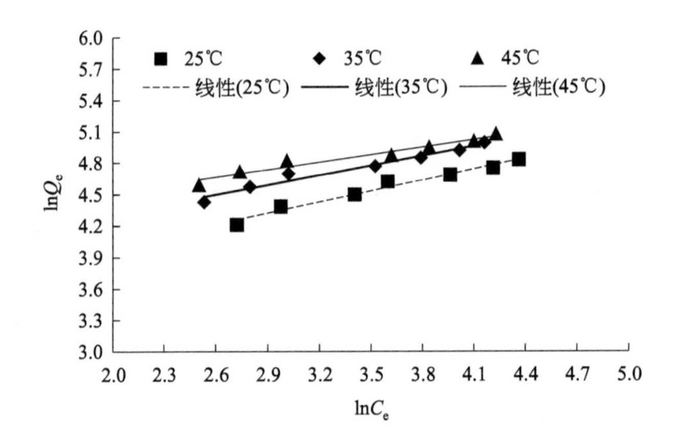

图 6-20 活性艳红 K-2BP 的 Freundlich 吸附等温线

由表 6-9 中拟合参数可以看出，偶氮染料活性嫩黄 K-6G 在温度为 25℃、35℃、45℃时 Freundlich 等温线的 R^2 值分别为 0.9554、0.9290、0.9441，均低于 Langmuir 等温线的拟合参数。同时活性嫩黄 K-6G 在 25℃、35℃、45℃时 K_F 分别为 34.80$(mg/g)(L/mg)^{1/n}$、44.99$(mg/g)(L/mg)^{1/n}$、57.67$(mg/g)(L/mg)^{1/n}$，这说明温度升高，吸附剂的吸附容量增加。偶氮染料活性艳红 K-2BP 在温度为 25℃、35℃、45℃时 Freundlich 等温线的 R^2 值分别为 0.9740、0.9645、0.9488，也均低于 Langmuir 等温线的拟合参数，说明 Langmuir 等温线比 Freundlich 等温线能更好地描述玉米秸秆衍生碳材

料对两种活性染料的吸附过程。活性艳红 K-2BP 在 25℃、35℃、45℃时 K_F 呈增大趋势，说明温度升高能够使吸附剂的吸附容量增加。

6.3.7 吸附热力学

吸附热力学原理：根据等温吸附原理，存在一个孤立系统，在该系统中能量是不变的，即能量不会增加也不会减少，在该系统内唯一的能量转变是由熵变引起的。

通过 Gibbs 方程来计算吸附自由能（ΔG）、吸附焓变（ΔH）及吸附熵变（ΔS），从而分析温度对改性玉米秸秆吸附偶氮染料的影响。

吸附自由能的计算：

$$\Delta G=-RT\ln K_1 \tag{6-8}$$

$$\Delta G=\Delta H-T\Delta S \tag{6-9}$$

通过转化可得：

$$\ln K_1=\frac{\Delta S}{R}-\frac{\Delta H}{RT} \tag{6-10}$$

式中 K_1——等温方程式 Langmuir 的常数，L/mol；

R——气体常数，取值 8.314J/(mol·K)；

T——热力学温度，K；

ΔG——吸附的自由能，kJ/mol；

ΔH——吸附的焓变，kJ/mol；

ΔS——吸附的熵变，kJ/(mol·K)。

根据式（6-8）～式（6-10），初始浓度为 240mg/L 时计算出的热力学数据见表 6-10。

表 6-10 两种染料热力学的相关参数

染料(C_0)	温度/℃	ΔH/(kJ/mol)	ΔS/[J/(mol·K)]	ΔG/(kJ/mol)
活性嫩黄 K-6G(240mg/L)	298	55.68	190.21	−1.00
	308	55.68	190.21	−2.91
	318	55.68	190.21	−4.81
活性艳红 K-2BP(240mg/L)	298	39.23	141.20	−2.85
	308	39.23	141.20	−4.26
	318	39.23	141.20	−5.67

由表 6-10 可知，活性嫩黄 K-6G 和活性艳红 K-2BP 的 ΔG 值均为负值，说明该吸附过程为自发进行；ΔH 值为正值，说明该吸附过程是一个吸热的过程；$\Delta S>0$，说明吸附时染料分子由在溶液中的有序排列变为在固体表面的无序排列。

综上所述，使用微波制备玉米秸秆衍生碳材料吸附剂的方法，不同于传统的制备方法，这种方法在很大程度上节省了能耗；同时实验结果表明，该方法所制备的吸附剂对两种活性偶氮染料具有良好的吸附性能，可以用于偶氮染料废水的治理，实现玉米秸秆的资源化利用。

参考文献

[1] 韩鲁佳，刘向阳，巧娟，等．中国农作物秸秆资源及其利用现状［J］．农业工程学报，2002，18：87-91.

[2] 周腰华，潘荣光．玉米秸秆综合利用技术分析与评价［J］．河北民族师范学院学报，2020，40（4）：116-121.

[3] Daum D，Schenk M K. Influence of nutrient solution pH on N_2O and N_2 emissions from a soilless culture system［J］. Plant Soil，2015（203）：279-287.

[4] 彭春艳，罗怀良，孔静．中国作物秸秆资源量估算与利用状况研究进展［J］．中国农业资源与区划，2014，35（3）：14-20.

[5] 许名远．玉米秸秆废弃物在制浆造纸领域中的应用［J］．华东纸业，2020，50（3）：26-29.

[6] 任淼玉，戴红霞，苑啸岩．玉米秸秆制酒精［J］．低碳世界，2019，9（12）：36-37.

[7] 王立新．玉米秸秆综合利用现状和发展前景［J］．农业开发与装备，2021（1）：66-67.

[8] 张红云．关于秸秆综合利用的思考［J］．河南农业，2021（4）：12-13.

[9] 万喜．保护性耕作中的秸秆肥料化利用［J］．农业技术与装备，2014（2）：72-73.

[10] 唐宏伟．农作物秸秆燃料化利用价值分析［J］．农机科技推广，2017（12）：52-53.

[11] 朱颢，胡启春，汤晓玉，等．我国农作物秸秆资源燃料化利用开发进展［J］．中国沼气，2017（2）：115-120.

[12] 药星星．玉米秸秆活性炭吸附苯酚废水的研究［D］．太原：中北大学，2016.

[13] 史蕊，李依丽，尹晶．玉米秸秆活性炭的制备及其吸附动力学研究［J］．环境工程学报，2014，8（8）：3428-3432.

[14] 尉士俊．玉米秸秆基活性炭的制备及甲醛吸附应用研究［D］．济南：山东建筑大学，2016.

[15] 李兆兴，祝新宇，申华．玉米秸秆活性炭的制备及其对四环素的吸附［J］．化学世界，2020，61（9）：640-643.

[16] 刘耀源，邹长武，李晓芬，等．玉米秸秆活性炭制备与 NaOH 改性对甲醛吸附的影响［J］．炭素技术，2014，33（3）：6-9.

[17] 柴红梅，任宜霞，杨晓霞，等．基于微波法制备玉米秸秆活性炭及对亚甲基蓝的吸附［J］．离子交换与吸附，2018，34（4）：337-346.

[18] 朱兰保，盛蒂，左源．微波法玉米秸秆活性炭的制备技术［J］．东北林业大学学报，2014，42（2）：108-110.

[19] 陈亚伟，苗娟，魏学锋，等．玉米秸秆制备活性炭吸附剂新工艺［J］．环境保护科学，2010，36（5）：69-72.

[20] 蒋汶．秸秆活性炭的可控制备及其在食品中的应用研究［D］．合肥：合肥工业大学，2020.

[21] 所凤阁．玉米秸秆生物炭的研制及其对水体中农药的吸附机制研究［D］．沈阳：沈阳农业大学，2018.

[22] 冯艳敏，张辉，薛素勤，等．玉米秸秆在环境污染治理中的应用［J］．环境保护与循环经济，2019，39（5）：32-35.

[23] Rena Xiaoli，Wanga Shangwen，Jin Yuqiang. Adsorption properties of reactive dyes on the activated carbon from corn straw prepared by microwave pyrolysis［J］. Desalination and Water Treatment，2020：1-8.

[24] Wang M C, Chen K M. The removal of color from effluents using polymide pichloro hydrin-cellu lose polymer Ⅰ preparation and in direct dye removal [J] . Journal of Applied Polymer Science, 1993, 48: 299-311.
[25] Ong S T, Lee C K, zainal Z. Removal of basic and reactive dyes using ethy lene diamine modifie drice hull [J]. Bioresource Technology, 2007, 98: 2792-2799.
[26] Kadirvelu K, Palanival M, Kalpana R, et al. Activated carbon from an agricultural by-product for the treatment of dyeingindustry wastewater [J] . Bioresource Technology, 2000, 74 (3): 263-265.

第7章

污泥衍生碳材料对染料的吸附

7.1 概述

7.1.1 染料简介

染料是指具有特定共轭结构（称为发色体）的有机化学品。染料种类繁多，根据来源可分为天然染料（如植物染料、动物染料和矿物染料等）和合成染料（或人造染料）。

7.1.1.1 天然染料

天然染料通常是指没有经过人工合成、十分少甚至没有经过化学加工的染料，一般是从动植物或矿产资源中获取的染料。根据来源可分为：

① 植物染料。从某些植物的根、茎、叶及果实中提取出来的染料，如从靛叶中提取的靛蓝（蓝色）、从姜黄中提取的姜黄素（黄色）、从茜草中提取的茜素（红色）等。

② 动物染料。从动物躯体内提取的染料，如从胭脂虫中提取的胭脂红等。

③ 矿物染料。从矿物的有色无机物中提取的染料，如铬黄、群青、锰棕等。

因天然染料与合成染料相比存在许多缺点，如色谱不全、应用不便、牢度差等，除少数还在使用外多数被淘汰。

7.1.1.2 合成染料

合成染料亦称“人造染料”，主要由煤焦油（或石油加工）分馏产品（如苯、萘、蒽、咔唑等）经化学加工而成，有时也称煤焦油染料。由于最早的若干种合成染料以苯胺为原料制成，所以又称作“苯胺染料”。与天然染料相比，合成染料种类多、色谱齐全、多数色彩鲜艳、耐洗耐晒，且可大量生产。当前所谓的染料几乎全部指合成染料。

按化学结构可分为偶氮染料、蒽醌染料、酞菁染料、芳甲烷染料、硝基染料等。

按应用方法分为酸性染料、碱性染料、硫化染料、还原性染料、活性染料、分散性染料、直接染料等。

世界染料在 20 世纪 70 年代发展较快，90 年代至今以开发新品种和提高质量为主，年产量维持在100万吨水平。中国染料在20世纪80年代发展较快，早在1997年，我国就已是世界染料生产第一大国，产量多年保持在世界染料总产量的1/2以上。到2019年年底，全国染料生产企业有450家左右，可生产的染料品种达1200多个，每年生产的品种有700多个，其中分散染料、活性染料和酸性染料品种均超过100个，染料年产量占全球的70%以上，成为全球染料生产和出口大国[1-5]。

7.1.2 印染废水的来源及特点

印染废水是各类纺织印染企业诸如印染厂、毛纺厂、针织厂等在预处理、染色、印花、整理等生产环节中产生的废水的总称。印染工艺主要包括精练、染色、印花和整理四道工序。其中，印染废水主要来自印染环节中染色、煮练、漂白、退浆、染色、印花、丝光等产生的废水，几乎涵盖了印染四道工序的每一个环节。预处理阶段（包括烧毛、退浆、煮练、漂白、丝光等工序）要排出退浆废水、煮练废水、漂白废水和丝光废水；染色工序排出染色废水；印花工序排出印花废水和皂液废水；整理工序则排出整理废水。印染废水是以上各类废水的混合废水或除漂白废水以外的综合废水。

印染废水具有以下几个典型的特点：

① 色度深，有机物含量高，大部分染料废水呈碱性，废水中含有的各种成分如不同种类的染料、化学浆料等导致废水的生化性差，不易被微生物降解，且实现再次回收利用可能性小；

② 印染废水成分复杂，而且含有一些难以降解的有毒物质或者重金属等物质，如废水中含有大量的带有显色基团的有机污染物，且大部分是以苯、蒽、醌等芳香基团作为显色母体，对人体和环境的危害相对较大；

③ 大多数染料具有复杂的芳香性、高稳定性，在环境中具有持久性，并且对光和氧化剂具有高度抵抗力；

④ 存在有毒有害物质，如印花雕刻废水中含有六价铬、有较强毒性的苯胺类染料等；

⑤ 水质波动较大，印染废水的成分会随着生产工艺、纤维种类及季节变化而出现较大改变，处理难度比较大[6]。

7.1.3 印染废水的污染现状及危害

据不完全统计，生产1t染料会产生约744m^3废水，并且有10%～20%的染料在生产和使用过程中会被排放到水体中。全国印染废水每天排放量为（3～4）$\times10^6 m^3$，每年约排放（6～7）$\times10^8 m^3$，占全国工业废水排放总量的35%，并且以1%的速度逐年增长。而目前我国印染废水的处理达标率不超过30%，废水的回用率也不超过7%，大量未处理以及处理后未达标的废水排放严重地污染了我国的水环境[7,8]。

印染废水一旦被排放至水体中，有色染料在水中会降低光对水体的通透性，减少水生植物获得的光照，进而破坏植物光合作用，同时水体中的溶解氧含量减少，导致严重依赖氧气供应的物种受到威胁，易发生水体富营养化现象。除此之外，水底沉积的有机物厌氧分解会产生硫化氢有害气体，进一步恶化环境。印染废水不但严重破坏水体环境，对人类也具有极高的毒性，如部分染料可引起致癌、致突变和致畸作用[9]。

7.1.4 印染废水的处理方法

印染废水是工业废水处理行业中亟须解决的问题之一。《纺织染整工业水污染物排放标准》（GB 4287—2012）明确对印染废水的 COD、色度、悬浮物、氨氮等指标的排放标准进行规定。脱氮净化、絮凝处理和脱色净化是处理印染废水的三个关键技术环节。目前针对印染废水净化常用的方法主要为物理法、化学法和生物法[10,11]。

7.1.4.1 物理法

物理方法主要包括吸附、混凝和絮凝、膜过滤等。常用的吸附剂有活性炭、硅胶、沸石、各种黏土以及纤维素生物吸附剂等。混凝和絮凝是使用无机（铝盐、石灰和铁盐）和有机（聚合物）凝结剂以去除印染废水的颜色，它们可以单独使用或彼此混合使用。膜过滤是选择合适的膜过滤工艺，如反渗透、纳滤、超滤或微滤等工艺去除印染废水中的有害物质。超滤由于低渗透性和高压要求，而且由于需要进一步过滤且没有循环使用的特点，因此未被广泛接受。胶束增强超滤是超滤的改良版，可有效去除水流中的染料以及多价金属离子。由于运行压力小，因此需要的功率较小。

7.1.4.2 化学法

化学方法处理纺织印染废水的常用技术是化学氧化工艺，其原理是通过破坏染料分子的芳香环将染料从染液中消除。一般最常用的氧化剂有过氧化氢（H_2O_2）、芬顿试剂、臭氧、次氯酸钠和氯气等。除此之外，光催化降解染料和电化学降解染料也是最常用的染料处理方法。光催化降解染料的好处是不会产生污泥并且减少恶臭的产生。UV/H_2O_2 与其他辐射源的结合可有效去除染料。在特定的辐射条件下，TiO_2 和 ZnO 等纳米颗粒也可以催化多种染料使其降解。电化学方法是 20 世纪 90 年代发展起来的一种较新的方法，指在电解介质存在的情况下和在外部最短电流的影响下排除金属的氧化还原反应，其包括电凝、电子浮选、电氧化、电消毒和电沉积过程等。该方法的突出优点是脱盐效率高，降解的代谢产物危险性小，可以安全地将处理后的废水排放到接受水体中。

7.1.4.3 生物法

生物法是采用真菌、藻类和混合菌群对印染废水中的有害物质进行降解和生物修复，因为具有成本效益和环境友好性而被认为是处理印染废水最有效的方法之一。约70%的有机物会被生物处理降解，目前已经有大量研究采用多种微生物类型使一系列染料脱色的报道。

7.1.5 吸附法处理印染废水的国内外研究进展

中北大学的孟建[12] 以壳聚糖为材料，通过设计修饰制备了八种结构和性质不同的吸附材料。选取阳离子型染料亚甲基蓝（MB）、阴离子型染料活性艳红（RBR）和活性黄（RY）作为吸附对象，并研究了所制备吸附材料的吸附性能，为绿色环保吸附材料的开发以及染料废水的治理研究提供了一定参考价值。

广西大学的张华[13] 以柚皮为原料，采用氯化锌活化法制备柚皮基活性炭，并针对不同典型污染物进行了吸附处理研究。通过红外光谱、X 射线衍射、扫描电子显微镜等分析方法和吸附动力学、热力学等理论，系统研究了柚皮基活性炭物理化学性质，以及吸附废水中氨氮、磷、碱性染料亚甲蓝、酸性染料刚果红和六价铬的机理，并讨论了pH 值、温度和吸附时间等因素对吸附容量的影响。

湘潭大学的刘汉阳[14] 研究了膨润土与活性炭对阳离子染料的吸附性能，探讨了用膨润土同时吸附印染废水中多种污染物的过程中，共存污染物对彼此吸附去除的影响。

浙江工业大学的黄文斌[15] 研究了杉木源生物质炭（BC）和商业活性炭（AC）对水溶液中孔雀石绿（MG）和酸性橙Ⅱ（AOⅡ）的吸附行为，并探讨了两种碳材料对染料的吸附机理。

昆明理工大学的吴坚[16] 开展了浸渍法制备载铁活性炭前驱体研究，引入了微波、超声波对载铁活性炭前驱体进行处理，考察了超声波作用阶段、微波焙烧温度、焙烧时间对活性炭吸附性能的影响，利用响应曲面法对实验工艺参数进行了优化，探索了稀土元素镧铈掺杂对载铁活性炭吸附性能的影响，并研究了活性炭、载铁活性炭、镧铈掺杂载铁活性炭对亚甲基蓝的吸附动力学和吸附等温线。

郑州大学的刘永峰[17] 以活性炭滤池吸附工艺为基础，研究了煤质颗粒活性炭对纺织印染废水生化出水 COD 的吸附容量、吸附速率等特性，为高密市第二污水处理厂提标改造项目工艺设计提供必要的设计依据。同时结合项目的调试与试运行，通过对吸附滤池反洗控制参数（如反洗时间、反洗气量和气压等）的研究，为污水厂吸附滤池的运行提供可靠的运行条件，优化运行参数，降低成本。

华中科技大学的周城[18] 以椰壳活性炭为载体，采用溶胶-凝胶法制备活性炭负载二氧化钛复合光催化剂，结果表明活性炭与二氧化钛之间存在某种协同机制，体系具有较高的光催化活性。为优化二氧化钛光催化剂及其光催化降解机理的研究提供了有价值的借鉴，为进一步研究印染废水的处理提供了新的思路和科学依据。

Karmakara 等[19] 研究了有毒的活性染料（活性黄 15、活性黑 5、活性红 24 和活性蓝 2）在金属有机骨架（MIL-101-Cr MOF）上的吸附，MIL-101-Cr MOF 比传统吸附剂如活性炭、二氧化硅、骨炭等表现出较高的吸附能力，但是现有技术的金属有机骨架材料仍面临着成型工艺复杂、周期长、条件苛刻、成本高、比表面积损失严重等技术问题，这是今后需要解决的难题。

Song 等[20] 设计了三烯丙基氯化铵（TAMAC）与不饱和键接枝棉（G-棉）的表面交联共聚合，获得了多维度阳离子含量较高的棉纤维（PT 棉），并对活性红 3BS 染料进行了吸附，发现 PT 棉的吸附量提高了 145 倍。

Ramalingam 等[21,22] 以可回收利用的石墨烯-磁铁矿（Bio-GM）纳米复合材料为吸附剂，去除废水中的酸性蓝 113 和酸性黑 52 染料，以及重金属，为废水处理提供了一种新型、高效的方法。

王耀耀等[23] 以玉米淀粉为原料，采用两步水热法制备磁性活性炭，并研究了其对亚甲基蓝溶液的吸附效果。结果表明磁性活性炭为介孔结构，比表面积为 $120.2m^2/g$，Fe_3O_4 纳米颗粒成功附着在活性炭表面，对亚甲基蓝溶液的最佳去除率达到 93.4%。

综上所述，吸附法由于具有操作简单方便、成本低、效率高的优点，在处理印染废水方面前景广阔。但吸附法仍有一些问题需要解决[24]：

① 利用更为廉价的原材料，开发满足要求的技术方法，进一步降低吸附剂的成本，是该技术大规模应用的前提；

② 开发低廉、稳定、高效的再生技术对吸附剂的推广应用起到至关重要的作用；

③ 积极开发高效的吸附剂分离技术对吸附剂的回收处理和该技术的进一步推广应用具有重要的意义。

随着研究的持续深入推进和相关理论的日趋完善，吸附技术若能在降低基建投资和运行费用、降低活性炭再生成本方面取得突破，将在印染废水处理方面发挥越来越重要的作用。

7.2 污泥衍生碳材料吸附染料实验

7.2.1 实验材料和试剂

本次实验中所用到的实验材料和试剂见表 7-1。

表 7-1 实验材料和试剂

名称	化学式	纯度	生产厂家
氯化锌	$ZnCl_2$	分析纯	天津市天大化工实验厂
浓盐酸	HCl	分析纯	宜兴市辉煌化学试剂厂
氢氧化钠	NaOH	分析纯	天津市申泰化学试剂有限公司
直接元灰 AB	$C_{44}H_{32}N_{13}NaO_{11}S_3$	工业纯	石家庄万彩染料经销部
直接大红 4BE	$C_{32}H_{22}N_6Na_2O_6S_2$	工业纯	石家庄万彩染料经销部

续表

名称	化学式	纯度	生产厂家
活性红 3BS	$C_{31}H_{19}ClN_7O_{19}S_6Na_5$	工业纯	石家庄万彩染料经销部
活性黑 KN-B	$C_{26}H_{21}N_5Na_4O_{19}S_6$	工业纯	石家庄万彩染料经销部
酸性紫 48	$C_{37}H_{38}N_2Na_2O_9S_2$	工业纯	石家庄万彩染料经销部
酸性翠蓝 2G	$C_{37}H_{35}N_2Na_2O_6S_2$	工业纯	石家庄万彩染料经销部
酸性金黄 G	$C_{18}H_{13}N_3Na_2O_8S_2$	工业纯	石家庄万彩染料经销部

7.2.2 实验仪器与设备

实验中用到的主要仪器设备见表 7-2。

表 7-2 实验主要仪器设备

仪器名称	型号	生产厂家
电子天平	FA2204B	上海天美天平仪器有限公司
电子天平	BS-600L	上海友声衡器有限公司
微型植物试样粉碎机	FZ-102	北京中兴伟业仪器有限公司
高速多功能粉碎机	JP-150A	永康市久品工贸有限公司
箱式电阻炉	BSX2-2.5-12TP	上海恒科学仪器有限公司
玻璃仪器气流烘干器	星火牌 C 型	郑州长城科工贸有限公司
循环水式多用真空泵	SHB-Ⅲ	郑州长城科工贸有限公司
分样筛	120 目	浙江上于县手工业联社钱上纱筛厂
电热恒温鼓风干燥箱	DHG-9070	上海佳胜实验设备有限公司
双光束紫外可见分光光度计	TU-1901	北京普析通用仪器有限公司
紫外可见分光光度计	752 型	上海舜宇恒平科学仪器有限公司
气浴恒温振荡器	ED-85A	常州澳华仪器有限公司
水浴恒温振荡器	SHA-C	常州国华电器有限公司
实验室 pH 计	PHSJ-4A	上海仪电科学仪器有限公司
二连磁力加热搅拌器	CJJ-931	江苏金坛市金城国胜实验仪器厂

7.2.3 分析与检测

（1）脱色率的计算

脱色率的计算公式为：

$$n=(C_0-C)/C_0\times100\% \tag{7-1}$$

式中 n——脱色率，%；

C_0——吸附前溶液的初始浓度，mg/L；

C——吸附后溶液的浓度，mg/L。

（2）吸附量的计算

吸附量的计算公式为：

$$Q=(C_0-C)V/m \tag{7-2}$$

式中 Q——吸附量，mg/g；

V——被吸附溶液的体积，L；

m——吸附剂的质量，g；

C_0——吸附前溶液的初始浓度，mg/L；

C——吸附后溶液的浓度，mg/L。

7.3 污泥衍生碳材料对直接元灰 AB 的吸附

污泥衍生碳材料以污泥（80%）和瓜子壳（20%）为原料，采用氯化锌化学活化法制备，500℃下炭化 2h。

7.3.1 投加量对直接元灰 AB 吸附的影响

称取 0.2g 直接元灰 AB，加去离子水溶解定容至 1000mL，浓度为 200mg/L。取 7 个锥形瓶，每个锥形瓶加入 100mL 直接元灰 AB 染料溶液，分别加入 0.2g、0.4g、0.6g、0.8g、1.0g、1.2g 和 1.4g 吸附剂。在 22℃、100～120r/min 条件下振荡 2h，过滤后测定滤液的吸光度，计算染料溶液的浓度和脱色率，结果见图 7-1。

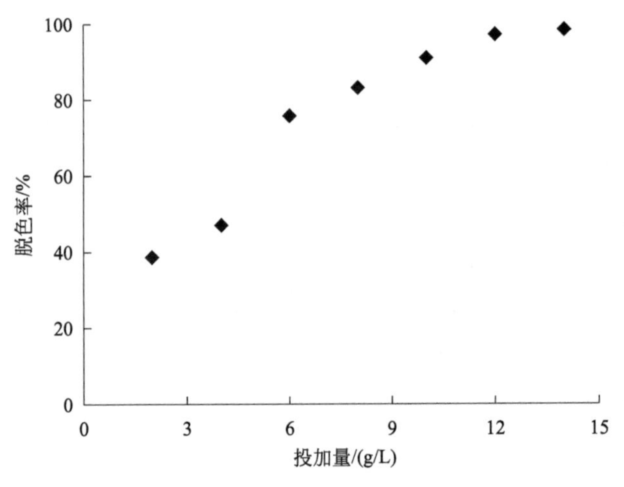

图 7-1　投加量对直接元灰 AB 脱色率的影响

由图 7-1 可知，当投加量为 2g/L 时，直接元灰 AB 的脱色率为 38.66%；当投加量为 14g/L 时，直接元灰 AB 的脱色率为 98.48%，增长了 59.82%；随着污泥衍生碳材料投加量的增加，直接元灰 AB 染料溶液的脱色率也随之增加，这一点在图 7-1 中有清晰而直观的体现。另外，在投加量<8g/L 时，直接元灰 AB 的脱色率随污泥衍生碳材料投加量的增加而迅速增大；当投加量为 8g/L 时，直接元灰 AB 的脱色率为 83.16%；当投加量>8g/L 时，增加的趋势开始减弱。

7.3.2 吸附时间对直接元灰 AB 吸附的影响

称取 0.2g 直接元灰 AB，加去离子水溶解定容至 1000mL，浓度为 200mg/L。取 6 个锥形瓶，分别加入 0.4g 吸附剂、50mL 直接元灰 AB 染料溶液。在 22℃、100～120r/min 条件下振荡，每隔 30min 取样测定，并计算其浓度及脱色率，结果见图 7-2。

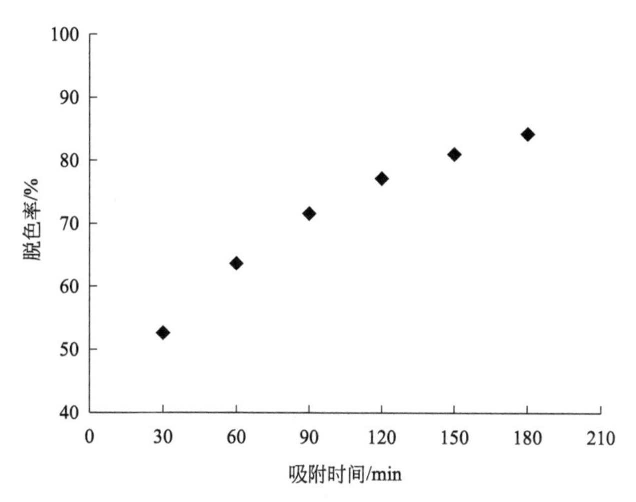

图 7-2 吸附时间对直接元灰 AB 脱色率的影响

从图 7-2 中可以清楚地看到，污泥衍生碳材料对于直接元灰 AB 染料溶液的脱色率随着吸附时间的增加而增大，30min 时的脱色率仅为 52.66%，180min 时脱色率达到 84.30%，增加了 31.64%。在 120min 前，由于污泥衍生碳材料大量吸附位点的存在，直接元灰 AB 染料溶液的脱色率随着时间的增加明显增大；120min 后，吸附位点逐渐被所吸附的染料填充，脱色率增大的趋势放缓，吸附逐渐趋于平衡。

7.3.3 吸附温度对直接元灰 AB 吸附的影响

称取 0.2g 直接元灰 AB，加去离子水溶解定容至 1000mL，浓度为 200mg/L。取 5 个锥形瓶，分别加入 0.4g 吸附剂、50mL 直接元灰 AB 染料溶液。调节摇床温度分别为 20℃、25℃、30℃、35℃和 40℃，转速为 100～120r/min，振荡 2h，过滤后测定滤液的吸光度，并计算染料溶液的浓度及脱色率，结果见图 7-3。

根据图 7-3 可知，随着温度的上升，污泥衍生碳材料吸附剂对直接元灰 AB 染料溶液的脱色率从 20℃的 71.16%逐渐下降到 40℃的 55.10%，35℃时的脱色率为 55.79%，与 40℃时的脱色率差别很小。这表明，升高温度不利于污泥衍生碳材料吸附剂对直接

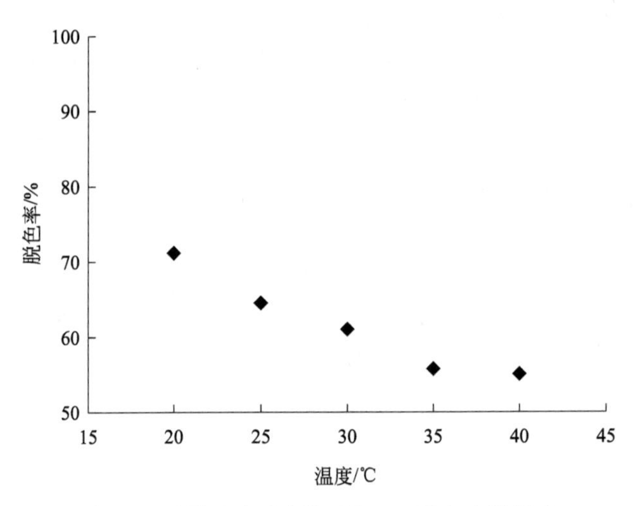

图 7-3　吸附温度对直接元灰 AB 脱色率的影响

元灰 AB 的吸附，污泥衍生碳材料吸附剂对直接元灰 AB 的吸附是放热的。

7.3.4　pH 值对直接元灰 AB 吸附的影响

称取 0.2g 直接元灰 AB，加去离子水溶解定容至 1000mL，浓度为 200mg/L。取 8 个锥形瓶，分别加入 0.4g 吸附剂。每次取 100mL 染料溶液于烧杯中，放入转子，置于二连磁力加热搅拌器上。用 pH 计测定直接元灰 AB 染料溶液初始 pH 值，用酸碱梯度溶液调节染料溶液 pH 值，量取 50mL 分别倒入 8 个锥形瓶中。在 22℃、100～120r/min 条件下振荡 2h，过滤后取滤液测定其吸光度，并计算染料溶液的浓度及脱色率，结果见图 7-4。

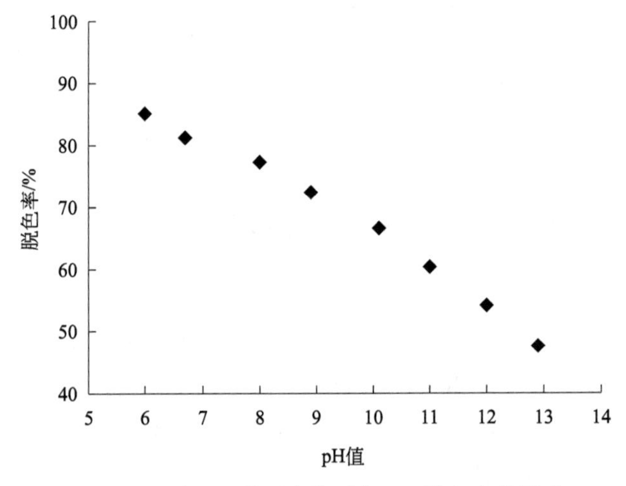

图 7-4　吸附 pH 值对直接元灰 AB 脱色率的影响

实验中首先测得染料溶液初始 pH 值为 6.7，调节直接元灰 AB 染料溶液 pH 值梯度时发现染料溶液在强酸性条件下变色，故而选择染料溶液 pH 值梯度为 6～13。

根据图 7-4 可知，随着 pH 值的增加，直接元灰 AB 的脱色率逐渐降低，pH 值为 6.0 时，脱色率为 85.10%，pH 值为 12.9 时，脱色率下降到 47.60%。在酸性条件下污泥衍生碳材料对直接元灰 AB 染料溶液的脱色率最大，强酸性条件下直接元灰 AB 染料溶液变性，碱性条件下直接元灰 AB 的脱色率随着 pH 值的增加逐渐下降。

7.3.5 吸附动力学

称取 0.05g 直接元灰 AB，加去离子水溶解定容至 1000mL，浓度为 50mg/L。取 16 个锥形瓶，分别加入 0.5g 吸附剂、50mL 染料溶液，密封瓶口，放入摇床中。调节摇床温度为 25℃，转速为 110～120r/min，每隔 30min 取一个锥形瓶测此时染料溶液的吸光度，直至吸光度基本保持不变或变化幅度很小，此时认为达到吸附平衡。同理，配制 100mg/L、150mg/L 的染料溶液，测定其吸光度至达到吸附平衡，计算各吸光度对应浓度、脱色率、t 时刻吸附量等，作直接元灰 AB 在三个浓度下吸附量随时间的变化曲线，见图 7-5。

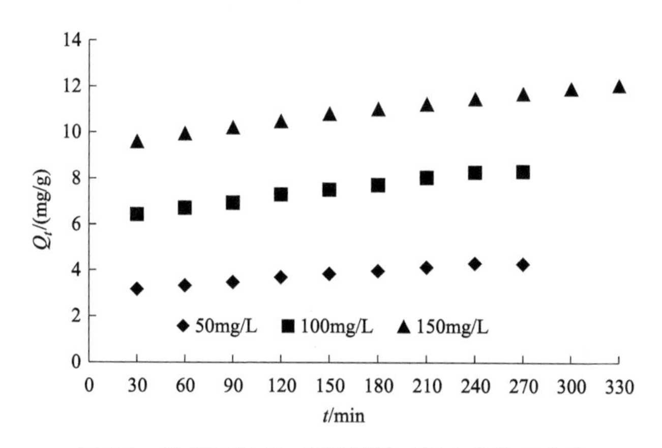

图 7-5　直接元灰 AB 吸附量随时间变化关系曲线

由图 7-5 可知，当直接元灰 AB 溶液浓度为 50mg/L 时，在 240min 前，随着时间的增加，脱色率随之增大，吸附量也一直在缓慢增加，在 240min 时达到吸附平衡，此后脱色率基本保持不变，吸附量也基本稳定；当直接元灰 AB 溶液浓度为 100mg/L 时，与浓度为 50mg/L 时变化趋势基本一致，在 240min 前，随着时间的增加，脱色率随之增大，吸附量也一直在缓慢增加，在 240min 时达到吸附平衡，此后脱色率基本保持不变，吸附量也基本稳定；当直接元灰 AB 溶液浓度为 150mg/L 时，在 330min 前，随着时间的增加，脱色率随之增大，吸附量也一直在缓慢增加，在 330min 时达到吸附平衡，此后脱色率基本保持不变，吸附量也基本稳定。因此，随着时间的增加，直接元灰 AB 的吸附量在缓慢增加，最后基本保持稳定不变。

吸附过程的动力学研究主要是用来描述吸附剂吸附溶质的速率快慢，通过动力学模型对数据进行拟合，从而探讨其吸附机理。本研究采用准一级动力学模型、准二级动力学模型以及颗粒内扩散模型对图 7-5 中的数据进行拟合。

准一级动力学模型假定吸附过程受扩散步骤控制，并且吸附速率与 Q_e-Q_t 成比例，拟合曲线见图 7-6。

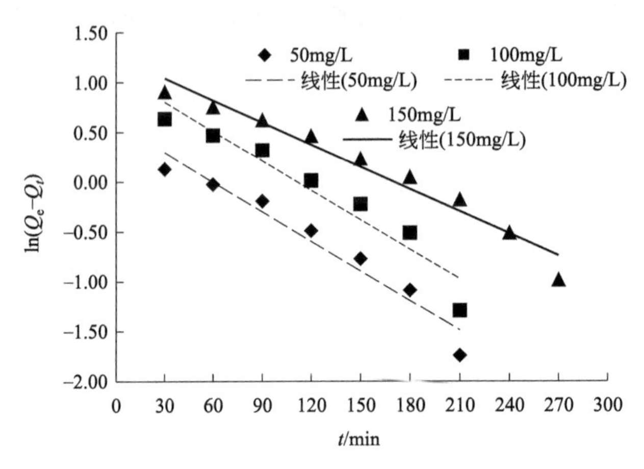

图 7-6　准一级动力学模型拟合曲线

由图 7-6 可得到直接元灰 AB 溶液的准一级动力学模型方程，拟合方程和参数见表 7-3。

表 7-3　准一级动力学模型拟合方程和参数

浓度 /(mg/L)	线性关系式	R^2	K_1 /min^{-1}	理论 Q_e 值 /(mg/g)	实际 Q_e 值 /(mg/g)
50	$y=-0.0099x+0.5909$	0.9457	0.0099	1.81	4.31
100	$y=-0.0099x+1.0990$	0.9231	0.0099	3.00	8.32
150	$y=-0.0074x+1.2636$	0.9599	0.0074	3.54	12.07

准二级动力学模型假定吸附过程受包括吸附剂与吸附质之间电子共用和电子转移在内的化学吸附机制控制，拟合曲线见图 7-7。

由图 7-7 可得到直接元灰 AB 溶液的准二级动力学模型方程，拟合方程和参数见表 7-4。

表 7-4　准二级动力学模型拟合方程和参数

浓度 /(mg/L)	线性关系式	R^2	K_2 /[g/(mg·min)]	理论 Q_e 值 /(mg/g)	实际 Q_e 值 /(mg/g)
50	$y=0.2194x+4.9668$	0.9930	0.0097	4.56	4.31
100	$y=0.1136x+2.2675$	0.9959	0.0057	8.80	8.32
150	$y=0.0801x+1.4855$	0.9972	0.0043	12.48	12.07

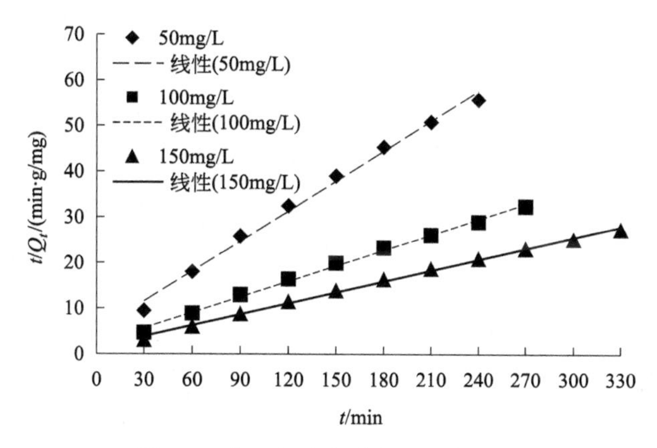

图 7-7　准二级动力学模型拟合曲线

颗粒内扩散模型假定吸附过程受多个扩散机制控制，描述物质在颗粒内部的动力学扩散过程，拟合曲线见图 7-8。

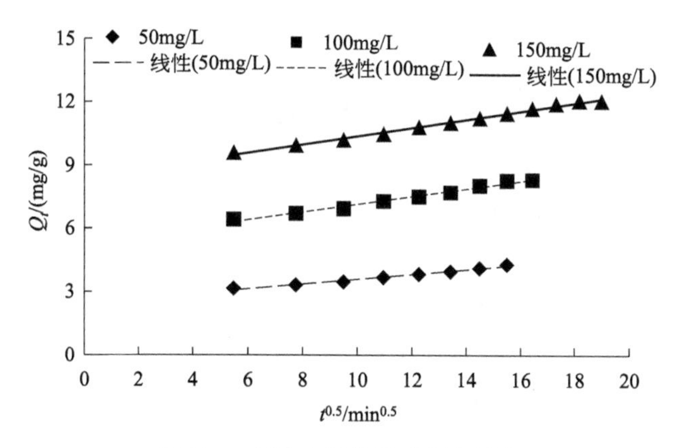

图 7-8　颗粒内扩散模型拟合曲线

由图 7-8 可得到直接元灰 AB 溶液的颗粒内扩散模型方程，拟合方程和参数见表 7-5。

表 7-5　颗粒内扩散模型拟合方程和参数

浓度 /(mg/L)	线性关系式	R^2	K_3 /[mg/(g·min$^{0.5}$)]	C /(mg/g)
50	$y=0.1142x+2.4671$	0.9836	0.1142	2.4671
100	$y=0.1846x+5.3076$	0.9863	0.1846	5.3076
150	$y=0.1967x+8.4148$	0.9930	0.1967	8.4148

从图 7-6～图 7-8 和表 7-3～表 7-5 可以看出，在直接元灰 AB 溶液三个浓度（50mg/L、100mg/L、150mg/L）下，准一级动力学模型拟合方程的相关系数 R^2 分别为 0.9457、0.9231、0.9599，由准一级动力学模型拟合曲线计算得到的吸附量（理论

值）分别为 1.81mg/g、3.00mg/g、3.54mg/g，而实验得到的吸附量（实际值）分别为 4.31mg/g、8.32mg/g、12.07mg/g，本实验由准一级动力学模型拟合曲线得到的吸附量理论值与实际值有一定差距，所以准一级动力学方程并不能较好地描述污泥衍生碳材料吸附剂对直接元灰 AB 的吸附过程，这可能是因为准一级动力学模型有其局限性，常常只适合描述吸附的初始阶段，而不能很好地描述吸附全过程。准二级动力学模型拟合方程的相关系数 R^2 分别为 0.9930、0.9959、0.9972，且计算得到的吸附量（理论值）分别为 4.56mg/g、8.80mg/g、12.48mg/g，与实验得到的吸附量（实际值）很接近，因此准二级动力学模型能较好地描述污泥衍生碳材料吸附剂对直接元灰 AB 的吸附过程。颗粒内扩散动力学模型拟合方程的相关系数 R^2 分别为 0.9836、0.9863、0.9930，有较好的拟合效果，由图 7-8 可知，三个浓度下颗粒内扩散模型的拟合曲线都没有过原点，即 C 值不为零。由表 7-5 知 C 值分别为 2.4671mg/g、5.3076mg/g、8.4148mg/g，这说明颗粒内扩散不是吸附过程的唯一控速步骤。

7.3.6 吸附等温线

称取 0.5g 直接元灰 AB，加去离子水溶解定容至 1000mL，浓度为 500mg/L。取 9 个锥形瓶，分别加入 0.5g 吸附剂。九个锥形瓶分别加入 50mL 浓度为 60mg/L、90mg/L、120mg/L、150mg/L、180mg/L、210mg/L、240mg/L、270mg/L 和 300mg/L 的染料溶液。调节摇床温度分别为 20℃、30℃、40℃，转速为 100～120r/min，振荡 12h，过滤后取滤液测吸光度，计算染料溶液的浓度、脱色率、吸附量等值。作直接元灰 AB 染料溶液平衡吸附量 Q_e-平衡浓度 C_e 关系图，见图 7-9。

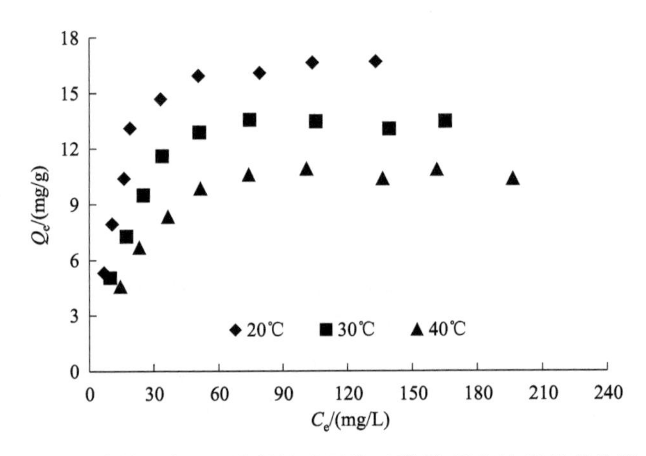

图 7-9 直接元灰 AB 染料溶液平衡吸附量-平衡浓度关系曲线

由图 7-9 可知：

① 20℃时，随着直接元灰 AB 染料溶液初始浓度的增大，平衡浓度也在增大，初始浓度从 6.80mg/L 增大到 133.18mg/L，平衡吸附量从 5.32mg/g 增加到 16.68mg/g；初始浓度＜210mg/L 时，平衡吸附量的增大趋势很明显，浓度为 60mg/L 与

210mg/L 的平衡吸附量相差 10.61mg/g；初始浓度＞210mg/L 时，增加幅度明显减小，浓度为 210mg/L 与 300mg/L 的平衡吸附量相差 0.75mg/g。

② 30℃时，随着直接元灰 AB 染料溶液初始浓度的增大，平衡浓度也在增大，从 9.55mg/L 增大到 165.30mg/L，平衡吸附量从 5.045mg/g 增加到 13.558mg/g；初始浓度＜210mg/L 时，平衡吸附量明显随之增大，初始浓度＞210mg/L 时，增加幅度明显减小甚至有微小幅度的下降。

③ 40℃时，随着初始浓度的增大，平衡浓度也在增大，从 14.300mg/L 增大到 196.425mg/L，平衡吸附量从 4.570mg/g 增加到 10.358mg/g；初始浓度＜180mg/L 时，平衡吸附量随浓度增加而增大的趋势较明显；初始浓度＞180mg/L 时，增加幅度明显减小，有的数据有小幅度的波动。

在 20℃、30℃和 40℃三个温度下，平衡吸附量、平衡浓度都分别随着初始浓度的增大而增大。

从图 7-9 中还可以看出，在三个上述温度下，随着直接元灰 AB 平衡浓度的增大，平衡吸附量也随之增大，开始增速明显，之后平衡吸附量基本稳定，最终曲线趋于平缓。直接元灰 AB 染料溶液在相同的初始浓度下，温度升高，平衡浓度增大，平衡吸附量减小，这表明污泥衍生碳材料对直接元灰 AB 的吸附是放热的。

吸附热力学模型是指在一定温度下溶质分子在两相界面上进行的吸附过程达到平衡时它们在两相中浓度之间的关系曲线，在一定温度下分离物质在液相和固相中的浓度关系可用吸附方程式来表示。

Langmuir 分子吸附模型是根据分子间力随距离的增加而迅速下降的事实，提出气体分子只有碰撞固体表面与固体分子接触时才有可能被吸附，当固体表面的吸附作用相当均匀，且吸附限于单分子层时，能够较好地代表实验结果。

直接元灰 AB 在 20℃、30℃、40℃下的 Langmuir 等温曲线见图 7-10。

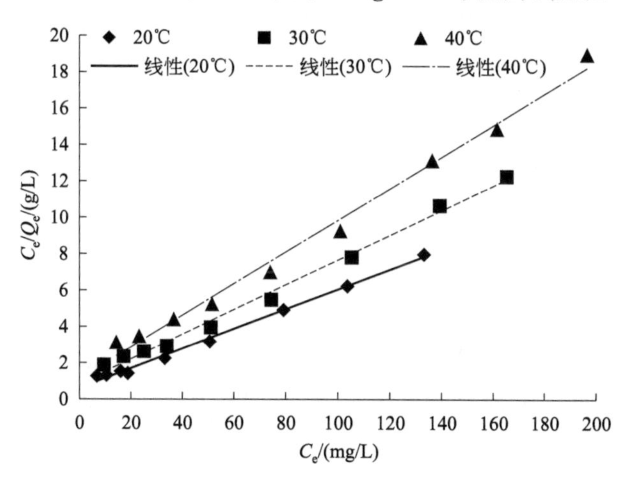

图 7-10 直接元灰 AB 的 Langmuir 等温方程拟合曲线

污泥衍生碳材料对直接元灰 AB 吸附的 Langmuir 模型拟合方程和参数见表 7-6。

表 7-6　Langmuir 模型拟合方程和参数

温度/℃	拟合方程	R^2	Q_m/(mg/g)	K_L/(L/mg)
20	$y=0.0543x+0.6249$	0.9953	18.4162	0.0869
30	$y=0.0681x+0.8592$	0.9930	14.6843	0.0793
40	$y=0.087x+1.1484$	0.9911	11.4943	0.0758

Freundlich 模型是基于吸附剂在多相表面上的吸附建立的经验吸附平衡模式，是一个半经验方程，可用于描述非理想条件下的表面吸附和多分子层吸附。

直接元灰 AB 在 20℃、30℃和 40℃下的 Freundlich 等温曲线见图 7-11。

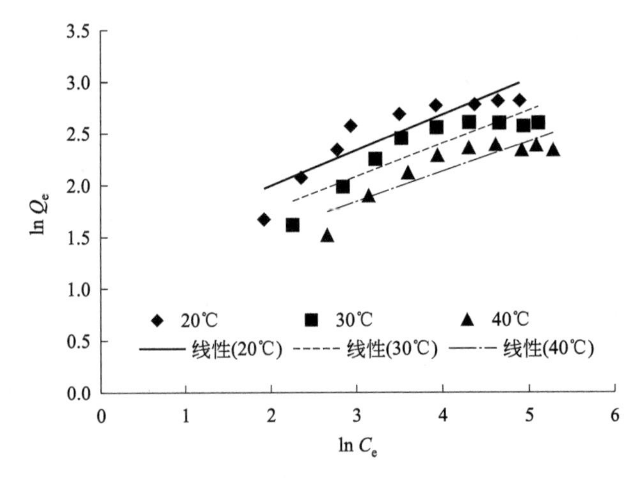

图 7-11　直接元灰 AB 的 Freundlich 等温方程拟合曲线

污泥衍生碳材料对直接元灰 AB 吸附的 Freundlich 模型拟合方程和参数见表 7-7。

表 7-7　Freundlich 模型拟合方程和参数

温度/℃	拟合方程	R^2	n/(g/L)	K_F/(mg/g)
20	$y=0.3422x+1.3115$	0.8085	2.9223	3.7117
30	$y=0.3192x+1.1265$	0.8067	3.1328	3.0848
40	$y=0.2891x+0.9757$	0.7837	3.4590	2.6530

根据表 7-6 和表 7-7 可知，在 20℃、30℃和 40℃时，拟合的 Langmuir 方程的线性关系 R^2 分别为 0.9953、0.9930、0.9911，都大于 0.99；拟合的 Freundlich 方程的线性关系 R^2 分别为 0.8085、0.8067、0.7837，都小于 0.9。所以污泥衍生碳材料对直接元灰 AB 的吸附热力学较好地符合 Langmuir 模型，基于 Langmuir 模型成立的前提与假设，可以认为污泥衍生碳材料对直接元灰 AB 的吸附方式主要为单分子层吸附。

7.3.7　吸附热力学

通过计算热力学参数吉布斯自由能（ΔG）、焓变（ΔH）和熵变（ΔS）可以帮助我们了解吸附机制。

污泥衍生碳材料对直接元灰 AB 吸附的热力学参数计算结果见表 7-8。

表 7-8 热力学参数表

初始浓度/(mg/L)	ΔH/(kJ/mol)	ΔS[J/(mol·K)]	ΔG/(kJ/mol)		
			20℃	30℃	40℃
60	−34.107	−118.200	0.598	1.608	2.970
90	−36.700	−127.761	0.691	2.162	3.238
120	−39.971	−139.950	1.059	2.445	3.858
150	−49.488	−171.925	0.877	2.703	4.310
180	−43.073	−153.651	1.987	3.468	5.062
210	−40.746	−148.596	2.820	4.292	5.793
240	−37.437	−140.839	3.885	5.183	6.707
270	−33.246	−128.859	4.460	5.964	7.027
300	−33.006	−129.815	5.063	6.319	7.661

ΔG 是吸附推动力的体现，ΔG 的绝对值越大，表明吸附驱动力越大。由表 7-8 可知，在 20℃、30℃和 40℃三个实验温度以及九个初始浓度范围内，所有的 $\Delta G>0$，说明污泥衍生碳材料对直接元灰 AB 的吸附是不能自发进行的，且在同一初始浓度下，随着温度的升高，ΔG 逐渐增大，这意味着自发程度变小，说明升温不利于吸附的进行；而在同一温度下，随着直接元灰 AB 染料溶液初始浓度的增大，ΔG 总体上呈上升的趋势，意味着高浓度不利于吸附自发地进行，吸附自发程度随直接元灰 AB 染料溶液浓度的升高而降低。

表 7-8 中所有 $\Delta H<0$，说明污泥衍生碳材料对直接元灰 AB 的吸附是放热反应，升温不利于吸附进行。这与前述结果讨论一致，在 60～210mg/L 范围内，ΔH 变化波动先降后升，这可能与计算参数时线性拟合程度较差有关，总体上看，ΔH 值随着染料溶液初始浓度的升高有增加的趋势，从 60mg/L 的－34.107kJ/mol 升高到 300mg/L 的－33.006kJ/mol。ΔH 的绝对值在 0～40kJ/mol 范围内时为物理吸附，在 40～418kJ/mol 范围内时为化学吸附，所以污泥衍生碳材料吸附直接元灰 AB 的过程主要是物理吸附，同时可能存在化学吸附。

表 7-8 中所有 $\Delta S<0$，说明污泥衍生碳材料吸附剂对直接元灰 AB 的吸附是一个系统自由度减小的过程，固液界面上分子运动相比之前要更加有序，分析可能是因为在固-液吸附的反应体系中，吸附剂吸附吸附质的过程与溶剂分子的脱附过程是交互进行的，前者会使体系相应的熵变值减小，后者则正好相反。ΔS 的减小意味着反应体系中熵变的增加量小于熵变的减小量。在本实验中，污泥衍生碳材料在吸附直接元灰 AB 的过程中伴随着水分子的脱附，其引起的熵变增加量要小于吸附染料引起的熵变减小量，使得吸附总体上表现为温度升高，熵减小。

7.4 污泥衍生碳材料对直接大红 4BE 的吸附

污泥衍生碳材料以污泥（80%）和瓜子壳（20%）为原料，采用氯化锌化学活化法制备，500℃下炭化 2h。

7.4.1 投加量对直接大红 4BE 吸附的影响

称取 0.2g 直接大红 4BE，加去离子水溶解定容至 1000mL，浓度为 200mg/L。取 7 个锥形瓶，分别加入 0.2g、0.4g、0.6g、0.8g、1.0g、1.2g、1.4g 污泥衍生碳材料，再加入 100mL 直接大红 4BE 染料溶液。在 22℃、100～120r/min 条件下振荡 2h，过滤后取滤液测定其吸光度，计算其浓度及脱色率，结果见图 7-12。

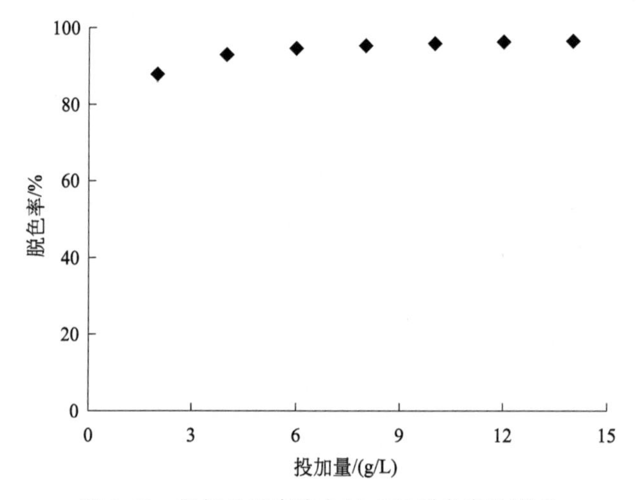

图 7-12 投加量对直接大红 4BE 脱色率的影响

由图 7-12 可知，当投加量为 2g/L 时，直接大红 4BE 的脱色率为 87.87%，当投加量为 14g/L 时，直接大红 4BE 的脱色率为 96.51%，即随着污泥衍生碳材料投加量的增加直接大红 4BE 染料溶液的脱色率也随之增大，但增加的幅度不大，表明污泥衍生碳材料对直接大红 4BE 较直接元灰 AB 有较好的吸附效果。

7.4.2 吸附时间对直接大红 4BE 吸附的影响

称取 0.2g 直接大红 4BE，加去离子水溶解定容至 1000mL，浓度为 200mg/L。取 6 个锥形瓶，分别加入 0.1g 吸附剂、50mL 直接大红 4BE 染料溶液。在 22℃、100～120r/min 条件下振荡，每隔 30min 取样，过滤后取滤液测定其吸光度，计算其浓度及脱色率，结果见图 7-13。

由图 7-13 可以明显地看到，随着吸附时间的增加，吸附剂对直接大红 4BE 染料溶

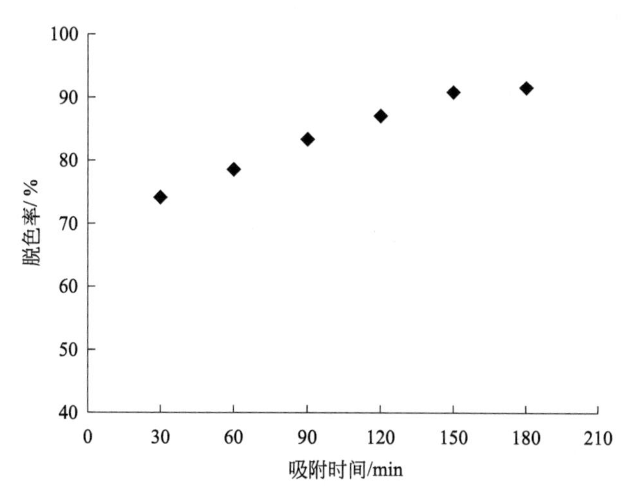

图 7-13　吸附时间对直接大红 4BE 脱色率的影响

液的脱色率也随之增大，30min 时的脱色率为 74.16%，180min 时脱色率增大到 91.59%，增加了 17.43%。在 120min 前，直接大红 4BE 染料溶液的脱色率随着时间的增加明显增大，120min 后增大的幅度减小，逐渐达到平衡，这可能是吸附位点逐渐吸附饱和所导致的。

7.4.3　吸附温度对直接大红 4BE 吸附的影响

称取 0.2g 直接大红 4BE，加去离子水溶解定容至 1000mL，浓度为 200mg/L。取 5 个锥形瓶，分别加入 0.1g 吸附剂、50mL 直接大红 4BE 染料溶液，调节摇床温度分别为 20℃、25℃、30℃、35℃和 40℃，转速为 100～120r/min，振荡 2h。过滤后取滤液测定其吸光度，计算直接大红 4BE 的浓度及脱色率，结果见图 7-14。

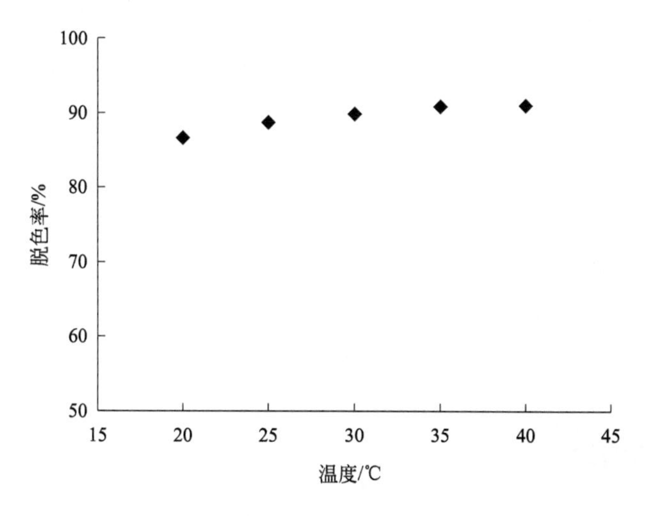

图 7-14　吸附温度对直接大红 4BE 脱色率的影响

根据图 7-14 可知，随着温度的上升，污泥衍生碳材料对直接大红 4BE 染料溶液的脱色率也随之增大，从 20℃的 86.66%逐渐增大到 40℃的 91.01%。这表明，污泥衍生碳材料对直接大红 4BE 的吸附是吸热的，升高温度有利于污泥衍生碳材料吸附剂对直接大红 4BE 的吸附。

7.4.4 pH 值对直接大红 4BE 吸附的影响

称取 0.2g 直接大红 4BE，加去离子水溶解定容至 1000mL，浓度为 200mg/L。取 8 个锥形瓶，分别加入 0.1g 吸附剂。每次取 100mL 染料溶液于烧杯中，放入转子，置于二连磁力加热搅拌器上。用 pH 计测定直接大红 4BE 染料溶液初始 pH 值，用酸碱梯度溶液调节染料溶液 pH 值，量取 50mL 染料溶液分别倒入 8 个锥形瓶中。在 22℃、100～120r/min 条件下振荡 2h，过滤后取滤液测定其吸光度，计算直接大红 4BE 浓度及脱色率，结果见图 7-15。

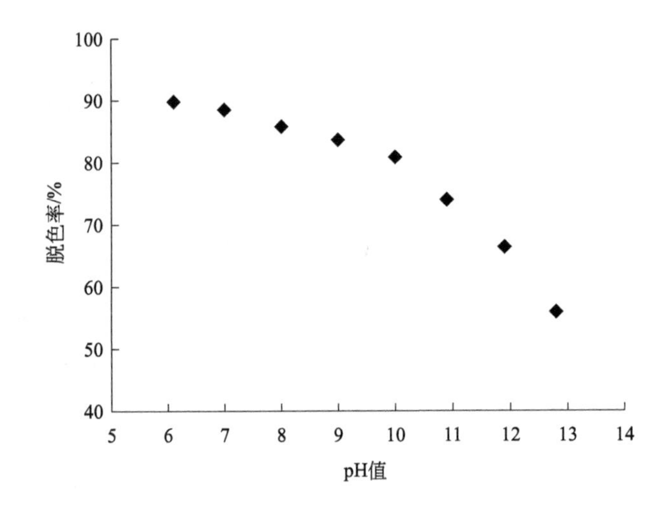

图 7-15　吸附 pH 值对直接大红 4BE 脱色率的影响

实验中首先测得染料溶液初始 pH 值为 8.0，调节染料溶液梯度时发现染料溶液在强酸性条件下变色变性，故而选择染料溶液 pH 值梯度为 6～13。

根据图 7-15 可知，在弱酸性（pH＝6.1）条件下污泥衍生碳材料吸附剂对直接大红 4BE 染料溶液的脱色率最大。随着 pH 值的增加，直接大红 4BE 的脱色率逐渐降低。初始 pH 值为 8.0，在此条件下的脱色率为 85.80%。随后，直接大红 4BE 的脱色率随 pH 值的增加一直下降，且趋势基本没有减缓；pH 值为 12.8 时脱色率下降到 55.94%。

7.4.5 吸附动力学

称取 0.05g 直接大红 4BE，加去离子水溶解定容至 1000mL，浓度为 50mg/L。取

16 个锥形瓶，分别加入 0.1g 吸附剂、50mL 染料溶液，密封瓶口，放入摇床中。调节摇床温度为 25℃，转速为 110～120r/min。每隔 30min 取一个锥形瓶，测此时染料溶液的吸光度，直至吸光度基本保持不变或变化幅度很小，此时认为达到吸附平衡。同理配制 100mg/L、150mg/L 的染料溶液，测定其吸光度，计算直接大红 4BE 的浓度和吸附量。

在直接大红 4BE 的浓度为 50mg/L、100mg/L 和 150mg/L 下，直接大红 4BE 平衡吸附量随时间变化关系曲线见图 7-16。

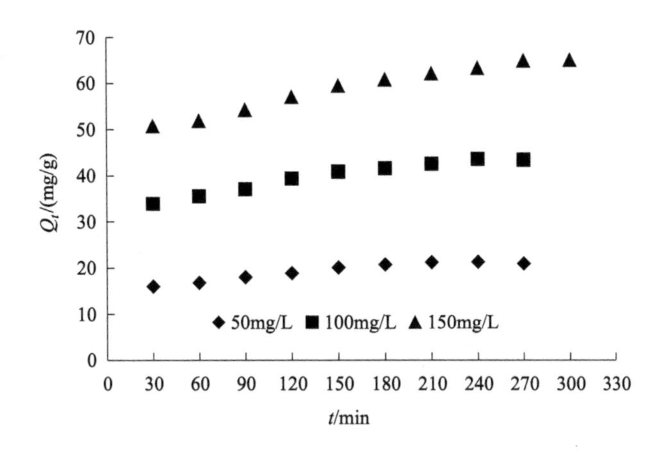

图 7-16　直接大红 4BE 平衡吸附量随时间变化关系曲线

根据图 7-16 中的数据，拟合直接大红 4BE 的准一级动力学模型曲线，见图 7-17。由图 7-17 可得到直接大红 4BE 的准一级动力学模型拟合方程，方程和参数见表 7-9。

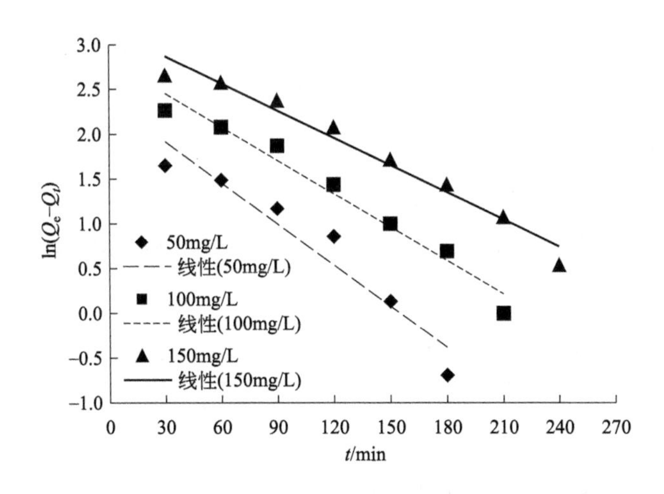

图 7-17　直接大红 4BE 的准一级动力学模型拟合曲线

表 7-9　直接大红 4BE 的准一级动力学模型拟合方程和参数

浓度/(mg/L)	线性关系式	R^2	K_1/min^{-1}	理论 Q_e 值/(mg/g)	实际 Q_e 值/(mg/g)
50	$y=-0.0153x+2.3711$	0.9244	0.0153	10.7092	21.2285
100	$y=-0.0124x+2.8274$	0.9673	0.0124	16.9015	43.5857
150	$y=-0.0101x+3.1755$	0.9684	0.0101	23.9388	65.0142

拟合直接大红 4BE 的准二级动力学模型曲线，见图 7-18。

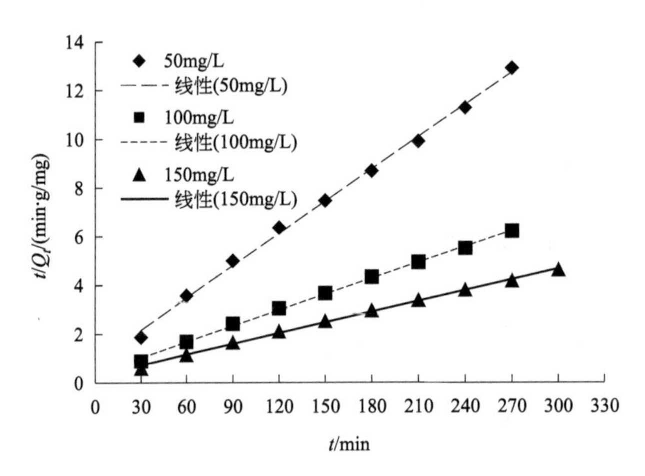

图 7-18　直接大红 4BE 的准二级动力学模型拟合曲线

由图 7-18 可得到直接大红 4BE 的准二级动力学模型拟合方程，方程和参数见表 7-10。

表 7-10　直接大红 4BE 的准二级动力学模型拟合方程和参数

浓度/(mg/L)	线性关系式	R^2	K_2/[g/(mg·min)]	理论 Q_e 值/(mg/g)	实际 Q_e 值/(mg/g)
50	$y=0.0440x+0.8380$	0.9974	0.0023	22.7273	21.2286
100	$y=0.0217x+0.3766$	0.9982	0.0013	46.0830	43.5857
150	$y=0.0146x+0.2889$	0.9976	0.0007	68.4932	65.0143

拟合直接大红 4BE 的颗粒内扩散模型曲线，见图 7-19。

由图 7-19 可得到直接大红 4BE 的颗粒内扩散模型拟合方程，方程和参数见表 7-11。

表 7-11　直接大红 4BE 的颗粒内扩散模型拟合方程和参数

浓度/(mg/L)	线性关系式	R^2	K_3/[mg/(g·$min^{0.5}$)]	C/(mg/g)
50	$y=0.5307x+13.096$	0.9486	0.5307	13.096
100	$y=1.0032x+28.128$	0.9905	1.0032	28.128
150	$y=1.3423x+42.417$	0.9847	1.3423	42.417

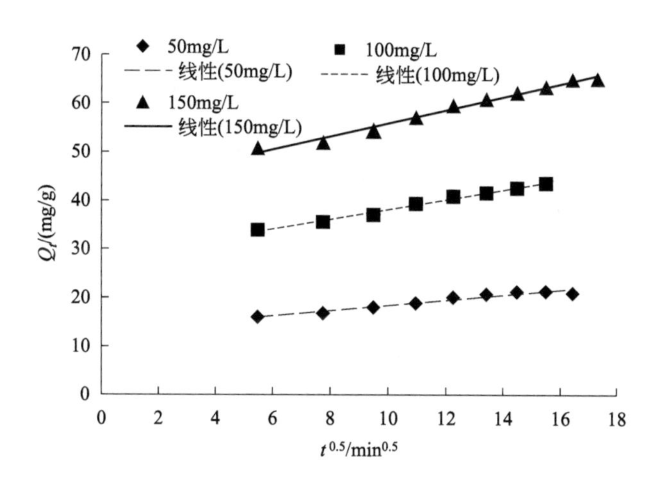

图 7-19 颗粒内扩散模型拟合曲线

由表 7-9～表 7-11 中数据可知，在三个浓度（50mg/L、100mg/L、150mg/L）下，直接大红 4BE 的准一级动力学模型的拟合相关系数 R^2 分别为 0.9244、0.9673、0.9684，由准一级动力学模型拟合曲线计算得到的直接大红 4BE 的吸附量（理论值）分别为 10.71mg/g、16.90mg/g 和 23.94mg/g，而实验得到的吸附量分别为 21.23mg/g、43.59mg/g、65.01mg/g，本实验由准一级动力学拟合曲线得到的吸附量理论值与实际值差距较大，所以一级动力学方程并不能较好地描述污泥衍生碳材料吸附剂对直接大红 4BE 的吸附过程；准二级动力学模型的拟合相关系数 R^2 分别为 0.9974、0.9982、0.9976，均大于 0.99，且计算得到的吸附量理论值分别为 22.73mg/g、46.08mg/g、68.49mg/g，与实验得到的吸附量实验值较为接近，因此准二级动力学模型能较好地描述污泥衍生碳材料吸附剂对直接大红 4BE 的吸附过程；颗粒内扩散动力学模型的拟合相关系数 R^2 分别为 0.9486、0.9905、0.9847，颗粒内扩散模型的拟合曲线都没有过原点，即 C 值不为零，由表 7-11 可知 C 值分别为 13.096mg/g、28.128mg/g、42.417mg/g，这说明颗粒内扩散不是吸附过程的唯一控速步骤。

7.4.6 吸附等温线

称取 0.5g 直接大红 4BE，加去离子水溶解定容至 1000mL。取 9 个锥形瓶，分别加入 0.1g 吸附剂。分别取 6mL、9mL、12mL、15mL、18mL、21mL、24mL、27mL、30mL 直接大红 4BE 染料溶液于 50mL 容量瓶中，定容，分别倒入 9 个锥形瓶中，密封瓶口。调节摇床温度分别为 20℃、30℃和 40℃，转速为 100～120r/min，振荡 12h，过滤后取滤液测吸光度，计算直接大红 4BE 的浓度、脱色率和吸附量。直接大红 4BE 平衡吸附量 Q_e-平衡浓度 C_e 关系见图 7-20。

由图 7-20 可知，在温度为 20℃、30℃、40℃条件下，随着直接大红 4BE 染料溶液

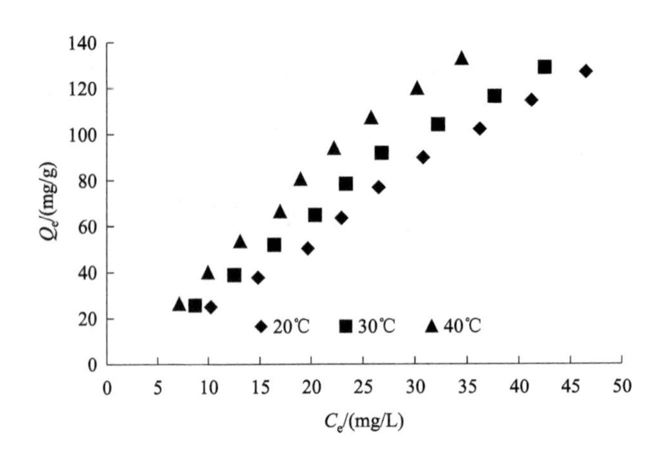

图 7-20 直接大红 4BE 平衡吸附量-平衡浓度关系

初始浓度的增大，平衡浓度和平衡吸附量明显随之增大。20℃时，平衡浓度从 10.257mg/L 增加到 46.543mg/L，平衡吸附量从 24.871mg/g 增加到 126.729mg/g；30℃时，平衡浓度从 8.686mg/L 增加到 42.543mg/L，平衡吸附量从 25.657mg/g 增加到 128.729 mg/g；40℃时，平衡浓度从 7.114mg/L 增加到 34.543mg/L，平衡吸附量从 26.443mg/g 增加到 132.729mg/g。在三个温度下，随着直接大红 4BE 平衡浓度的增加，平衡吸附量也在增加。在相同的初始浓度下，温度升高，平衡浓度减小，平衡吸附量增加，这表明污泥衍生碳材料对直接大红 4BE 的吸附是吸热的。

根据图 7-20 中的平衡浓度及平衡吸附量值，作直接大红 4BE 在各温度下的 Langmuir 等温曲线，见图 7-21。

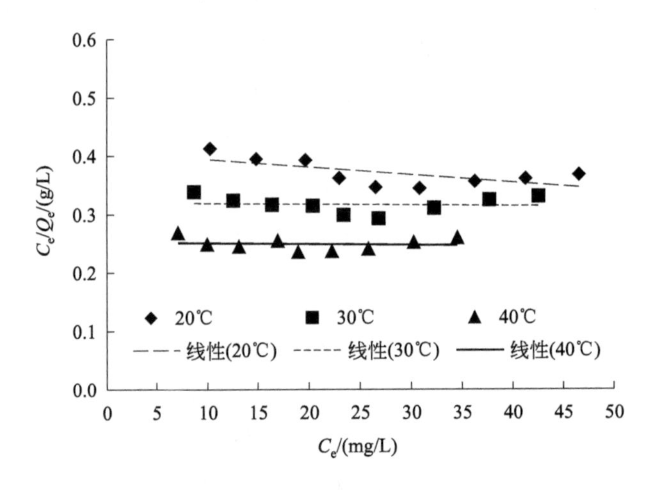

图 7-21 直接大红 4BE 的 Langmuir 等温方程拟合曲线

根据图 7-21 可以拟合直接大红 4BE 在各温度下的 Langmuir 模型方程，方程和参数见表 7-12。

表 7-12 直接大红 4BE 的 Langmuir 等温模型拟合方程和参数

温度/℃	拟合方程	R^2	Q_m/(mg/g)	K_L/(L/mg)
20	$y=-0.001311x+0.4069$	0.4496	7692.31	0.03195
30	$y=-0.000149x+0.3204$	0.0136	6715.92	0.00465
40	$y=-0.000167x+0.2528$	0.0195	5991.61	0.00660

作直接大红 4BE 在各温度下的 Freundlich 等温曲线，见图 7-22。

根据图 7-22 可以拟合直接大红 4BE 在各温度下的 Freundlich 模型方程，方程和参数见表 7-13。

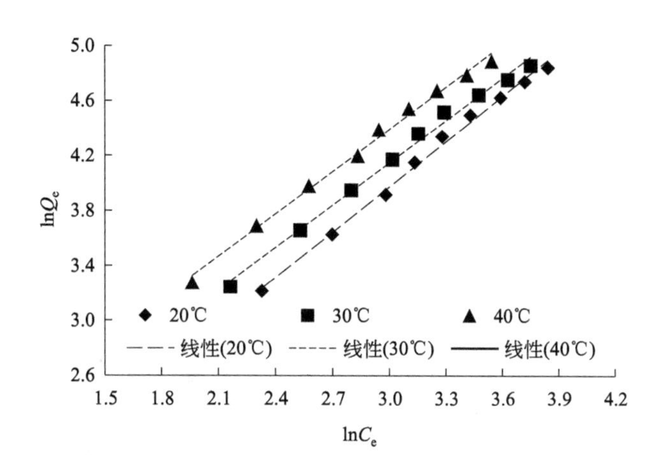

图 7-22 直接大红 4BE 的 Freundlich 等温方程拟合曲线

表 7-13 直接大红 4BE 的 Freundlich 等温模型拟合方程和结果

温度/℃	拟合方程	R^2	n/(g/L)	K_F/(mg/g)
20	$y=1.0990x+0.6757$	0.9946	0.9099	1.9654
30	$y=1.0272x+1.0664$	0.9933	0.9328	2.9049
40	$y=1.0265x+1.3129$	0.9940	0.9742	3.7169

在 20℃、30℃和 40℃时，直接大红 4BE 的拟合 Langmuir 方程的线性关系 R^2 分别为 0.4496、0.0136、0.0195，这表明污泥衍生碳材料对直接大红 4BE 的吸附过程不符合 Langmuir 模型；拟合 Freundlich 方程的线性关系 R^2 分别为 0.9946、0.9933、0.9940，都大于 0.99，所以污泥衍生碳材料吸附剂对直接大红 4BE 的吸附热力学比较符合 Freundlich 模型，基于 Freundlich 模型成立的前提与假设，可以认为污泥衍生碳材料吸附剂对直接大红 4BE 的吸附方式介于单分子层吸附与多分子层吸附之间。直接大红 4BE 的拟合 Freundlich 模型方程的 K_F 值随温度上升而增大，表明污泥衍生碳材料对直接大红 4BE 的吸附是吸热的。

7.4.7 吸附热力学

通过计算热力学参数吉布斯自由能（ΔG）、焓变（ΔH）和熵变（ΔS），可以帮助我们了解吸附机制。

直接大红 4BE 的热力学参数计算结果见表 7-14。

表 7-14 直接大红 4BE 的热力学参数

初始浓度 /(mg/L)	ΔH /(kJ/mol)	ΔS /[J/(mol·K)]	ΔG/(kJ/mol)		
			20℃	30℃	40℃
60	16.280	62.839	−2.159	−2.730	−3.418
90	17.499	67.320	−2.267	−2.842	−3.618
120	17.899	68.758	−2.279	−2.899	−3.658
150	13.278	53.641	−2.479	−2.913	−3.556
180	14.609	58.523	−2.587	−3.044	−3.763
210	14.190	57.187	−2.600	−3.095	−3.747

由表 7-14 可知，在 20℃、30℃和 40℃三个实验温度以及六个初始浓度范围内，所有 $\Delta G<0$，说明污泥衍生碳材料对直接大红 4BE 的吸附是自发进行的，且在同一初始浓度下，随着温度的升高，ΔG 逐渐减小，这意味着自发程度越来越大，升温有利于吸附进行，而在同一温度下，随着染料溶液初始浓度的增大，ΔG 总体上呈现减小的趋势，意味着高浓度下吸附推动力增强，吸附自发程度随染料溶液浓度的升高而增大。

表 7-14 中所有 $\Delta H>0$，说明该吸附是吸热反应，升温有利于吸附进行，这与吸附等温模型结果讨论一致。ΔH 的绝对值在 0～40kJ/mol 范围内属于物理吸附，在 40～418kJ/mol 范围内为化学吸附，所以污泥衍生碳材料对直接大红 4BE 的吸附以物理吸附为主。

表 7-14 中所有 $\Delta S>0$，说明该吸附是一个系统自由度增加的过程，随着吸附的进行，固液界面上分子运动更加混乱无序。在本实验中，污泥衍生碳材料吸附直接大红 4BE 的过程中也伴随着水分子的脱附，其引起的熵变增加量要大于吸附染料引起的熵变减小量，使得吸附总体上表现为“温度升高，熵增加”。

7.5 污泥衍生碳材料对活性红 3BS 的吸附

污泥衍生碳材料以污泥（80%）和花生壳（20%）为原料，采用氯化锌化学活化法制备，500℃下炭化 2h。

7.5.1 投加量对活性红 3BS 吸附的影响

准确称取 0.2g、0.4g、0.6g、0.8g、1.0g、1.2g、1.4g、1.6g、1.8g 污泥衍生碳材料吸附剂放入各碘量瓶中，然后在每个碘量瓶中加入浓度为 200mg/L 的活性红 3BS 染料溶液 100mL，22℃下恒速振荡 2h，过滤，测定滤液中活性红 3BS 染料浓度，并以染料脱色率对污泥衍生碳材料吸附剂投加量作图，结果见图 7-23。

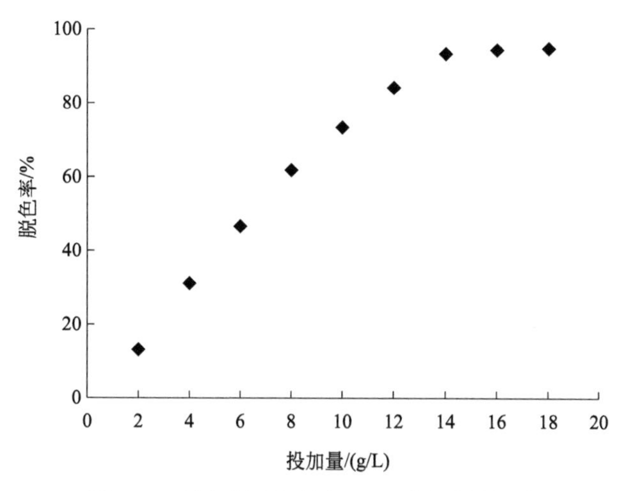

图 7-23 投加量对活性红 3BS 脱色率的影响

如图 7-23 所示，在投加量为 2g/L、4g/L、6g/L 时脱色率分别为 13.2%、31.1%、46.6%。脱色率随投加量的增加而逐渐增大，在投加量为 14g/L 时脱色率为 93.4%，之后脱色率基本不再发生变化。实验结果表明，污泥衍生碳材料吸附剂对活性红 3BS 吸附的最佳投加量为 14g/L，此时脱色率达到最大。

7.5.2 吸附时间对活性红 3BS 吸附的影响

在各碘量瓶中分别放入 0.8g 吸附剂，然后在每个碘量瓶中加入浓度为 150mg/L 的活性红 3BS 染料溶液 50mL，分别在 22℃下恒温振荡 30min、60min、90min、120min、150min、180min 后过滤，测定吸光度。吸附时间对脱色率的影响见图 7-24。

如图 7-24 所示，在 30min 时，溶液的脱色率为 83.1%；之后逐渐增加，在 90min 时，溶液的脱色率为 90.7%；再后溶液脱色率的增大开始变缓，在 180min 时，溶液的脱色率为 93.1%。实验结果表明，脱色率随着时间的增加而增大，直至吸附达到动态平衡。

7.5.3 吸附温度对活性红 3BS 吸附的影响

在各碘量瓶中放入 0.5g 吸附剂，然后分别在每个碘量瓶中加入 200mg/L 的活性红

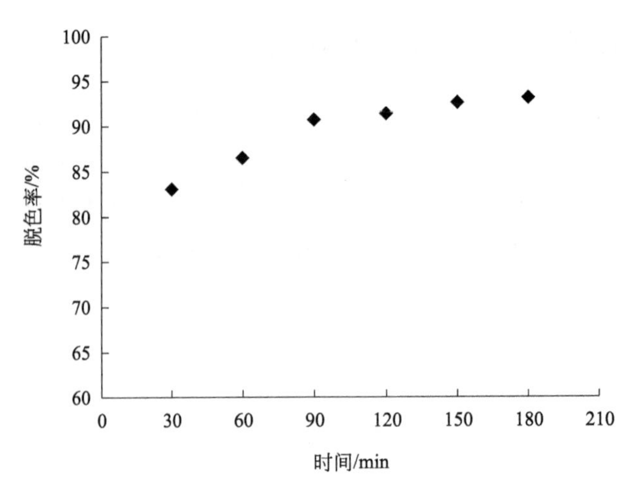

图 7-24 吸附时间对活性红 3BS 脱色率的影响

3BS 染料溶液 50mL，在 20℃、25℃、30℃、35℃和 40℃下恒温振荡 2h，过滤，测定滤液中活性红 3BS 染料的浓度，考察温度对脱色效果的影响，结果见图 7-25。

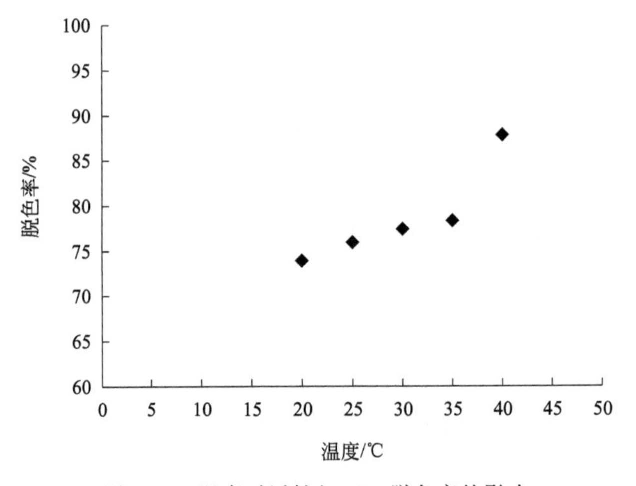

图 7-25 温度对活性红 3BS 脱色率的影响

如图 7-25 所示，在 20℃时，溶液的脱色率为 73.9%；在 25℃时，溶液的脱色率为 75.9%；在 30℃时，溶液的脱色率为 77.4%；在 35℃时，溶液的脱色率为 78.3%；在 40℃时，溶液的脱色率为 87.8%，此时脱色率有明显增大。实验结果表明，温度越高，脱色率越大，说明升温有利于吸附的进行。

7.5.4 pH 值对活性红 3BS 吸附的影响

在各碘量瓶中分别放入 0.5g 吸附剂，然后在每个碘量瓶中加入 200mg/L 的活性红 3BS 染料溶液 50mL，分别调节溶液 pH 值为 3、4、5、6、7、8、9、10、11，22℃下恒速振荡 2h，过滤之后测定吸光度，并以脱色率对 pH 值作图，结果见图 7-26。

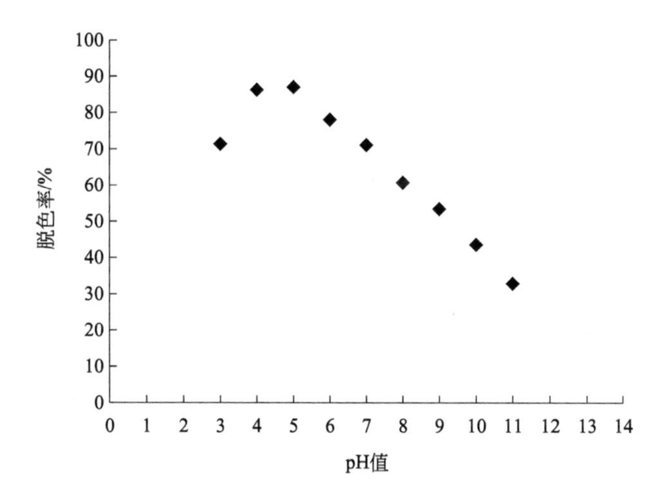

图 7-26 pH 值对活性红 3BS 脱色率的影响

如图 7-26 所示，在 pH 值为 3 时，溶液的脱色率为 71.8%；在 pH 值为 5 时，溶液的脱色率为 87.1%，达到最大值；之后随着 pH 值的增大，脱色率开始减小，在 pH 值为 11 时溶液的脱色率降低到 33.6%。实验结果表明，污泥衍生碳材料吸附剂对活性红 3BS 溶液吸附的最佳 pH 值为 5 左右。

7.5.5 吸附动力学

在各碘量瓶中分别放入 0.8g 污泥衍生碳材料吸附剂，然后在每个碘量瓶中加入浓度为 50mg/L 的活性红 3BS 染料溶液 50mL，在 22℃下恒温振荡，时间分别为 30min、60min、90min、120min、150min、180min、210min、240min、270min、300min、330min、360min，测定滤液中活性红 3BS 染料浓度，研究吸附时间对吸附量的影响。并以相同的条件只改变染料浓度为 100mg/L、150mg/L 进行实验，测定吸光度，计算吸附量。吸附量随时间的变化见图 7-27。

以 ln（Q_e-Q_t）对时间 t 作图，得到准一级动力学模型拟合曲线如图 7-28 所示。

由图 7-28 可以得出不同浓度下的准一级动力学模型拟合方程，根据方程可以求得准一级动力学相关参数，见表 7-15。

表 7-15 活性红 3BS 准一级动力学模型拟合方程和相关参数

初始浓度/(mg/L)	准一级动力学方程	R^2	K_1/min^{-1}	理论 Q_e 值/(mg/g)	实际 Q_e 值/(mg/g)
50	$y=-0.0188x+0.0921$	0.8903	0.0188	1.0965	3.0618
100	$y=-0.0101x+0.2020$	0.9833	0.0101	1.2238	6.1096
150	$y=-0.0079x+0.4438$	0.9744	0.0079	1.5586	9.0941

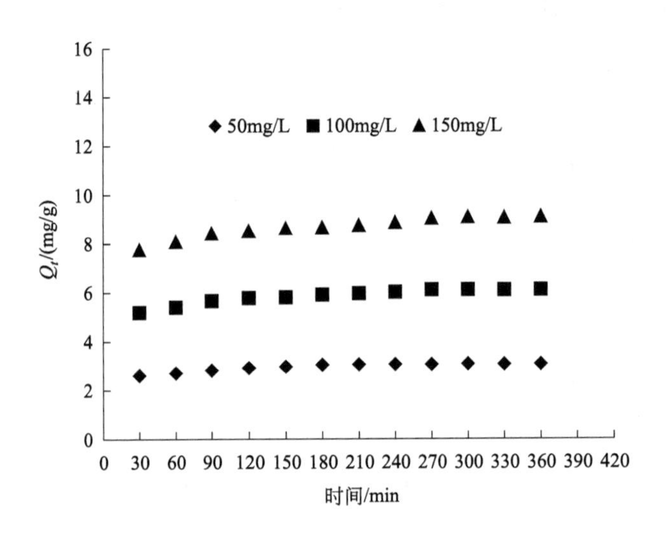

图 7-27 活性红 3BS 吸附量随时间的变化

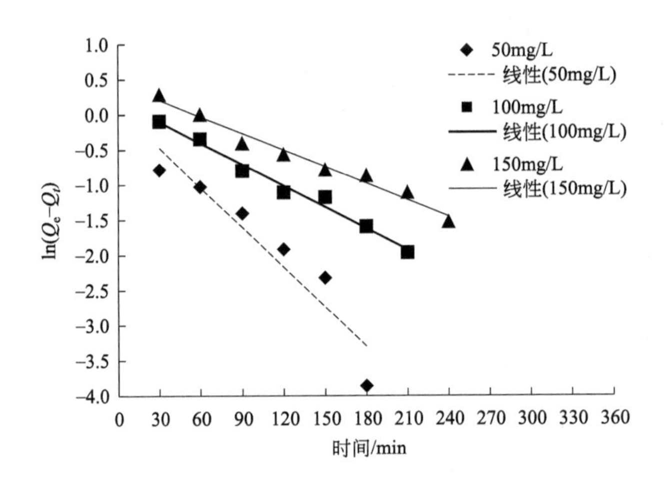

图 7-28 活性红 3BS 准一级动力学模型拟合曲线

由图 7-28 和表 7-15 可知，当初始浓度为 50mg/L 时，准一级动力学方程的 R^2 为 0.8903；当初始浓度为 100mg/L 时，R^2 为 0.9833；当初始浓度为 150mg/L 时，R^2 为 0.9744。在 50mg/L 的溶液浓度下，180min 时达到吸附平衡，在 100mg/L、150mg/L 的溶液浓度下分别在 240min、270min 时达到吸附平衡，说明溶液染料的浓度越低，达到吸附平衡的时间越短。初始浓度为 50mg/L 时，理论 Q_e 值为 1.0965mg/g，实际 Q_e 值为 3.0618mg/g；初始浓度为 100mg/L 时，理论 Q_e 值为 1.2238mg/g，实际 Q_e 值为 6.1096mg/g；初始浓度为 150mg/L 时，理论 Q_e 值为 1.5586mg/g，实际 Q_e 值为 9.0941mg/g。准一级动力学的理论值与实测值相差均比较大。

以 t/Q_t 对时间 t 作图，得到准二级动力学模型拟合曲线如图 7-29 所示。

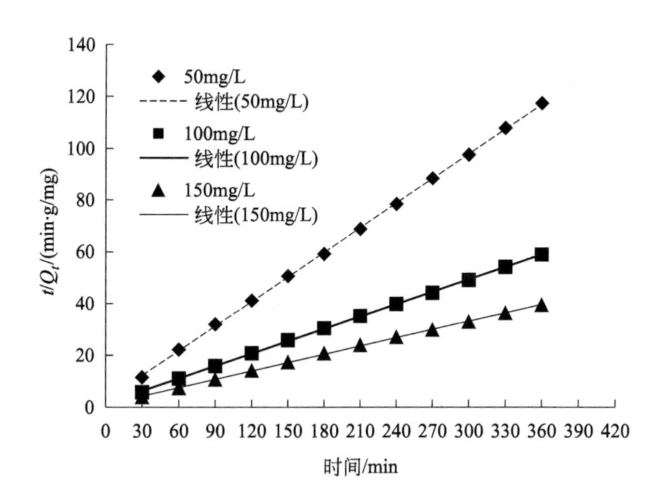

图 7-29 活性红 3BS 准二级动力学模型拟合曲线

由图 7-29 可以得出不同浓度下的准二级动力学模型拟合方程，根据方程可以求得准二级动力学相关参数，见表 7-16。

表 7-16 活性红 3BS 准二级动力学模型拟合方程和相关参数

初始浓度/(mg/L)	准二级动力学方程	R^2	K_2 /[g/(mg·min)]	理论 Q_e 值 /(mg/g)	实际 Q_e 值 /(mg/g)
50	$y=0.3172x+2.7037$	0.9998	0.0372	3.1526	3.0618
100	$y=0.1596x+1.5004$	0.9998	0.0170	6.2657	6.1096
150	$y=0.1072x+1.0849$	0.9995	0.0106	9.3284	9.0941

由图 7-29 和表 7-16 可知，当初始浓度为 50mg/L 时，准二级动力学方程的 R^2 为 0.9998；当初始浓度为 100mg/L 时，R^2 为 0.9998；当初始浓度为 150mg/L 时，R^2 为 0.9995。浓度为 50mg/L 时在 210min 时吸附达到了平衡；浓度为 100mg/L 时在 270min 时达到了吸附平衡；浓度为 150mg/L 时在 300min 时达到了吸附平衡。可以看出，活性红 3BS 符合准二级动力学模型。初始浓度为 50mg/L 时，理论 Q_e 值为 3.1526mg/g，实际 Q_e 值为 3.0618mg/g；初始浓度为 100mg/L 时，理论 Q_e 值为 6.2657mg/g，实际 Q_e 值为 6.1096mg/g；初始浓度为 150mg/L 时，理论 Q_e 值为 9.3284mg/g，实际 Q_e 值为 9.0941mg/g。准二级动力学的理论 Q_e 值和实验所测得的实际 Q_e 值比较接近。综上所述，可以看出准二级动力学模型可以更好地描述活性红 3BS 的吸附动力学。

颗粒内扩散方程可以用来描述物质在颗粒内部的动力学扩散过程，以 Q_t 对 $t^{0.5}$ 作图，得到颗粒内扩散模型线性拟合结果如图 7-30 所示。

由图 7-30 可以得出不同浓度下的颗粒内扩散模型拟合方程，根据方程可以求得颗

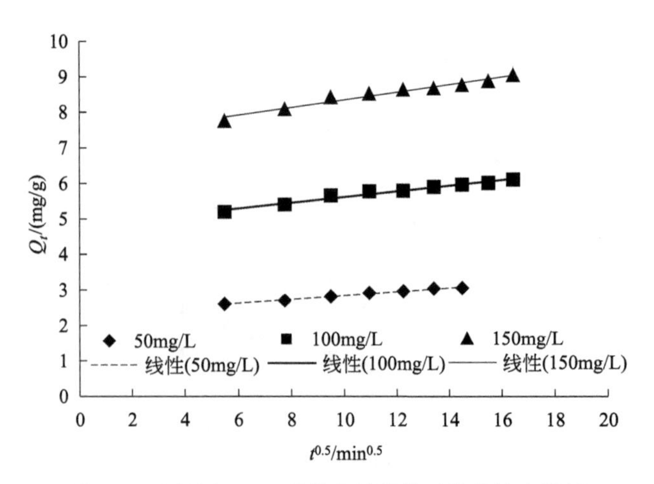

图 7-30 活性红 3BS 颗粒内扩散模型线性拟合结果

粒内扩散相关参数，见表 7-17。

表 7-17 活性红 3BS 颗粒内扩散模型拟合方程和相关参数

初始浓度/(mg/L)	颗粒内扩散方程	R^2	K_3/[mg/(g·min$^{0.5}$)]	C/(mg/g)
50	$y=0.0530x+2.3123$	0.9897	0.053	2.3123
100	$y=0.0802x+4.8182$	0.9700	0.0802	4.8182
150	$y=0.1066x+7.2805$	0.9634	0.1066	7.2805

由图 7-30 可以看出，吸附过程呈线性关系。当初始浓度为 50mg/L 时，颗粒内扩散方程的 R^2 为 0.9897；当初始浓度为 100mg/L 时，R^2 为 0.9700；当初始浓度为 150mg/L 时，R^2 为 0.9634。但是 C 均不为零，说明直线不通过原点。从相关系数 R^2 和颗粒内扩散模型拟合结果可以看出，污泥衍生碳材料吸附剂对活性红 3BS 的吸附受到颗粒内扩散过程的影响，但颗粒内扩散不是唯一的控制因素，还受到液膜和固液界面的影响。

7.5.6 吸附等温线

吸附等温线采用 Langmuir 模型和 Freundlich 模型来描述。此次实验中，需要设置不同浓度梯度的溶液，然后在 20℃条件下进行实验，测得吸光度并计算出所需要的数据，并在同样的条件下分别再在 30℃和 40℃条件下进行实验，通过对比得出实验结论。此次实验分别配制浓度为 60mg/L、90mg/L、120mg/L、150mg/L、180mg/L、210mg/L、240mg/L、270mg/L、300mg/L 的活性红 3BS 溶液 50mL，分别加入 0.5g 吸附剂，放入摇床中振荡吸附 12h，转速控制在 110～120r/min，然后用滤纸过滤，测定滤液吸光度，计算吸附量。分别以在温度为 20℃、30℃和 40℃下所测得的 Q_e 对 C_e

作图，得到活性红 3BS 的吸附等温线，结果见图 7-31。

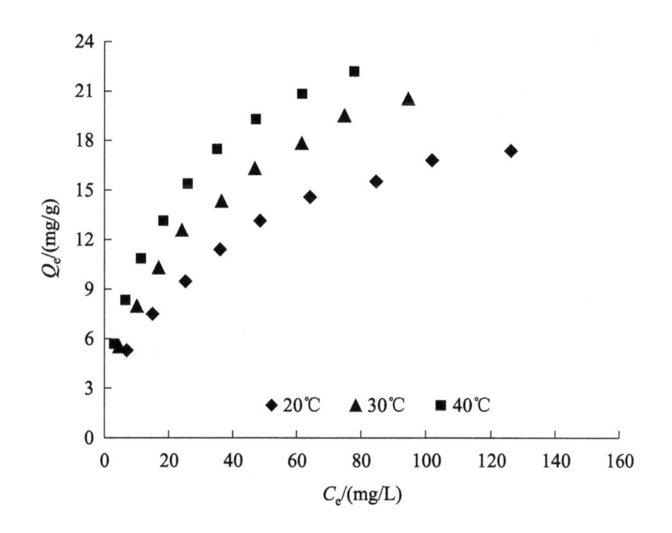

图 7-31 活性红 3BS 的吸附等温线

由图 7-31 可以看出，不同温度状态下，随着吸附浓度的增加吸附量也在不断增加，并且吸附量变化的程度越来越小，慢慢地达到最大吸附量。同等条件下，温度越高，吸附量也越大。在吸附开始时，吸附速率相对较快，然后慢慢地趋于平缓直至达到吸附平衡。

采用 Langmuir 模型对实验数据进行拟合，以 C_e/Q_e 对 C_e 作图，结果如图 7-32 所示。

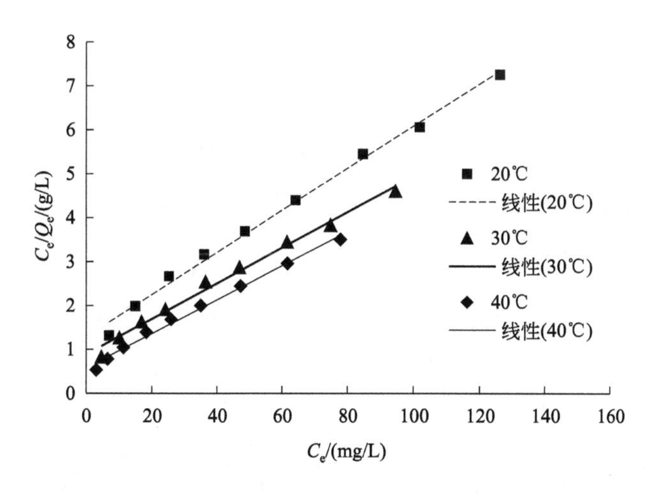

图 7-32 活性红 3BS 的 Langmuir 等温吸附线性拟合曲线

由图 7-32 可以得出不同浓度下的拟合方程，根据拟合方程可以求得 Langmuir 吸附等温模型相关参数，见表 7-18。

表 7-18　活性红 3BS Langmuir 模型拟合方程和相关参数

温度/℃	Langmuir 等温吸附方程	R^2	Q_m/(mg/g)	K_L/(L/mg)
20	$y=0.0479x+1.2921$	0.9941	20.8768	0.03707
30	$y=0.0404x+0.8877$	0.9896	24.7525	0.04551
40	$y=0.0387x+0.5818$	0.9920	25.8398	0.06652

由图 7-32 和表 7-18 可以看出，当温度为 20℃时，Langmuir 等温吸附拟合曲线的 R^2 为 0.9941；当温度为 30℃时，Langmuir 等温吸附拟合曲线的 R^2 为 0.9896；当温度为 40℃时，Langmuir 等温吸附拟合曲线的 R^2 为 0.9920。本次实验数据和 Langmuir 等温吸附拟合曲线的拟合程度较好，说明污泥衍生碳材料对活性红 3BS 的吸附符合 Langmuir 等温模型，在 20℃、30℃ 和 40℃ 时最大吸附值分别为 20.8768mg/g、24.7525mg/g 和 25.8398mg/g。

采用 Freundlich 模型对实验数据进行拟合，以 $\ln Q_e$ 对 $\ln C_e$ 作图，结果如图 7-33 所示。

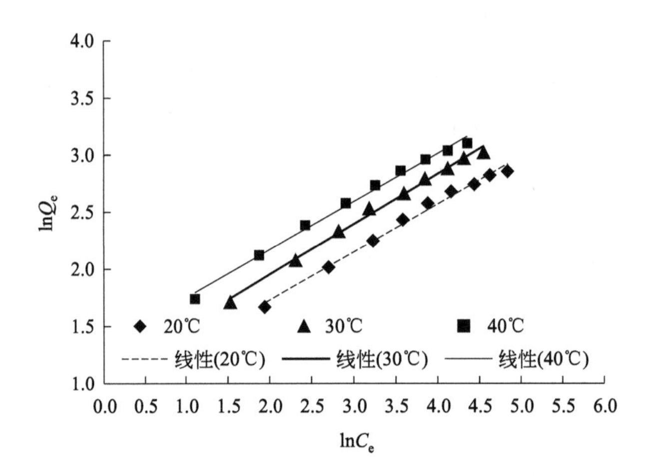

图 7-33　活性红 3BS 的 Freundlich 等温吸附线性拟合曲线

由图 7-33 可以得出 20℃、30℃和 40℃三个不同温度下的拟合方程，根据方程可以求得 Freundlich 模型相关参数，见表 7-19，其中 n 为浓度指数，K_F 为 Freundlich 常数。

表 7-19　活性红 3BS 的 Freundlich 模型拟合方程和相关参数

温度/℃	Freundlich 等温吸附方程	R^2	K_F/(mg/g)	n/(g/L)
20	$y=0.4208x+0.8872$	0.9905	2.4283	2.3764
30	$y=0.4404x+1.0723$	0.9945	2.9221	2.2707
40	$y=0.4211x+1.3281$	0.9928	3.7739	2.3747

由图 7-33 和表 7-19 可以看出，当温度为 20℃时，Freundlich 等温吸附拟合曲线的 R^2 为 0.9905；当温度为 30℃时，R^2 为 0.9945；当温度为 40℃时，R^2 为 0.9928。本次实验结果数据和 Freundlich 等温吸附拟合曲线的拟合程度很好，该实验结果符合

Freundlich 等温吸附模型。

综上所述，认为污泥衍生碳材料既符合 Langmuir 等温吸附模型，也符合 Freundlich 等温吸附模型。

7.5.7 吸附热力学

通过计算热力学参数吉布斯自由能（ΔG）、焓变（ΔH）和熵变（ΔS），可以帮助我们了解吸附机制。

活性红 3BS 的热力学参数计算结果见表 7-20。

表 7-20 活性红 3BS 的热力学参数

初始浓度/(mg/L)	ΔH /(kJ/mol)	ΔS /[J/(mol·K)]	ΔG/(kJ/mol)		
			20℃	30℃	40℃
60	34.40	115.15	0.66	−0.46	−1.64
90	35.67	115.90	1.68	0.59	−0.64
120	35.77	113.90	2.39	1.24	0.11
150	31.42	97.86	2.81	1.64	0.86
180	29.88	91.04	3.18	2.35	1.36
210	29.99	90.04	3.61	2.66	1.81
240	30.60	90.37	4.13	3.12	2.33
270	27.39	78.74	4.39	3.39	3.00
300	27.82	78.68	4.83	3.85	3.26

由表 7-20 可知，在 20℃、30℃和 40℃三个实验温度以及 60～300mg/L 初始浓度范围内，ΔG 在同一温度下，随着初始浓度的增大逐渐增大，且在同一初始浓度下随着温度的升高而减小，说明污泥衍生碳材料对活性红 3BS 的吸附在较低的初始浓度下，比较容易吸附，自发程度较大，升温有利于吸附进行。

表 7-20 中所有 $\Delta H>0$，说明该吸附是吸热反应，升温有利于吸附进行，这与吸附等温模型结果讨论一致。ΔH 的绝对值在 0～40kJ/mol 范围内属于物理吸附，在 40～418kJ/mol 范围内为化学吸附，所以污泥衍生碳材料对活性红 3BS 的吸附以物理吸附为主。

表 7-20 中所有 $\Delta S>0$，说明该吸附是一个系统自由度增加的过程，随着吸附的进行，活性红 3BS 的染料分子从溶液中被吸附到固液吸附剂界面上，从原来的有序变得混乱无序。

7.6 污泥衍生碳材料对活性黑 KN-B 的吸附

污泥衍生碳材料以污泥（80%）和瓜子壳（20%）为原料，采用氯化锌化学活化法制备，500℃下炭化 2h。

7.6.1 投加量对活性黑 KN-B 吸附的影响

分别用分析天平准确称取 0.2g、0.4g、0.6g、0.8g、1.0g、1.2g、1.4g、1.6g 吸附剂放入 250mL 碘量瓶中，然后在每个碘量瓶中加入浓度为 200mg/L 的活性黑 KN-B 染料溶液 100mL，22℃下恒速振荡 2h，过滤，测定其吸光度，计算浓度和脱色率，并以染料脱色率对投加量作图，结果见图 7-34。

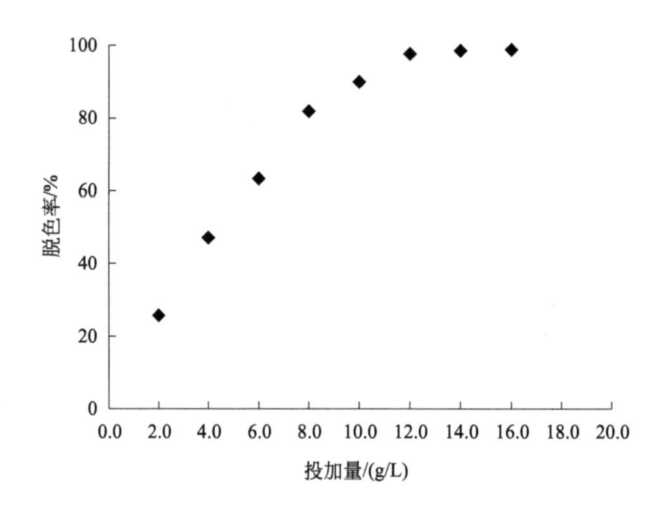

图 7-34 投加量对活性黑 KN-B 脱色率的影响

如图 7-34 所示，污泥衍生碳材料对活性黑 KN-B 的脱色率随着投加量的增加而增大。在吸附剂投加量为 2g/L 时，脱色率为 25.7%；在吸附剂投加量达到 12g/L 时，脱色率为 97.7%；之后溶液的脱色率基本变化很小，脱色率达到最大时即达到吸附平衡。综上所述，污泥衍生碳材料吸附剂对活性黑 KN-B 吸附的最佳投加量为 12g/L。

7.6.2 吸附时间对活性黑 KN-B 吸附的影响

在碘量瓶中各放入 0.7g 吸附剂，然后在每个碘量瓶中加入浓度为 150mg/L 的活性黑 KN-B 染料溶液 50mL，分别在 22℃下恒温振荡 30min、60min、90min、120min、150min、180min 后过滤，测定吸光度，计算脱色率，并以脱色率对时间作图。吸附时间对脱色率的影响见图 7-35。

如图 7-35 所示，溶液的脱色率随时间的延长而增大。在 30min 时，溶液的脱色率为 92.5%；在 90min 时，溶液的脱色率为 98.5%；之后随着时间的增加，脱色率基本

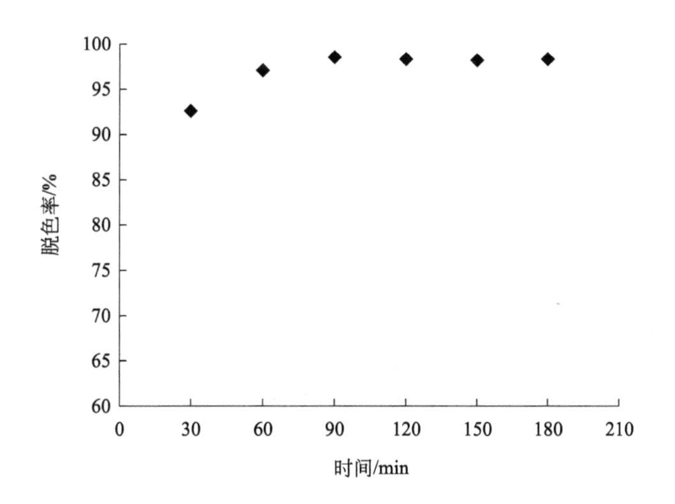

图 7-35　吸附时间对活性黑 KN-B 脱色率的影响

不再发生明显变化，说明吸附达到动态平衡。

7.6.3　吸附温度对活性黑 KN-B 吸附的影响

在各碘量瓶中放入 0.5g 吸附剂，然后分别在每个碘量瓶中加入 200mg/L 的活性黑 KN-B 染料溶液 50mL，在 20℃、25℃、30℃、35℃和 40℃下恒温振荡一定时间，过滤，测定滤液吸光度，实验结果见图 7-36。

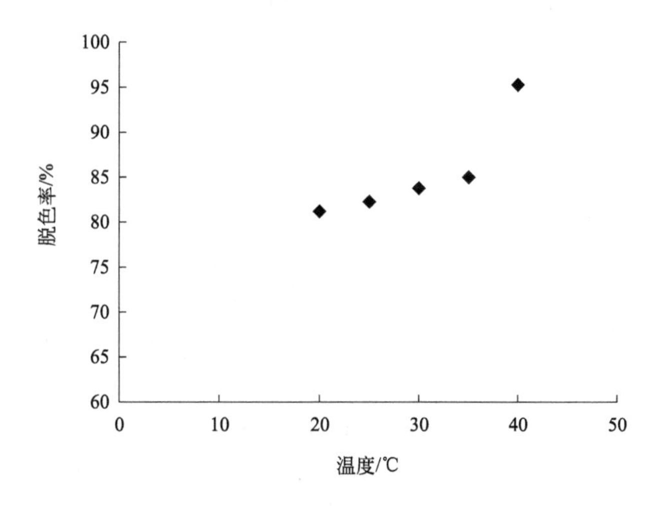

图 7-36　温度对活性黑 KN-B 脱色率的影响

如图 7-36 所示，溶液的脱色率随温度的升高而增大。在 20℃时，溶液的脱色率为 81.2%；在温度为 40℃时，脱色率有明显增大，达到 95.3%，比在 20℃时增加了 14.1%。说明温度越高，吸附效果越好。

7.6.4 pH 值对活性黑 KN-B 吸附的影响

在各碘量瓶中分别放入 0.5g 吸附剂，然后在每个碘量瓶中加入 200mg/L 的活性黑 KN-B 染料溶液 50mL，分别调节溶液 pH 值为 3、4、5、6、7、8、9、10、11，在 22℃下恒速振荡 2h，过滤之后，测定吸光度，并以脱色率对 pH 值作图，结果见图 7-37。

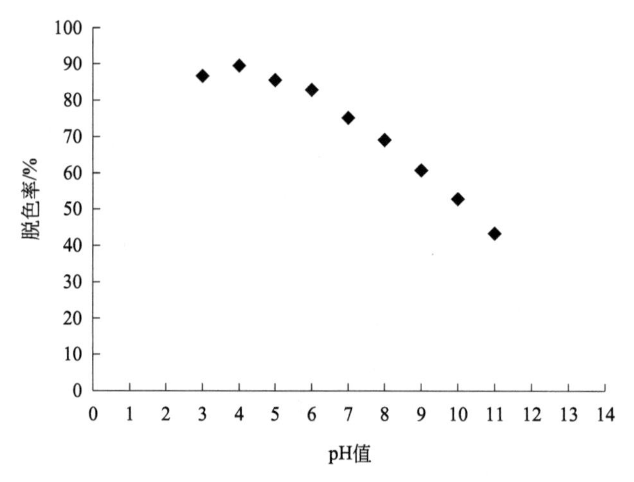

图 7-37 pH 值对活性黑 KN-B 脱色率的影响

如图 7-37 所示，pH 值对脱色率具有明显的影响。当 pH 值为 3 时，溶液的脱色率为 86.7%；当 pH 值为 4 时，溶液的脱色率达到最大值 89.5%；之后溶液的脱色率随着 pH 值的增大而降低，当 pH 值为 11 时溶液的脱色率降低到 42.9%，与最大值相比下降了 46.6%。说明活性黑 KN-B 在酸性条件下脱色率较大，而在碱性条件下脱色率减小，最佳脱色 pH 值约为 4。

7.6.5 吸附动力学

在各碘量瓶中分别放入 0.7g 吸附剂，然后在每个碘量瓶中加入浓度为 50mg/L 的活性黑 KN-B 染料溶液 50mL，分别在 22℃ 下恒温振荡 30min、60min、90min、120min、150min、180min、210min、240min、270min、300min、330min、360min，过滤，测定吸光度，并在相同的条件下只改变染料浓度为 100mg/L、150mg/L 进行实验，测定吸光度，计算吸附量。活性黑 KN-B 染料溶液在 50mg/L、100mg/L、150mg/L 浓度下吸附量随时间的变化如图 7-38 所示。

以 ln（$Q_e - Q_t$）对时间 t 作图，得到准一级动力学模型线性拟合结果如图 7-39 所示。

由图 7-39 可以得出不同浓度下的准一级动力学模型拟合方程，根据拟合方程可以求得准一级动力学相关参数，见表 7-21。

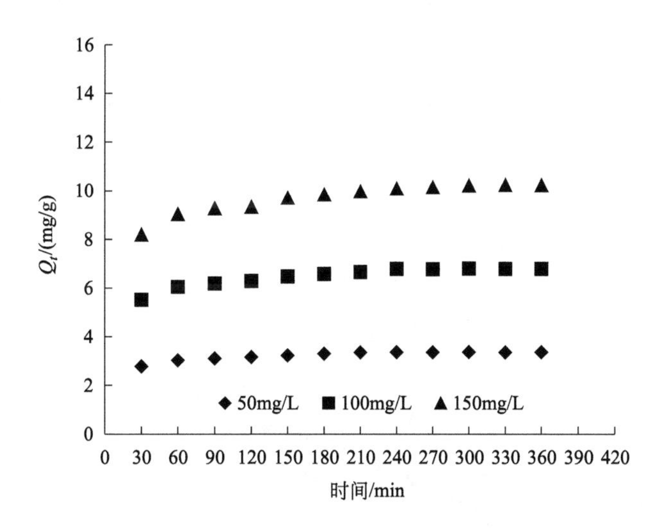

图 7-38 活性黑 KN-B 吸附量随时间的变化

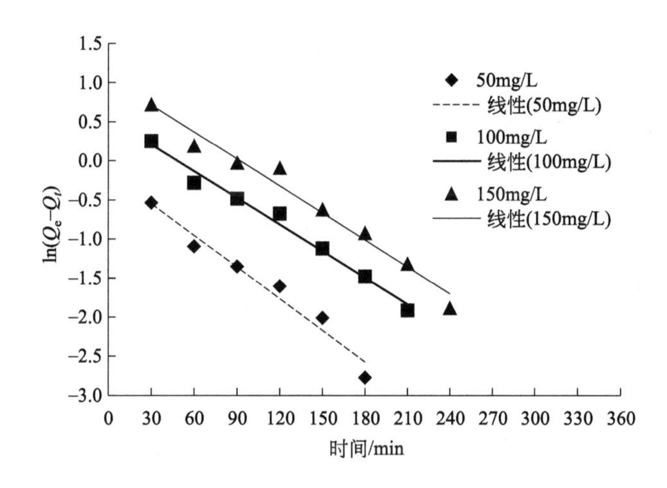

图 7-39 活性黑 KN-B 准一级动力学模型线性拟合曲线

表 7-21 活性黑 KN-B 准一级动力学模型拟合方程和相关参数

初始浓度/(mg/L)	准一级动力学方程	R^2	K_1/min^{-1}	理论 Q_e 值/(mg/g)	实际 Q_e 值/(mg/g)
50	$y=-0.0135x-0.1433$	0.9632	0.0135	0.8665	3.3625
100	$y=-0.0113x+0.5466$	0.9845	0.0113	1.7274	6.8089
150	$y=-0.0115x+1.0580$	0.9744	0.0115	2.8806	10.2509

由表 7-21 可知，当初始浓度为 50mg/L 时，准一级动力学方程的 R^2 为 0.9632；当初始浓度为 100mg/L 时，R^2 为 0.9845；150mg/L 时，R^2 为 0.9744。由图 7-39 可知，在 50mg/L 的溶液浓度下，180min 时达到吸附平衡；在 100mg/L、150mg/L 时分

别在 240min、270min 达到吸附平衡。说明溶液的浓度越低，达到吸附平衡的时间越短。由表 7-21 还可以看出，理论值 Q_c 和实际值 Q_c 差别都比较大。

以 t/Q_t 对时间 t 作图，得到准二级动力学模型线性拟合结果如图 7-40 所示。

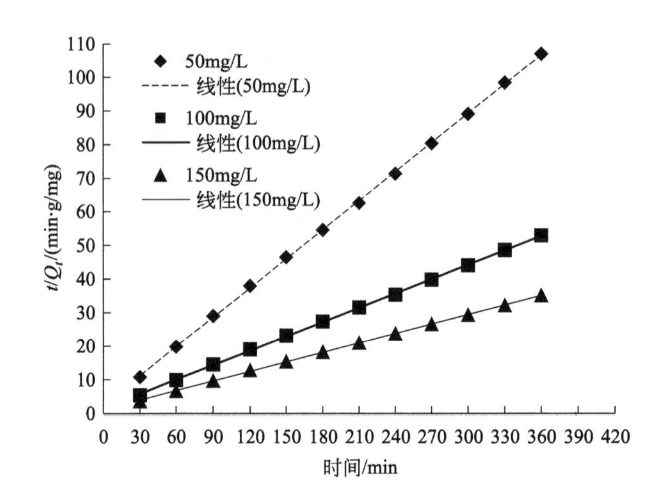

图 7-40 活性黑 KN-B 准二级动力学模型线性拟合曲线

由图 7-40 可以得出不同浓度下的准二级动力学模型拟合方程，根据方程可以求得准二级动力学相关参数，见表 7-22。

表 7-22 活性黑 KN-B 准二级动力学模型拟合方程和相关参数

初始浓度/(mg/L)	准二级动力学方程	R^2	K_2/[g/(mg·min)]	理论 Q_e 值/(mg/g)	实际 Q_e 值/(mg/g)
50	$y=0.2893x+2.5543$	0.9998	0.0328	3.4566	3.3625
100	$y=0.1424x+1.5334$	0.9997	0.0132	7.0225	6.8089
150	$y=0.0944x+1.1366$	0.9997	0.0078	10.5932	10.2509

由表 7-22 可知，当初始浓度为 50mg/L 时，准二级动力学方程的 R^2 均大于 0.999，说明实验采用准二级动力学模型拟合程度较高。当浓度为 50mg/L 时，在 210min 时吸附达到了平衡；浓度为 100mg/L 时在 240min 时达到了吸附平衡；浓度为 150mg/L 时在 300min 时达到了吸附平衡。并且由表 7-22 还可以看出，理论 Q_e 值和实际 Q_e 值都十分相近，由此可以看出，与准一级动力学模型相比，准二级动力学模型能够更好地描述活性黑 KN-B 的吸附行为。

可以采用颗粒内扩散模型来描述物质在颗粒内部的动力学扩散过程。以 Q_t 对 $t^{0.5}$ 作图，得到颗粒内扩散模型线性拟合结果如图 7-41 所示。

由图 7-41 可以得出不同浓度下的颗粒内扩散模型拟合方程，根据方程可以求得颗粒内扩散相关参数，见表 7-23。

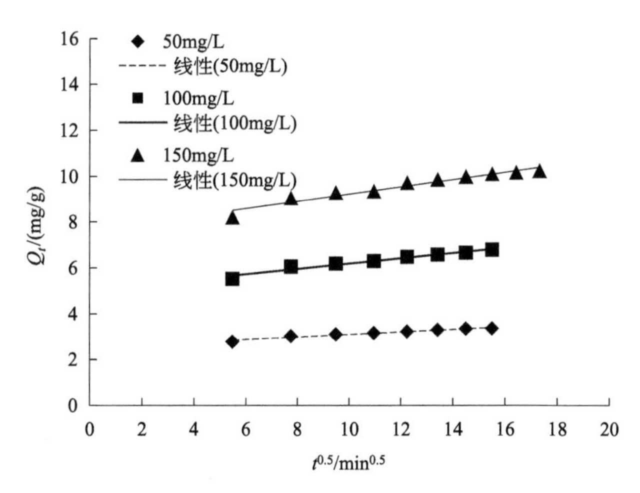

图 7-41 颗粒内扩散模型线性拟合曲线

表 7-23 活性黑 KN-B 颗粒内扩散模型拟合方程和相关参数

初始浓度/(mg/L)	颗粒内扩散方程	R^2	K_3/[mg/(g·min$^{0.5}$)]	C/(mg/g)
50	$y=0.0558x+2.5410$	0.9645	0.0558	2.5410
100	$y=0.1160x+5.0295$	0.9617	0.1160	5.0295
150	$y=0.1589x+7.6334$	0.9433	0.1589	7.6334

由图 7-41 和表 7-23 中相关系数 R^2 和颗粒内扩散模型拟合常数可以看出，污泥衍生碳材料吸附剂对活性黑 KN-B 的吸附受颗粒内扩散速率的影响，但颗粒内扩散不是唯一的限速步骤，还受到其他如液膜扩散等因素的影响。

7.6.6 吸附等温线

配制浓度为 60mg/L、90mg/L、120mg/L、150mg/L、180mg/L、210mg/L 、240mg/L、270mg/L、300mg/L 的活性黑 KN-B 溶液各 50mL，分别加入 0.5g 吸附剂，放入摇床中振荡吸附 12h，转速控制在 110～120r/min 范围内，过滤，测定滤液吸光度，计算吸附量。分别在 20℃、30℃和 40℃温度下测得实验数据，绘制吸附等温曲线，以 Q_e 对 C_e 作图，结果如图 7-42 所示。

由图 7-42 可以看出，在吸附开始时，吸附速率相对较快，然后慢慢地趋于平缓直至达到吸附平衡。不同温度状态下，随着吸附平衡浓度的增大，平衡吸附量也在不断增加，并且吸附量变化的程度越来越小，慢慢地达到最大吸附量，吸附趋于饱和，并且 40℃温度时的吸附量最大。

以 C_e/Q_e 对 C_e 作图，Langmuir 模型线性拟合结果如图 7-43 所示。

由图 7-43 可以得出不同浓度下的 Langmuir 等温吸附模型拟合方程，根据拟合方程可以求得 Langmuir 等温吸附模型相关参数，见表 7-24。

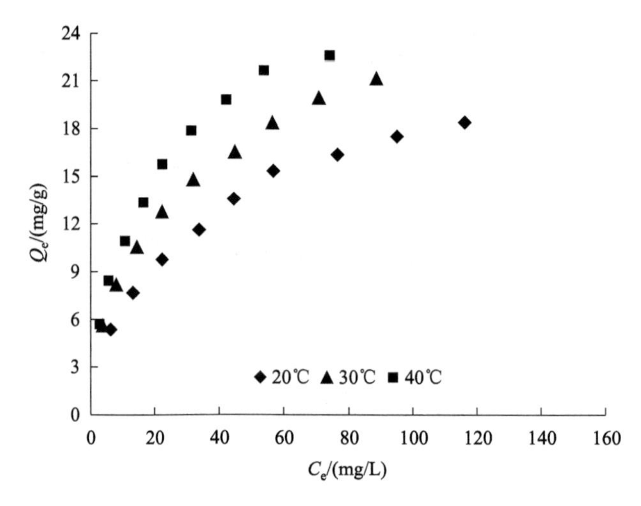

图 7-42　活性黑 KN-B 吸附等温曲线

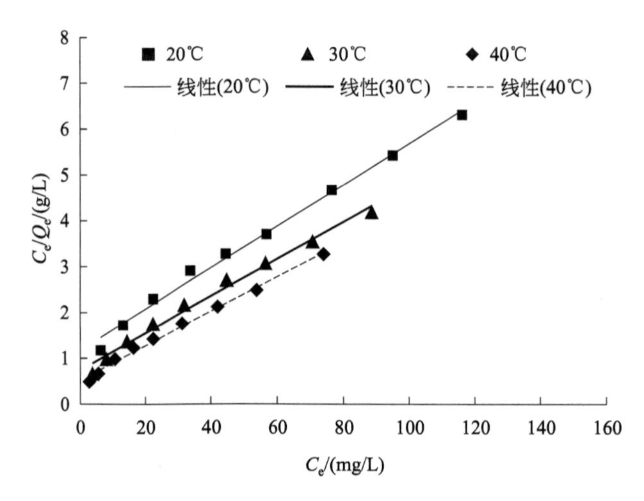

图 7-43　活性黑 KN-B 的 Langmuir 等温吸附线性拟合曲线

表 7-24　活性黑 KN-B 的 Langmuir 等温吸附模型拟合方程和相关参数

温度/℃	Langmuir 等温吸附拟合方程	R^2	Q_m/(mg/g)	K_L/(L/mg)
20	$y=0.0451x+1.1707$	0.9929	22.1729	0.03852
30	$y=0.0405x+0.7374$	0.9881	24.6914	0.05492
40	$y=0.0377x+0.5191$	0.9929	26.5252	0.07263

由图 7-43 和表 7-24 可以看出，当温度为 20℃时，Langmuir 等温吸附模型拟合方程的 R^2 为 0.9929；当温度为 30℃时，Langmuir 等温吸附模型拟合方程的 R^2 为 0.9881；当温度为 40℃时，Langmuir 等温吸附模型拟合方程的 R^2 为 0.9929。本次实验数据和 Langmuir 等温方程拟合曲线拟合程度较好，说明污泥衍生碳材料吸附剂对活性黑 KN-B 的吸附符合 Langmuir 等温模型。

以 $\ln Q_e$ 对 $\ln C_e$ 作图，Freundlich 模型线性拟合结果如图 7-44 所示。

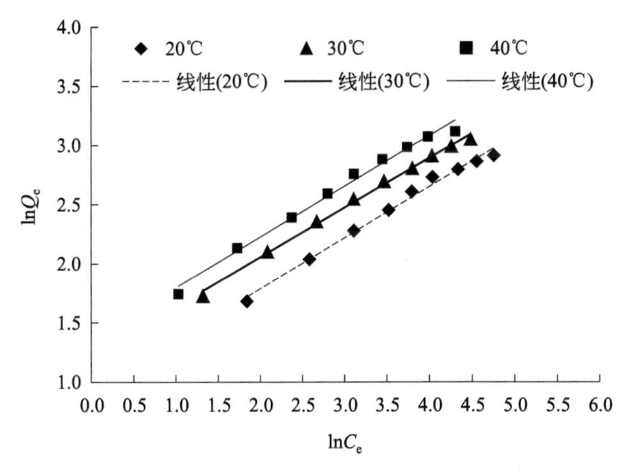

图 7-44 活性黑 KN-B 的 Freundlich 等温吸附线性拟合曲线

由图 7-44 可以得出不同温度下的 Freundlich 等温吸附模型拟合方程，根据方程可以求得 Freundlich 模型相关参数，见表 7-25，其中 n 为浓度指数，K_F 为 Freundlich 常数。

表 7-25 活性黑 KN-B 的 Freundlich 等温吸附模型拟合方程和相关参数

温度/℃	Freundlich 等温吸附拟合方程	R^2	K_F/(mg/g)	n/(g/L)
20	$y=0.4311x+0.9257$	0.9910	2.5236	2.3196
30	$y=0.4181x+1.2189$	0.9963	3.3835	2.3918
40	$y=0.4282x+1.3694$	0.9889	3.9330	2.3354

由表 7-25 可以看出，当温度为 20℃时，Freundlich 等温吸附模型拟合方程的 R^2 为 0.9910；当温度为 30℃时，Freundlich 等温吸附模型拟合方程的 R^2 为 0.9963；当温度为 40℃时，Freundlich 等温吸附模型拟合方程的 R^2 为 0.9889。本次实验数据和 Freundlich 等温方程拟合曲线的拟合程度较好，说明污泥衍生碳材料吸附剂对活性黑 KN-B 的吸附符合 Freundlich 等温模型。

对比表 7-24 和表 7-25 中的拟合相关系数 R^2 可以看出，污泥衍生碳材料对活性黑 KN-B 的吸附用 Langmuir 和 Freundlich 等温模型都有很好的拟合效果。

7.6.7 吸附热力学

通过计算热力学参数吉布斯自由能（ΔG）、焓变（ΔH）和熵变（ΔS），可以帮助我们了解吸附机制。

活性黑 KN-B 的热力学参数计算结果见表 7-26。

表 7-26 活性黑 KN-B 的热力学参数

初始浓度 /(mg/L)	ΔH /(kJ/mol)	ΔS /[J/(mol·K)]	ΔG/(kJ/mol)		
			20℃	30℃	40℃
60	33.41	112.99	0.39	−1.03	−1.86
90	36.38	119.80	1.33	−0.04	−1.06
120	32.45	104.01	2.03	0.79	−0.05
150	32.97	103.76	2.61	1.41	0.54
180	31.78	98.52	2.89	1.95	0.92
210	28.29	85.47	3.19	2.51	1.47
240	30.06	89.79	3.76	2.83	1.96
270	29.80	87.71	4.12	3.19	2.78
300	25.10	70.54	4.49	3.61	3.09

由表 7-26 可知，在 20℃、30℃和 40℃三个实验温度以及 60～300mg/L 初始浓度范围内，ΔG 在同一温度下，随着初始浓度的增大逐渐增大，且在同一初始浓度下随着温度的升高而减小，说明污泥衍生碳材料对活性黑 KN-B 的吸附在较低的初始浓度下比较容易进行，自发程度较大，且升温有利于吸附的进行。

表 7-26 中所有 $\Delta H>0$，说明该吸附是吸热反应，升温有利于吸附的进行，这与吸附等温模型结果讨论一致。ΔH 的绝对值在 0～40kJ/mol 范围内属于物理吸附，在 40～418kJ/mol 范围内为化学吸附，所以污泥衍生碳材料对活性黑 KN-B 的吸附以物理吸附为主。

表 7-26 中所有 $\Delta S>0$，说明该吸附是一个系统自由度增加的过程，随着吸附的进行，活性黑 KN-B 的染料分子从溶液中被吸附到固液吸附剂界面上，从原来的有序变得混乱无序。

7.7 污泥衍生碳材料对酸性紫 48 的吸附

污泥衍生碳材料以污泥（90%）和锯末（10%）为原料，采用氯化锌化学活化法制备，500℃下炭化 2h。

7.7.1 投加量对酸性紫 48 吸附的影响

实验条件：酸性紫 48 染料溶液的初始浓度为 350mg/L，染料溶液体积为 100mL，污泥衍生碳材料投加量分别为 0、0.01mg、0.02mg、0.03mg、0.04mg、0.05mg、0.06mg、0.07mg、0.08mg、0.09mg、0.10mg、0.11mg 和 0.12mg，温度为 23℃，振荡吸附时间为 180min。酸性紫 48 脱色率随污泥衍生碳材料投加量的变化见图 7-45。

从图 7-45 中可以看出，酸性紫 48 的脱色率随着污泥衍生碳材料投加量的增加而增

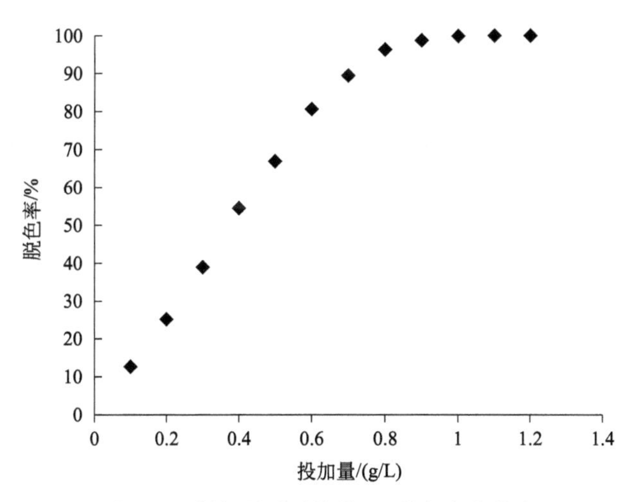

图 7-45　投加量对酸性紫 48 脱色率的影响

大，对于染料初始浓度为 350mg/L 的酸性紫 48 来说，当污泥衍生碳材料吸附剂的投加量达到 1g/L 时，酸性紫 48 的脱色率达到 99.89%，几乎全部染料分子都被吸附；继续增加污泥衍生碳材料吸附剂的用量，脱色率达到 100%。这主要是由于污泥衍生碳材料投加量的增加，增加了吸附剂对酸性紫 48 染料分子的吸附位点，因此认为对酸性紫 48 来说最佳的投加量为 1g/L。

7.7.2　pH 值对酸性紫 48 吸附的影响

实验条件：酸性紫 48 染料溶液的初始浓度为 250mg/L，染料溶液体积为 100mL，酸性紫 48 染料溶液的初始 pH 值范围为 2～10，温度为 23℃，振荡吸附时间为 180min。酸性紫 48 的脱色率随染料溶液 pH 值的变化见图 7-46。

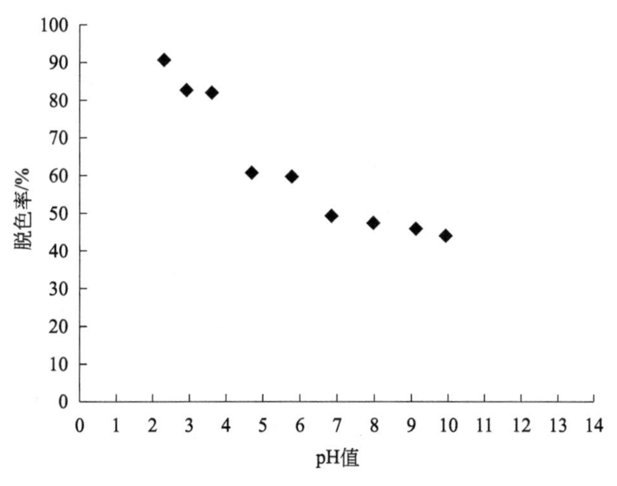

图 7-46　pH 值对酸性紫 48 脱色率的影响

从图 7-46 中可以看出，随着 pH 值的减小，污泥衍生碳材料吸附剂对酸性紫 48 的脱色率增大，说明酸性条件利于吸附。pH 值主要改变的是污泥衍生碳材料吸附剂表面的带电情况，当 pH 值减小时，即溶液中的 H^+ 浓度升高，则使污泥衍生碳材料吸附剂表面带正电，因为酸性紫 48 是阴离子染料，则污泥衍生碳材料吸附剂与酸性紫 48 染料之间的静电引力增强，导致脱色率增大。

7.7.3 吸附动力学

实验条件：酸性紫 48 染料溶液浓度分别为 100mg/L、200mg/L 和 300mg/L，污泥衍生碳材料投加量为 0.8g/L，振荡吸附时间为 720min，中间每隔一段时间取样分析，根据吸光度，计算染料溶液浓度和吸附量等值。染料溶液浓度分别为 100mg/L、200mg/L 和 300mg/L 的酸性紫 48 的吸附量随时间的变化曲线见图 7-47。

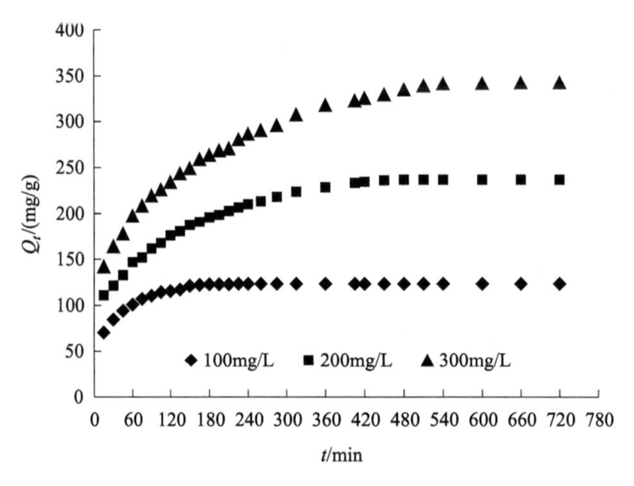

图 7-47 酸性紫 48 吸附量随时间的变化

由图 7-47 可以看出，在 100mg/L 的溶液浓度下，时间在 225min 时达到吸附平衡，浓度 200mg/L、300mg/L 时分别在 480min、660min 时达到吸附平衡，说明溶液的浓度越低，达到吸附平衡的时间越短。

以 $\ln(Q_e-Q_t)$ 对时间 t 作图，得到准一级动力学模型线性拟合曲线如图 7-48 所示。

由图 7-48 可以得出不同浓度下的准一级动力学模型拟合方程，根据拟合方程可以求得准一级动力学相关参数，见表 7-27。

表 7-27 酸性紫 48 准一级动力学模型拟合方程和相关参数

初始浓度/(mg/L)	准一级动力学方程	R^2	K_1/min^{-1}	理论 Q_e 值/(mg/g)	实际 Q_e 值/(mg/g)
100	$y=-0.02302x+4.480$	0.9439	0.02302	88.238	123.31
200	$y=-0.01016x+5.365$	0.9114	0.01016	213.79	236.84
300	$y=-0.00847x+5.797$	0.9026	0.00847	329.31	342.61

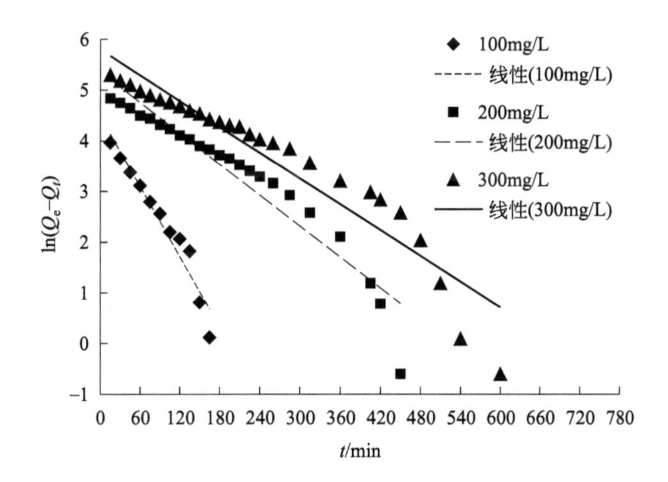

图 7-48　酸性紫 48 的准一级动力学模型拟合曲线

由表 7-27 可知，当初始浓度为 100mg/L、200mg/L 和 300mg/L 时，R^2 分别为 0.9439、0.9114 和 0.9026。从表 7-27 中还可以看出，100mg/L 时理论值 Q_e 和实际值 Q_e 相差 39.75%，200mg/L 时理论值 Q_e 和实际值 Q_e 相差 10.78%，300mg/L 时理论值 Q_e 和实际值 Q_e 相差 4.04%。说明浓度越低，采用准一级动力学模型拟合的理论值和实际值相差越大。

以 t/Q_t 对时间 t 作图，得到准二级动力学模型线性拟合结果如图 7-49 所示。

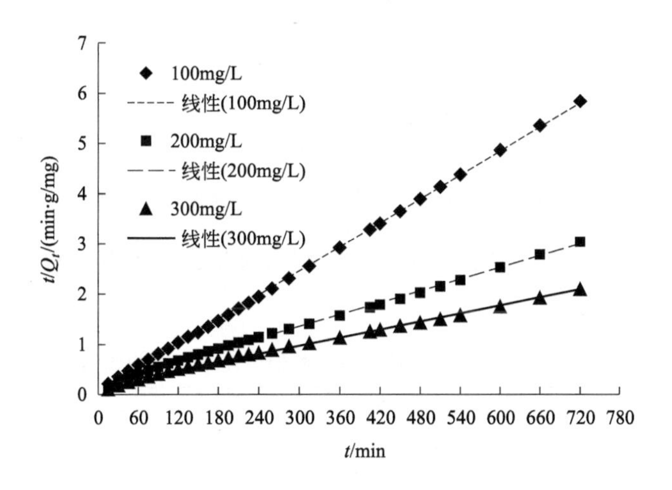

图 7-49　酸性紫 48 的准二级动力学模型拟合曲线

由图 7-49 可以得出不同浓度下的准二级动力学模型拟合方程，根据方程可以求得准二级动力学相关参数，见表 7-28。

表 7-28 酸性紫 48 的准二级动力学模型拟合方程和相关参数

初始浓度/(mg/L)	准二级动力学方程	R^2	K_2/[g/(mg·min)]	理论 Q_e 值/(mg/g)	实际 Q_e 值/(mg/g)
100	$y=0.00795x+0.072$	0.9997	8.78×10^{-4}	125.79	123.31
200	$y=0.00391x+0.185$	0.9980	8.26×10^{-5}	255.75	236.84
300	$y=0.00267x+0.168$	0.9961	4.24×10^{-5}	374.53	342.61

由表 7-28 可知，对于初始浓度为 100mg/L、200mg/L 和 300mg/L 的染料溶液，准二级动力学方程的 R^2 均>0.99，说明准二级动力学模型对酸性紫 48 的实验数据的拟合程度较高。由表 7-28 还可以看出，在染料初始浓度为 100mg/L、200mg/L 和 300mg/L 时，理论 Q_e 值和实际 Q_e 值的误差均<10%。通过与表 7-27 中数据对比可知，与准一级动力学方程相比，准二级动力学模型能够更好地描述酸性紫 48 的吸附行为。

也可以采用颗粒内扩散方程来描述物质在颗粒内部的动力学扩散过程，以 Q_t 对 $t^{0.5}$ 作图，得到颗粒内扩散模型线性拟合结果如图 7-50 所示。

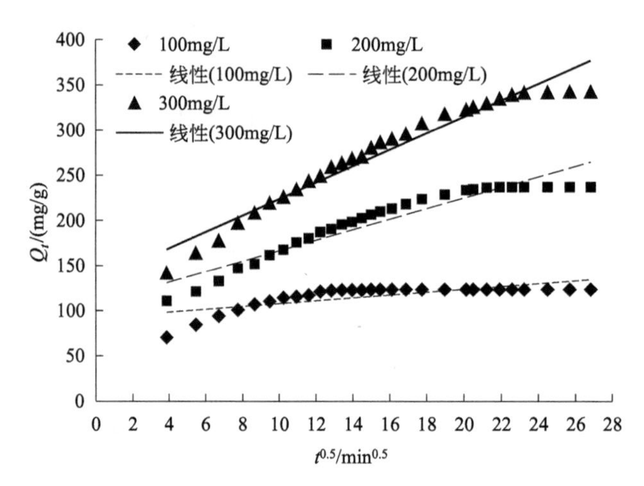

图 7-50 酸性紫 48 的颗粒内扩散模型拟合曲线

由图 7-50 可以得出不同浓度下的颗粒内扩散模型拟合方程，根据方程可以求得颗粒内扩散相关参数，见表 7-29。

表 7-29 酸性紫 48 的颗粒内扩散模型拟合方程和相关参数

初始浓度/(mg/L)	颗粒内扩散模型拟合方程	R^2	K_3/[mg/(g·min$^{0.5}$)]	C/(mg/g)
100	$y=1.5709x+92.083$	0.5570	1.5709	92.083
200	$y=5.8162x+108.34$	0.9068	5.8162	108.34
300	$y=9.0959x+132.61$	0.9532	9.0959	132.61

由图 7-50 和表 7-29 中相关系数 R^2 和颗粒内扩散模型拟合常数可以看出，相关系数 R^2 值并不高，尤其是在 100mg/L 时，R^2 仅为 0.5570，从常数 C 来看均不为零，说

明拟合曲线不通过原点，说明污泥衍生碳材料吸附剂对酸性紫 48 的吸附受颗粒内扩散速率的影响，但是颗粒内扩散过程不是唯一的限速步骤，还受其他扩散因素的影响。

7.7.4 吸附等温线

实验条件：酸性紫 48 初始染料溶液浓度为 170～560mg/L，污泥衍生碳材料吸附剂投加量为 0.5g/L，分别在 15℃、25℃和 35℃温度下振荡吸附 12h，测定吸光度，计算平衡浓度和吸附量，以 Q_e 对 C_e 作图，见图 7-51。

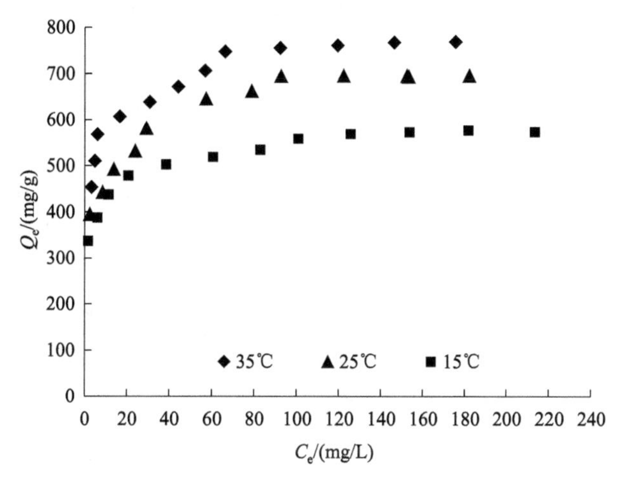

图 7-51 酸性紫 48 的吸附等温线

由图 7-51 可以看出，在 15℃、25℃和 35℃三个不同温度状态下，随着平衡浓度的增加，平衡吸附量也在不断增大，同等条件下温度越高，吸附量越大。在吸附开始时，平衡吸附量随着平衡浓度的增加增大得相对较快，然后慢慢地趋于平缓。

采用 Langmuir 模型对实验数据进行拟合，以 C_e/Q_e 对 C_e 作图，结果如图 7-52 所示。

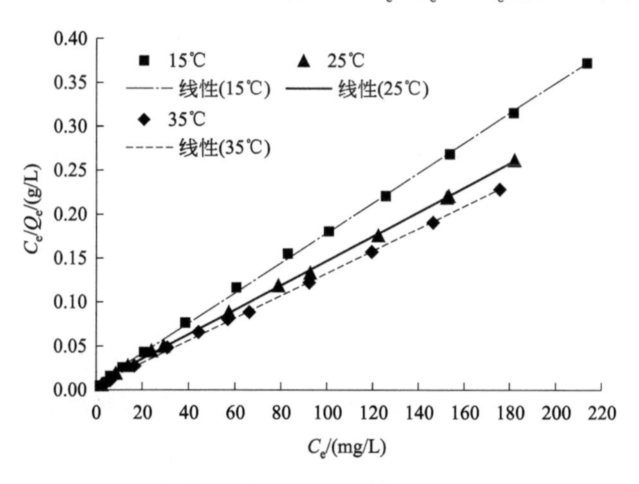

图 7-52 酸性紫 48 的 Langmuir 等温吸附线性拟合曲线

由图 7-52 可以得出不同浓度下的 Langmuir 等温吸附模型拟合方程，根据拟合方程可以求得 Langmuir 吸附等温模型相关参数，见表 7-30。

表 7-30　酸性紫 48 的 Langmuir 等温吸附模型拟合方程和相关参数

温度/℃	Langmuir 等温吸附模型拟合方程	R^2	Q_m/(mg/g)	K_L/(L/mg)
15	$y=0.0017x+0.007$	0.9992	588.24	0.2429
25	$y=0.0013x+0.007$	0.9992	769.23	0.1857
35	$y=0.0012x+0.005$	0.9990	833.33	0.2400

由图 7-52 和表 7-30 可以看出，当温度为 15℃、25℃和 35℃时，Langmuir 等温吸附模型拟合方程的 R^2 均大于 0.999，说明实验数据和 Langmuir 等温吸附模型拟合方程的拟合程度非常好，说明污泥衍生碳材料吸附剂对酸性紫 48 的吸附符合 Langmuir 等温模型。

以 $\ln Q_e$ 对 $\ln C_e$ 作图，Freundlich 模型线性拟合结果如图 7-53 所示。

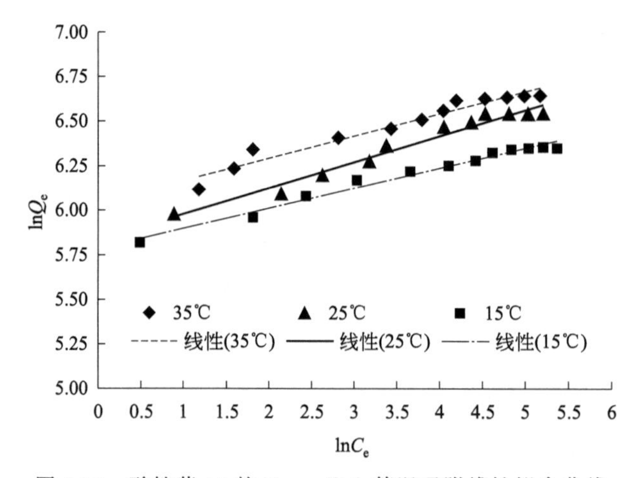

图 7-53　酸性紫 48 的 Freundlich 等温吸附线性拟合曲线

由图 7-53 可以得出不同温度下的 Freundlich 等温吸附模型拟合方程，根据方程可以求得 Freundlich 模型相关参数，见表 7-31，其中 n 为浓度指数，K_F 为 Freundlich 常数。

表 7-31　酸性紫 48 的 Freundlich 等温吸附模型拟合方程和参数

温度/℃	Freundlich 等温吸附模型拟合方程	R^2	K_F/(mg/g)	n/(g/L)
15	$y=0.1130x+5.7858$	0.9807	325.38	8.8496
25	$y=0.1460x+5.8328$	0.9683	341.04	6.8493
35	$y=0.1246x+6.0436$	0.9514	421.15	8.0645

由表 7-31 可以看出，当温度为 15℃时，Freundlich 等温吸附模型拟合方程的 R^2 为 0.9807；当温度为 25℃时，Freundlich 等温吸附模型拟合方程的 R^2 为 0.9683；当温度为 35℃时，Freundlich 等温吸附模型拟合方程的 R^2 为 0.9514。所有的线性相关系数

R^2 均低于表 7-30 中的 Langmuir 线性相关系数 R^2，说明对于污泥衍生碳材料吸附剂对酸性紫 48 的吸附，Langmuir 等温模型比 Freundlich 等温模型更适合。n 在 2～10g/L 之间，说明污泥衍生碳材料对酸性紫 48 的吸附比较容易。

7.7.5 吸附热力学

通过计算热力学参数吉布斯自由能（ΔG）、焓变（ΔH）和熵变（ΔS），可以帮助我们了解吸附机制。

酸性紫 48 的热力学参数计算结果见表 7-32。

表 7-32 酸性紫 48 的热力学参数

初始浓度/(mg/L)	ΔH /(kJ/mol)	ΔS /[J/(mol·K)]	ΔG/(kJ/mol)		
			15℃	25℃	35℃
320	53.42	203.61	−5.22	−7.25	−9.29
350	42.94	164.46	−4.43	−6.07	−7.72
380	37.02	142.51	−4.02	−5.44	−6.87
470	34.84	130.25	−2.67	−3.97	−5.27
500	31.75	118.22	−2.29	−3.47	−4.66

由表 7-32 可知，在 15℃、25℃和 35℃三个实验温度以及 320～500mg/L 初始浓度范围内，所有 $\Delta G<0$，且随着初始浓度的增加逐渐升高，而且在同一初始浓度下，随着温度的升高而减小，说明污泥衍生碳材料对酸性紫 48 的吸附是自发进行的。所有 $\Delta H>0$，说明该吸附是吸热反应，升温有利于吸附的进行，这与吸附等温模型结果讨论一致。所有 $\Delta S>0$，说明该吸附是一个系统自由度增加的过程，随着吸附的进行酸性紫 48 的染料分子从溶液中被吸附到固液吸附剂界面上，从原来的有序变得混乱无序，是一个熵增大的过程[25]。

7.8 污泥衍生碳材料对酸性翠蓝 2G 的吸附

污泥衍生碳材料以污泥（80%）和秸秆（20%）为原料，采用氯化锌化学活化法制备，500℃下炭化 2h。

7.8.1 投加量对酸性翠蓝 2G 吸附的影响

实验条件：酸性翠蓝 2G 染料溶液的初始浓度为 400mg/L，染料溶液体积为 100mL，污泥衍生碳材料投加量分别为 0.1mg/L、0.2mg/L、0.3mg/L、0.4mg/L、0.5mg/L、0.6mg/L、0.7mg/L、0.8mg/L 和 0.9mg/L，温度为 27℃，振荡吸附时间为 180min。酸性翠蓝 2G 的脱色率随污泥衍生碳材料投加量的变化见图 7-54。

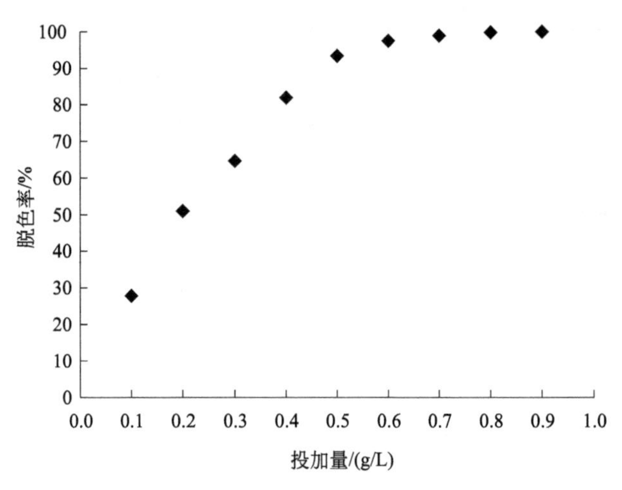

图 7-54　投加量对酸性翠蓝 2G 脱色率的影响

从图 7-54 中可以看出，酸性翠蓝 2G 的脱色率随着污泥衍生碳材料投加量的增加而增大，对于染料初始浓度为 400mg/L 的酸性翠蓝 2G 来说，当污泥衍生碳材料吸附剂的投加量从 0.1g/L 增加到 0.8g/L 时，酸性翠蓝 2G 的脱色率从 27.82％增大到 99.73％，几乎全部染料分子被吸附，继续增加污泥衍生碳材料吸附剂的用量，脱色率达到 100％。这主要是由于污泥衍生碳材料投加量的增加，增加了吸附剂对酸性翠蓝 2G 染料分子的吸附位点，因此认为对酸性翠蓝 2G 来说最佳的投加量为 0.8g/L。

7.8.2　pH 值对酸性翠蓝 2G 吸附的影响

实验条件：酸性翠蓝 2G 染料溶液的初始浓度为 240mg/L，染料溶液体积为 100mL，染料溶液的初始 pH 值范围为 2～11，温度为 27℃，振荡吸附时间为 180min。酸性翠蓝 2G 脱色率随染料溶液 pH 值的变化见图 7-55。

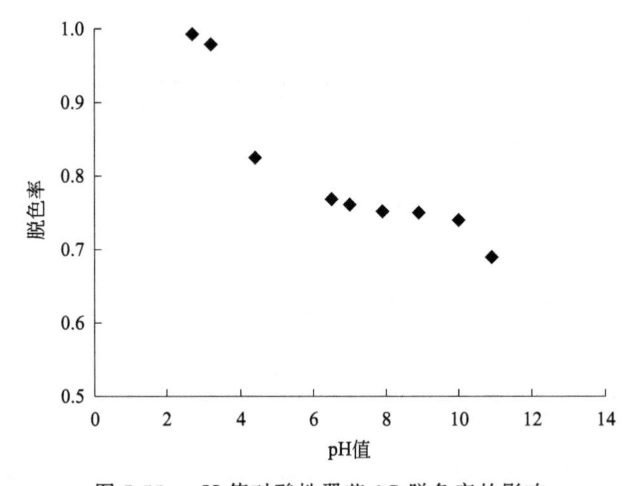

图 7-55　pH 值对酸性翠蓝 2G 脱色率的影响

从图 7-55 中可以看出，当 pH 值为 10.9 时脱色率仅为 68.93%；之后随着 pH 值的减小，污泥衍生碳材料吸附剂对酸性翠蓝 2G 的脱色率增大；当 pH 值降到 2.7 时脱色率达到 99.26%，增加了 30.33%，说明酸性条件利于吸附。这是因为 pH 值会改变污泥衍生碳材料吸附剂表面的带电情况，当 pH 值减小时，即溶液中 H^+ 的浓度升高，则使污泥衍生碳材料吸附剂表面带正电，而酸性翠蓝 2G 是阴离子染料，则污泥衍生碳材料吸附剂与酸性翠蓝 2G 染料之间的静电引力增强，导致脱色率增大。

7.8.3 吸附动力学

实验条件：酸性翠蓝 2G 染料溶液浓度分别为 100mg/L、200mg/L 和 300mg/L，污泥衍生碳材料投加量为 0.5g/L，振荡吸附时间为 720min，中间每隔一段时间取样分析，根据吸光度，计算染料溶液浓度和吸附量等值。染料溶液分别为 100mg/L、200mg/L 和 300mg/L 的酸性翠蓝 2G 的吸附量随时间的变化曲线见图 7-56。

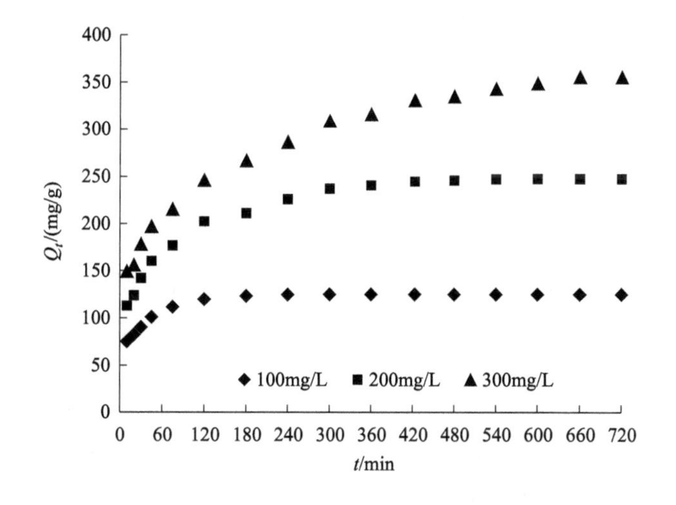

图 7-56 酸性翠蓝 2G 吸附量随时间的变化

由图 7-56 可知，在 100mg/L 的溶液浓度下，240min 时达到吸附平衡，200mg/L、300mg/L 时分别在 600min、660min 时达到吸附平衡，说明溶液的浓度越低，达到吸附平衡的时间越短。

以 ln（Q_e-Q_t）对时间 t 作图，得到准一级动力学模型线性拟合曲线如图 7-57 所示。

由图 7-57 可以得出不同浓度下的准一级动力学模型拟合方程，根据拟合方程可以求得准一级动力学相关参数，见表 7-33。

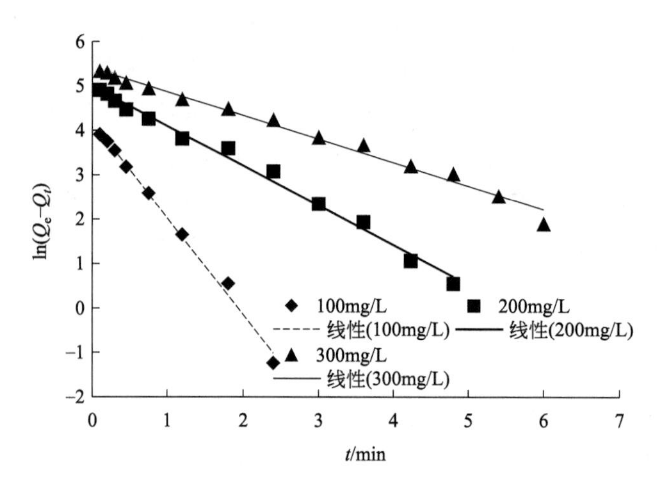

图 7-57　酸性翠蓝 2G 的准一级动力学模型拟合曲线

表 7-33　酸性翠蓝 2G 准一级动力学模型拟合方程和相关参数

初始浓度/(mg/L)	准一级动力学方程	R^2	K_1/min^{-1}	理论 Q_e 值/(mg/g)	实际 Q_e 值/(mg/g)
100	$y=-0.02172x+4.1989$	0.9943	0.02172	66.55	125.00
200	$y=-0.008919x+4.9891$	0.9916	0.00891	146.79	247.68
300	$y=-0.005291x+5.3933$	0.9871	0.00529	219.86	355.57

由表 7-33 可以看出，当酸性翠蓝 2G 溶液的初始浓度为 100mg/L、200mg/L 和 300mg/L 时，R^2 分别为 0.9943、0.9916 和 0.9871，说明实验数据和准一级动力学模型的线性拟合程度较高，但是准一级动力学模型拟合得到的理论值和实际值相差较大。以 t/Q_t 对时间 t 作图，得到准二级动力学模型线性拟合结果如图 7-58 所示。

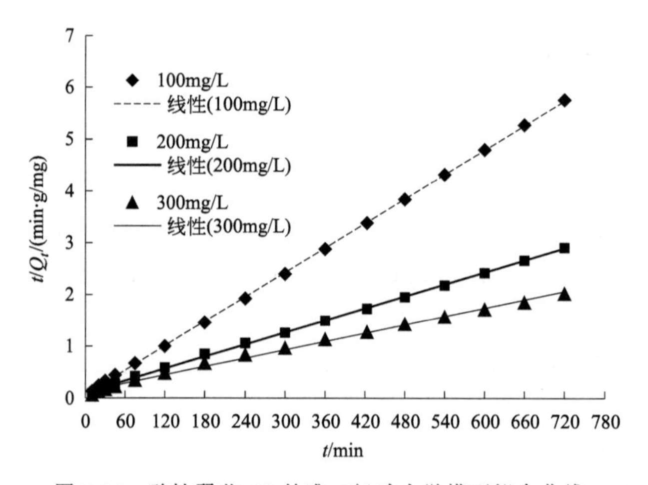

图 7-58　酸性翠蓝 2G 的准二级动力学模型拟合曲线

由图 7-58 可以得出不同浓度下的准二级动力学模型拟合方程，根据方程可以求得准二级动力学相关参数，见表 7-34。

表 7-34 酸性翠蓝 2G 准二级动力学模型拟合方程和相关参数

初始浓度/(mg/L)	准二级动力学方程	R^2	K_2/[g/(mg·min)]	理论 Q_e 值/(mg/g)	实际 Q_e 值/(mg/g)
100	$y=0.00787x+0.0654$	0.9999	9.53×10^{-4}	127.06	125.00
200	$y=0.00387x+0.1044$	0.9993	1.44×10^{-4}	258.40	247.68
300	$y=0.00268x+0.1262$	0.9954	5.70×10^{-5}	373.13	355.57

由表 7-34 可知，对于初始浓度为 100mg/L、200mg/L 和 300mg/L 的染料溶液，准二级动力学方程的 R^2 均>0.99，说明准二级动力学模型与酸性翠蓝 2G 的实验数据的拟合程度很好。并且由表 7-34 还可以看出，在染料初始浓度为 100mg/L、200mg/L 和 300mg/L 时，理论 Q_e 值和实际 Q_e 值的误差均<5%。通过与表 7-33 中的数据对比可知，与准一级动力学方程相比准二级动力学模型能够更好地描述酸性翠蓝 2G 的吸附行为。

也可以采用颗粒内扩散方程来描述物质在颗粒内部的动力学扩散过程，以 Q_t 对 $t^{0.5}$ 作图，颗粒内扩散模型线性拟合结果如图 7-59 所示。

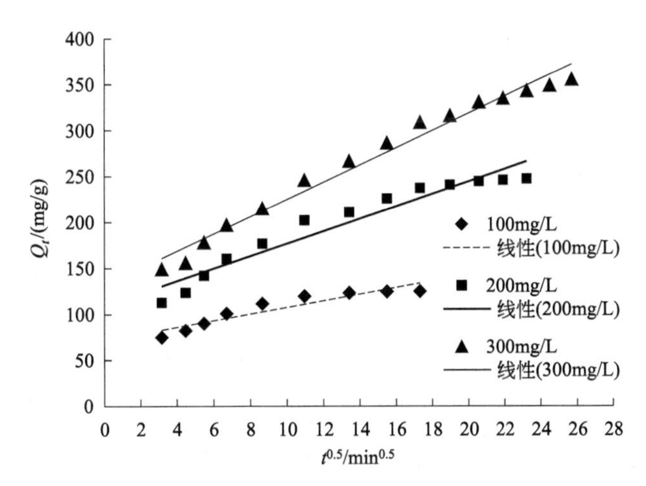

图 7-59 酸性翠蓝 2G 的颗粒内扩散模型拟合曲线

由图 7-59 可以得出不同浓度下的颗粒内扩散模型拟合方程，根据方程可以求得颗粒内扩散相关参数见表 7-35。

表 7-35 酸性翠蓝 2G 的颗粒内扩散模型拟合方程和相关参数

初始浓度/(mg/L)	颗粒内扩散方程	R^2	K_3/[mg/(g·min$^{0.5}$)]	C/(mg/g)
100	$y=3.5960x+71.663$	0.8767	3.596	71.66
200	$y=6.7656x+109.16$	0.9324	6.765	109.16
300	$y=9.3768x+131.11$	0.9789	9.376	131.11

由图 7-59 和表 7-35 中相关系数 R^2 和颗粒内扩散模型拟合常数可以看出，颗粒内扩散方程拟合的相关系数 R^2 值分别为 0.8767、0.9324 和 0.9789，说明基本呈线性，从常数 C 来看均不为零，即拟合曲线不通过原点，说明颗粒内扩散是污泥衍生碳材料吸附剂对酸性翠蓝 2G 吸附的主要控制步骤，但是颗粒内扩散过程不是唯一的控制步骤，还受液膜扩散、液固扩散等因素的影响。

7.8.4 吸附等温线

实验条件：酸性翠蓝 2G 初始染料溶液浓度在 15℃为 310～640mg/L，在 25℃为 370～700mg/L，在 35℃为 400～730mg/L，污泥衍生碳材料吸附剂投加量为 0.5g/L，分别在 15℃、25℃和 35℃温度下振荡吸附 12h。测定吸光度，计算平衡浓度和吸附量，以 Q_e 对 C_e 作图，见图 7-60。

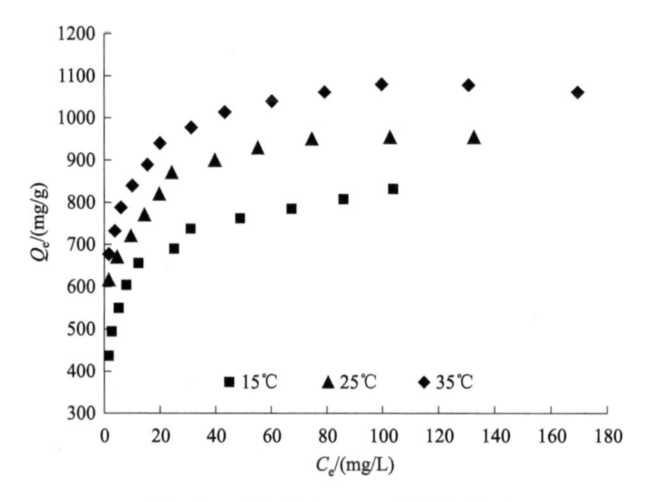

图 7-60 酸性翠蓝 2G 的吸附等温线

由图 7-60 可以看出，在 15℃、25℃和 35℃三个不同温度状态下，随着平衡浓度的增加，平衡吸附量也在不断增加，在低浓度时平衡吸附量增加得相对较快，然后慢慢地趋于平缓。

采用 Langmuir 模型对实验数据进行拟合，以 C_e/Q_e 对 C_e 作图，结果如图 7-61 所示。

由图 7-61 可以得出不同浓度下的 Langmuir 模型拟合方程，根据拟合方程可以求得 Langmuir 吸附等温模型相关参数，见表 7-36。

表 7-36 酸性翠蓝 2G 的 Langmuir 模型拟合方程和相关参数

温度/℃	Langmuir 模型拟合方程	R^2	Q_m/(mg/g)	K_L/(L/mg)
15	$y=0.00119x+0.0039$	0.9983	840.34	0.3051
25	$y=0.00102x+0.0028$	0.9996	980.39	0.3643
35	$y=0.00092x+0.0022$	0.9996	1086.96	0.4182

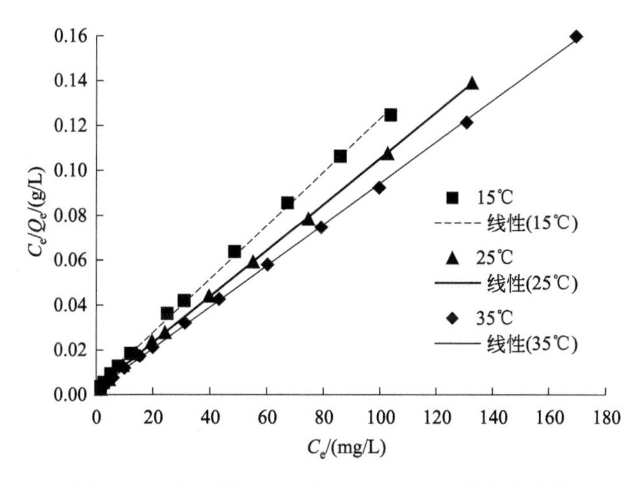

图 7-61　酸性翠蓝 2G 的 Langmuir 模型拟合曲线

由图 7-61 和表 7-36 可以看出，当温度为 15℃、25℃和 35℃时，Langmuir 等温模型拟合方程的 R^2 均大于 0.99，说明实验数据和 Langmuir 等温方程的拟合程度很好，说明污泥衍生碳材料吸附剂对酸性翠蓝 2G 的吸附符合 Langmuir 等温模型。

以 $\ln Q_e$ 对 $\ln C_e$ 作图，Freundlich 模型线性拟合结果如图 7-62 所示。

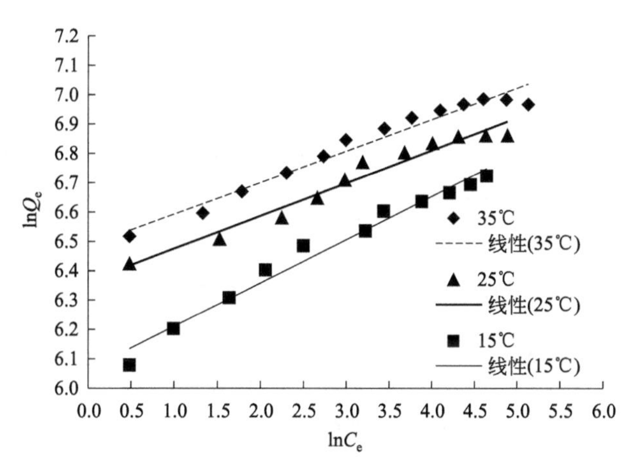

图 7-62　酸性翠蓝 2G 的 Freundlich 等温吸附模型拟合曲线

由图 7-62 可以得出不同温度下的 Freundlich 模型拟合方程，根据方程可以求得 Freundlich 模型相关参数，见表 7-37，其中 n 为浓度指数，K_F 为 Freundlich 常数。

表 7-37　酸性翠蓝 2G 的 Freundlich 模型拟合方程和参数

温度/℃	Freundlich 模型拟合方程	R^2	K_F/(mg/g)	n/(g/L)
15	$y=0.1475x+6.0632$	0.9779	429.75	6.7797
25	$y=0.1115x+6.3638$	0.9627	580.45	8.9686
35	$y=0.1074x+6.4852$	0.9631	655.37	9.3110

由表 7-37 可以看出，当温度为 15℃、25℃和 35℃时，Freundlich 等温模型拟合方程的 R^2 分别为 0.9779、0.9627 和 0.9631，所有的线性相关系数 R^2 均低于表 7-36 中的 Langmuir 线性相关系数 R^2（0.9983、0.9996 和 0.9996），说明对于污泥衍生碳材料吸附剂对酸性翠蓝 2G 的吸附，Langmuir 等温模型比 Freundlich 等温模型更适合，污泥衍生碳材料对酸性翠蓝 2G 以单层微孔吸附为主。n 在 2～10g/L 之间，说明污泥衍生碳材料对酸性翠蓝 2G 的吸附比较容易[26]。

7.8.5 吸附热力学

通过计算热力学参数吉布斯自由能（ΔG）、焓变（ΔH）和熵变（ΔS），可以帮助我们了解吸附机制。

酸性翠蓝 2G 的热力学参数计算结果见表 7-38。

表 7-38 酸性翠蓝 2G 的热力学参数

初始浓度/(mg/L)	ΔH/(kJ/mol)	ΔS/[J/(mol·K)]	ΔG/(kJ/mol)		
			15℃	25℃	35℃
370	72.05	277.74	−7.94	−10.72	−13.49
400	63.36	246.14	−7.53	−9.99	−12.45
430	61.99	238.40	−6.67	−9.06	−11.44
460	59.19	226.73	−6.11	−8.38	−10.65
490	59.38	224.93	−5.40	−7.65	−9.90
520	50.09	191.35	−5.02	−6.93	−8.84

由表 7-38 可知，在 15℃、25℃和 35℃三个实验温度以及 370～520mg/L 初始浓度范围内，所有 $\Delta G<0$，说明污泥衍生碳材料对酸性翠蓝 2G 的吸附是自发进行的，随着温度的升高 ΔG 逐渐减小。所有 $\Delta H>0$，说明该吸附是吸热反应，升温有利于吸附的进行。所有 $\Delta S>0$，说明该吸附是一个熵增大的过程，这是由于随着吸附的进行，酸性翠蓝 2G 染料分子从溶液中被吸附到固液吸附剂界面上，染料分子的无序程度增加。

7.9 污泥衍生碳材料对酸性金黄 G 的吸附

污泥衍生碳材料以污泥（80%）和瓜子壳（20%）为原料，采用氯化锌化学活化法制备，500℃下炭化 2h。

7.9.1 投加量对酸性金黄 G 吸附的影响

分别准确称取 0.05g、0.10g、0.15g、0.20g、0.25g、0.30g 的吸附剂放入各锥形

瓶中，然后在每个锥形瓶中加入浓度为 200mg/L 的酸性金黄 G 染料溶液 100mL 后封口放入摇床，22℃下恒速振荡吸附 2h，过滤，取滤液测定酸性金黄 G 的染料浓度，研究污泥衍生碳材料投加量对脱色率的影响，结果见图 7-63。

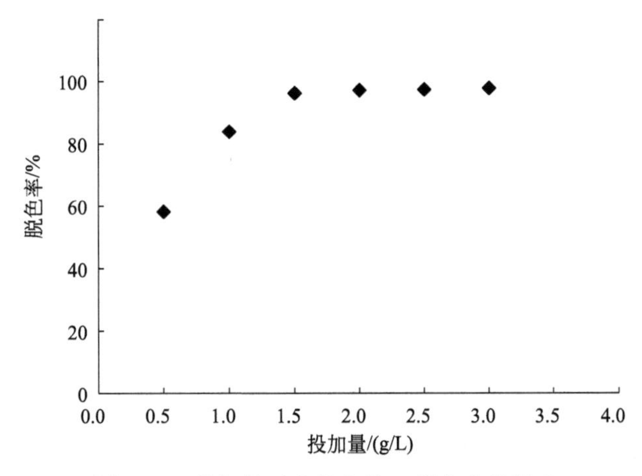

图 7-63 投加量对酸性金黄 G 脱色率的影响

如图 7-63 所示，污泥衍生碳材料对酸性金黄 G 的脱色率随着污泥衍生碳材料投加量的增加而增大，当吸附剂投加量为 0.5g/L 时，酸性金黄 G 溶液的脱色率为 58.35%；当吸附剂投加量增加到 1.5g/L 时，脱色率上升到 96.29%；继续增加投加量吸附效果趋于平缓。可见，污泥衍生碳材料吸附剂对酸性金黄 G 吸附最适宜的投加量为 1.5g/L。

7.9.2 pH 值对酸性金黄 G 吸附的影响

先准确称量 0.2g 的污泥衍生碳材料吸附剂加入锥形瓶中，然后在每个锥形瓶中加入 200mg/L 的酸性金黄 G 染料溶液 50mL，分别调节溶液 pH 值为 4.0、5.0、6.0、7.0、8.0 和 9.0，然后封口放入摇床，22℃下恒速振荡吸附 2h，过滤，测定滤液的吸光度，计算酸性金黄 G 染料的浓度和脱色率，考察溶液 pH 值对脱色率的影响，见图 7-64。

如图 7-64 所示，pH 值为 4.0 时溶液的脱色率为 93.06%，pH 值为 5.0 时溶液的脱色率达到最大值 97.70%，pH 值为 6.0 时溶液的脱色率为 97.47%，pH 值为 7.0 时溶液的脱色率为 96.16%；之后溶液的脱色率随着 pH 值的增大而减小，当 pH 值为 9.0 时，溶液的脱色率降低到 84.56%，与最大值相比，下降了 13.14%。说明酸性条件有利于碳材料对酸性金黄 G 的吸附，但在强酸性条件下会导致溶液发生变色，在碱性条件下导致吸附率降低。

7.9.3 吸附动力学

分别准确称取 0.05g 的吸附剂加入锥形瓶中，依次编号，然后各加入 50mL 浓度为

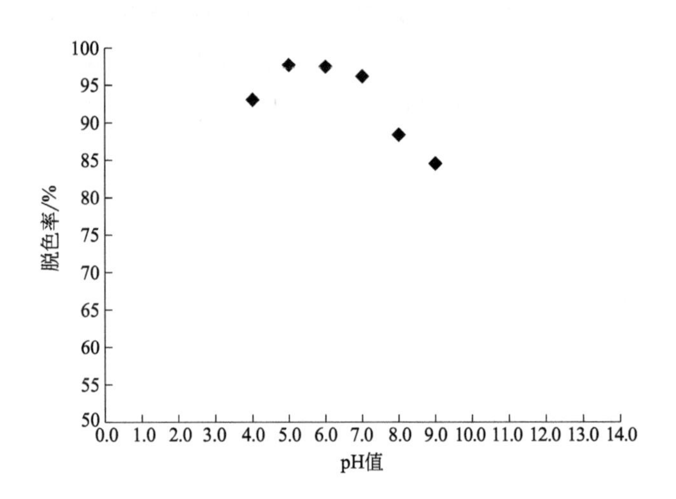

图 7-64　pH 值对酸性金黄 G 脱色率的影响

150mg/L 的酸性金黄 G 溶液，将锥形瓶放入摇床后，分别在温度 25℃、35℃、45℃下振荡吸附 12h。转速范围控制在 100～120r/min。每隔 0.5h 取样过滤，测其吸光度，计算 t 时刻的吸附量 Q_t。吸附量 Q_t 随时间的变化见图 7-65。

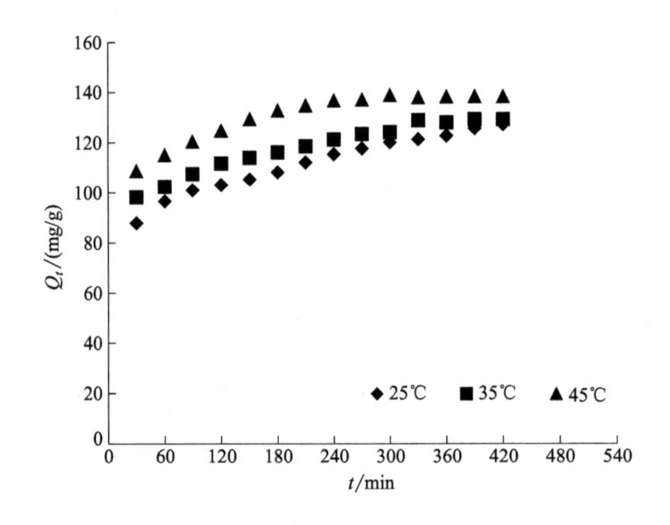

图 7-65　酸性金黄 G 吸附量随时间的变化

由图 7-65 可以看出，在 25℃时，污泥衍生碳材料对酸性金黄 G 在 420min 时达到吸附平衡，35℃和 45℃时分别在 390min 和 360min 时达到吸附平衡，说明吸附温度越高，达到吸附平衡的时间越短。

以 ln（Q_e-Q_t）对时间 t 作图，得到准一级动力学模型线性拟合曲线如图 7-66 所示。

由图 7-66 可以得出不同浓度下的准一级动力学模型拟合方程，根据拟合方程可以求得准一级动力学相关参数，见表 7-39。

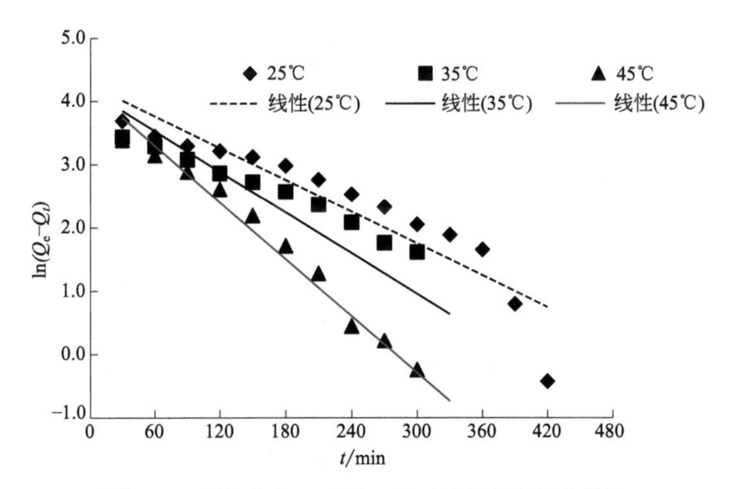

图 7-66 酸性金黄 G 的准一级动力学模型拟合曲线

表 7-39 酸性金黄 G 的准一级动力学模型拟合方程和相关参数

温度/℃	准一级动力学方程	R^2	K_1/min^{-1}	理论 Q_e 值/(mg/g)	实际 Q_e 值/(mg/g)
25	$y=-0.0084x+4.2627$	0.8575	0.0084	71.00	127.94
35	$y=-0.0107x+4.1699$	0.7136	0.0107	64.71	129.25
45	$y=-0.0149x+4.1927$	0.9769	0.0149	66.20	138.40

由表 7-39 可知，当吸附温度为 25℃、35℃和 45℃时，R^2 分别为 0.8575、0.7136 和 0.9769；在 25℃、35℃和 45℃三个温度下采用准一级动力学模型拟合的理论 Q_e 值和实际 Q_e 值均相差较大。

以 t/Q_t 对时间 t 作图，得到准二级动力学模型线性拟合结果如图 7-67 所示。

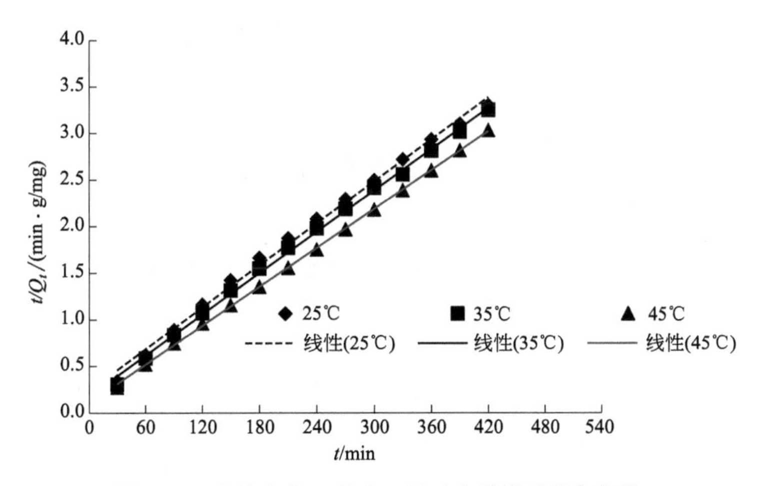

图 7-67 酸性金黄 G 的准二级动力学模型拟合曲线

由图 7-67 可以得出不同浓度下的准二级动力学模型拟合方程，根据方程可以求得准二级动力学相关参数，见表 7-40。

表 7-40　酸性金黄 G 的准二级动力学模型拟合方程和相关参数

温度/℃	准二级动力学方程	R^2	K_2/[g/(mg·min)]	理论 Q_e 值/(mg/g)	实际 Q_e 值/(mg/g)
25	$y=0.00751x+0.2324$	0.9959	2.43×10^{-4}	133.19	127.94
35	$y=0.00739x+0.1710$	0.9981	3.19×10^{-4}	135.39	129.25
45	$y=0.00696x+0.1006$	0.9997	4.81×10^{-4}	143.72	138.40

由表 7-40 可知，在吸附温度为 25℃、35℃和 45℃条件下，准二级动力学模型拟合方程的 R^2 均大于 0.99，说明准二级动力学模型与酸性金黄 G 的实验数据拟合程度较高。并且由表 7-40 还可以看出，在吸附温度为 25℃、35℃和 45℃条件下，理论 Q_e 值和实际 Q_e 值的误差均小于 10%。通过与表 7-39 中的数据对比可知，与准一级动力学模型相比，准二级动力学模型能够更好地描述酸性金黄 G 的吸附行为。

也可以采用颗粒内扩散模型来描述物质在颗粒内部的动力学扩散过程，以 Q_t 对 $t^{0.5}$ 作图，颗粒内扩散模型线性拟合结果如图 7-68 所示。

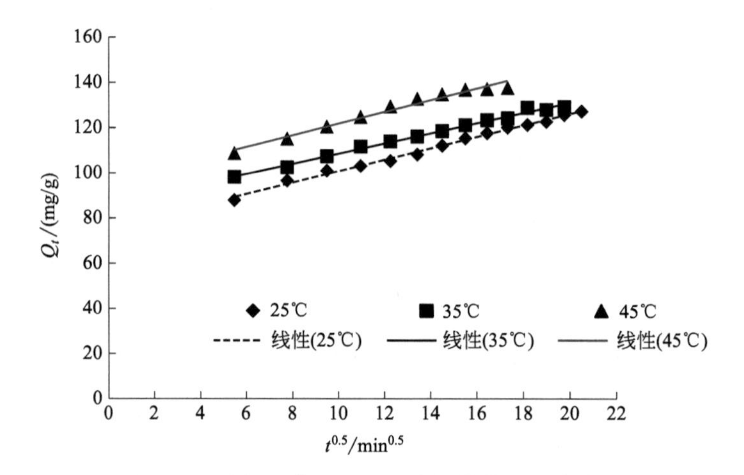

图 7-68　酸性金黄 G 的颗粒内扩散模型拟合曲线

由图 7-68 可以得出不同浓度下的颗粒内扩散模型拟合方程，根据方程可以求得颗粒内扩散相关参数，见表 7-41。

表 7-41　酸性金黄 G 的颗粒内扩散模型拟合方程和相关参数

温度/℃	颗粒内扩散方程	R^2	K_3/[mg/(g·min$^{0.5}$)]	C/(mg/g)
25	$y=2.5354x+75.450$	0.9935	2.5354	75.450
35	$y=2.2499x+86.063$	0.9924	2.2499	86.063
45	$y=2.5798x+96.043$	0.9731	2.5798	96.043

由图 7-68 和表 7-41 中相关系数 R^2 和颗粒内扩散模型拟合常数可以看出，相关系数 R^2 值比较高，在吸附温度 25℃、35℃和 45℃条件下分别为 0.9935、0.9924 和 0.9731，说明污泥衍生碳材料吸附剂对酸性金黄 G 的吸附主要受颗粒内扩散速率的影

响，颗粒内扩散是主要的限速因素之一；从常数 C 来看，均不为零，说明拟合曲线不通过原点，说明颗粒内扩散不是唯一的限速因素，还受液液扩散等因素的影响。

7.9.4 吸附等温线

准确称取 0.05g 的吸附剂并依次加入各个锥形瓶中，在每个锥形瓶中加入初始浓度为 60mg/L、90mg/L、120mg/L、150mg/L、180mg/L、210mg/L、240mg/L、270mg/L、300mg/L 的酸性金黄 G 溶液 50mL，然后放入摇床振荡吸附 12h，首先设置温度为 20℃，转速控制在 110～120r/min 之间，结束后取出溶液过滤，测定滤液的吸光度，计算平衡浓度 C_e 和平衡吸附量 Q_e；再接着重复以上步骤测定 30℃、40℃下溶液的吸光度，计算平衡浓度 C_e 和平衡吸附量 Q_e。以 Q_e 为纵坐标，以 C_e 为横坐标作图，结果见图 7-69。

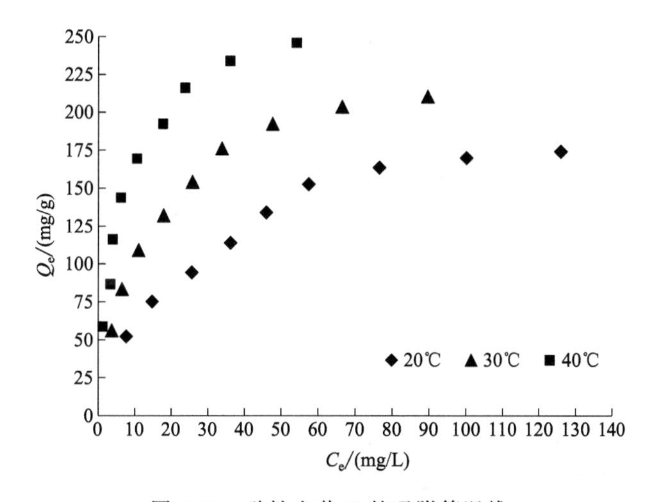

图 7-69 酸性金黄 G 的吸附等温线

由图 7-69 可以看出，在 20℃、30℃和 40℃三个不同温度状态下，随着平衡浓度的增加平衡吸附量也在不断增加，同等条件下温度越高吸附量越大。在吸附开始时，平衡吸附量随着平衡浓度增加增大得相对较快，然后慢慢地趋于平缓。

采用 Langmuir 模型对实验数据进行拟合，以 C_e/Q_e 对 C_e 作图，结果如图 7-70 所示。

由图 7-70 可以得出不同浓度下的 Langmuir 模型拟合方程，根据拟合方程可以求得 Langmuir 吸附等温模型相关参数，见表 7-42。

表 7-42 酸性金黄 G 的 Langmuir 模型拟合方程和相关参数

温度/℃	Langmuir 模型拟合方程	R^2	Q_m/(mg/g)	K_L/(L/mg)
20	$y=0.004636x+0.1288$	0.9926	215.70	0.0360
30	$y=0.004126x+0.0546$	0.9988	242.37	0.0756
40	$y=0.003697x+0.0215$	0.9975	270.49	0.1720

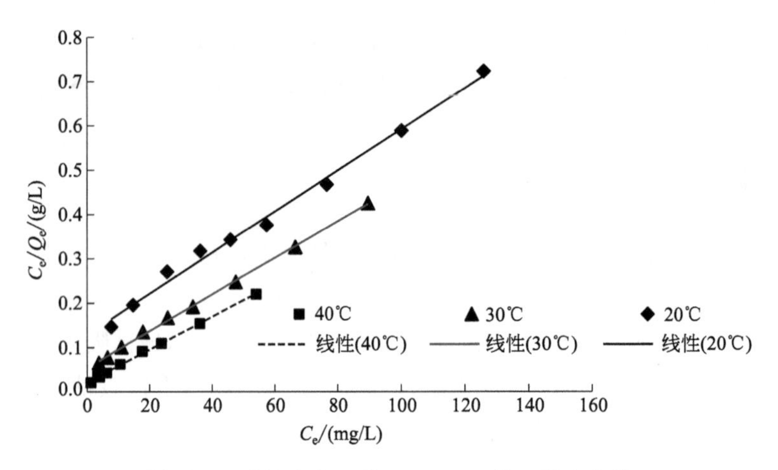

图 7-70　酸性金黄 G 的 Langmuir 模型拟合曲线

由图 7-70 和表 7-42 可以看出，当温度为 20℃、30℃和 40℃时 Langmuir 等温模型拟合方程的 R^2 分别为 0.9926、0.9988 和 0.9975，均大于 0.99，实验数据和 Langmuir 等温方程拟合程度很好，说明污泥衍生碳材料吸附剂对酸性金黄 G 的吸附符合 Langmuir 等温模型，以单分子微孔吸附为主。

以 $\ln Q_e$ 对 $\ln C_e$ 作图，Freundlich 模型线性拟合结果如图 7-71 所示。

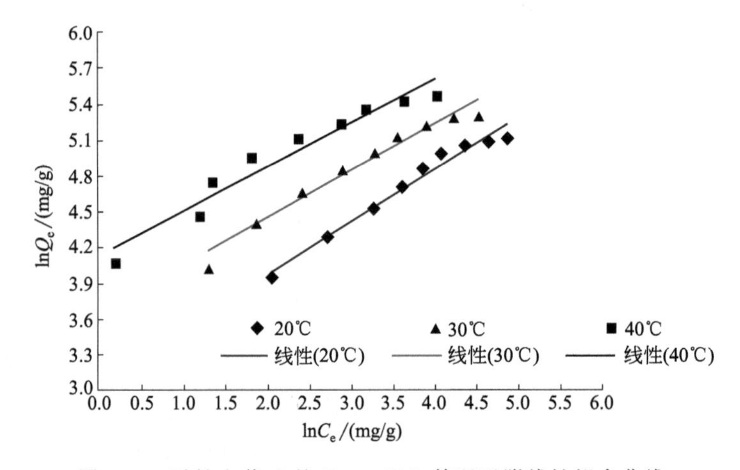

图 7-71　酸性金黄 G 的 Freundlich 等温吸附线性拟合曲线

由图 7-71 可以得出三个不同温度下的 Freundlich 模型拟合方程，根据方程可以求得 Freundlich 模型相关参数，见表 7-43，其中 n 为浓度指数，K_F 为 Freundlich 常数。

表 7-43　酸性金黄 G 的 Freundlich 模型拟合方程和参数

温度/℃	Freundlich 模型拟合方程	R^2	K_F/(mg/g)	n/(g/L)
20	$y=0.4502x+3.1026$	0.9727	22.26	2.22
30	$y=0.4117x+3.6359$	0.9613	37.94	2.43
40	$y=0.3807x+4.1299$	0.9469	62.17	2.63

由表 7-43 可以看出，当温度为 20℃、30℃和 40℃时 Freundlich 等温模型拟合方程的 R^2 分别为 0.9727、0.9613 和 0.9469，所有的线性相关系数 R^2 均低于表 7-42 中的 Langmuir 线性相关系数 R^2（0.9926、0.9988 和 0.9975），说明对于污泥衍生碳材料吸附剂对酸性金黄 G 的吸附，Langmuir 等温模型比 Freundlich 等温模型更适合，污泥衍生碳材料对酸性金黄 G 以单层微孔吸附为主。n 在 2～10g/L 之间，说明污泥衍生碳材料对酸性金黄 G 的吸附比较容易。

7.9.5 吸附热力学

通过计算热力学参数吉布斯自由能（ΔG）、焓变（ΔH）和熵变（ΔS），可以帮助我们了解吸附机制。

酸性金黄 G 的热力学参数计算结果见表 7-44。

表 7-44 酸性金黄 G 的热力学参数

初始浓度/(mg/L)	ΔH /(kJ/mol)	ΔS /[J/(mol·K)]	ΔG/(kJ/mol)		
			20℃	30℃	40℃
60	74.75	270.50	−4.51	−7.22	−9.92
90	62.50	227.08	−4.03	−6.30	−8.57
120	79.63	282.39	−3.11	−5.93	−8.76
150	76.16	268.97	−2.65	−5.34	−8.03
180	64.66	229.18	−2.49	−4.78	−7.08
210	53.68	191.21	−2.34	−4.25	−6.16
240	55.15	194.22	−1.76	−3.70	−5.64
270	51.05	178.35	−1.21	−2.99	−4.78
300	45.26	156.94	−0.72	−2.29	−3.86

由表 7-44 可知，在 20℃、30℃和 40℃三个实验温度以及 60～300mg/L 初始浓度范围内，所有 $\Delta G<0$，且随着初始浓度的增加逐渐升高，且在同一初始浓度下随着温度的升高而降低，说明污泥衍生碳材料对酸性金黄 G 的吸附是自发进行的。所有 $\Delta H>0$，说明该吸附是吸热反应，升温有利于吸附的进行，这与吸附等温模型结果讨论一致。所有 $\Delta S>0$，说明该吸附是一个系统自由度增加的过程，随着吸附的进行，酸性金黄 G 的染料分子从溶液中被吸附到固液吸附剂界面上，从原来的有序变得混乱无序，是一个熵增大的过程。

参考文献

[1] 韩永奇．我国染料业“十三五”回顾及“十四五”展望［J］．染整技术，2021，43（2）：6-10.

［2］ 王丽娜．2018年全国染颜料行业经济运行情况分析［M］//2018年中国染料工业年鉴．北京：中国染料工业协会，2018：13-25.
［3］ 张淑芬．中国染料工业现状与发展趋势［J］．化工学报，2019，70（10）：3704-3711.
［4］ 蔡雨杭，陶荣静，郭荣辉．天然染料的应用及发展［J］．纺织科学与工程学报，2018，35（3）：137-142.
［5］ 周鑫，唐勇．2018～2022年中国染料行业发展趋势［J］．染料与染色，2018，55（1）：11-23，29.
［6］ 唐晓剑．印染废水治理技术应用及进展探讨［J］．轻纺工业与技术，2020，49（10）：107-108.
［7］ 任南琪，周显娇，郭婉茜，等．染料废水处理技术研究进展［J］．化工学报，2013，64（01）：84-94.
［8］ 董文博．印染废水综合净化技术研究［D］．大连：大连海事大学，2020.
［9］ Francine Inforçato Vacchi，Josiane Aparecida de SouzaVendemiatti，Bianca Ferreirada Silva，et al. Quantifying the contribution of dyes to the mutagenicity of waters under the influence of textile activities［J］．Science of The Total Environment，1 December 2017，601-602（dec. 1）：230-236.
［10］ 刘俊逸，黄青，李杰，等．印染工业废水处理技术的研究进展［J］．水处理技术，2021，47（03）：1-6.
［11］ 张悦．印染废水处理技术的研究进展［J］．纺织科学与工程学报，2020，37（3）：102-109，116.
［12］ 孟建，壳聚糖衍生吸附材料的制备及其对印染废水的吸附研究［D］．太原：中北大学．2018.
［13］ 张华．柚皮基活性炭制备及吸附应用机理研究［D］．南宁：广西大学，2013.
［14］ 刘汉阳．膨润土吸附处理染料/印染废水研究［D］．湘潭：湘潭大学，2012.
［15］ 黄文斌．生物质炭与活性炭吸附染料的行为研究［D］．杭州：浙江工业大学，2015.
［16］ 吴坚．载铁活性炭的制备及其吸附染料废水的研究［D］．昆明：昆明理工大学，2014.
［17］ 刘永峰．活性炭吸附工艺在纺织印染废水深度处理的工业化应用［D］．郑州：郑州大学，2017.
［18］ 周城．活性炭负载二氧化钛复合材料的制备表征及对活性黄印染废水处理研究［D］．武汉：华中科技大学，2015.
［19］ Karmakara S，Roya D，Janiak C，et al. Insights into multi-component adsorption of reactive dyes on MIL-101-Cr metal organic framework：Experimental and modeling approach［J］．Separation and Purifification Technology，2019（215）：259-275.
［20］ Song C L，Yu Y K，Sang X Y. Synthesis and surface gel-adsorption effect of multidimensional cross-linking cationic cotton for enhancing purification of dyeing Wastewater［J］．Society of Chemical Industry，2019（94）：120-127.
［21］ Ramalingam B，Parandhaman T，Choudharyp，et al. Biomaterial functionalized graphene-magnetite nanocompos：A novel approach for simultaneous removal of anionic dyes and heavy-metal ions［J］．ACS Sustainable Chemistry & Engineering，2018，6（5）：6328-6341.
［22］ 衣芳萱，贾丽霞．基于主要印染工序的废水处理方法及展望［J］．应用化工，2020，49（12）：3143-3149.
［23］ 王耀耀，徐文博，赵向阳．磁性活性炭的制备及其对亚甲基蓝的吸附性能［J］．印染助剂，2020，37（9）：21-24.
［24］ 王永奎，程紫琳．活性炭吸附法处理印染废水研究进展［J］．湖北理工学院学报，2020，36（5）：15-19.
［25］ Ren Xiao li，Lai Xue Hui，Sun Yao，et al. Adsorption isotherms and kinetics of acid violet 48 onto sludge-straw adsorbent［J］．Desalination and Water Treatment，2017，68：301-309.
［26］ Ren Xiaoli，Lai Xue Hui，Zhu Kai Jin，et al. Removal of acid turquoise blue 2G from aqueoussolution by adsorbent derived from sludge and straw：Kinetic，isotherm and thermodynamic study［J］．Desalination and Water Treatment，2016，57（1）：440-448.

第8章 生物质衍生碳材料的再生

8.1 概述

8.1.1 活性炭概述

活性炭是一种优秀的吸附剂，它利用木炭、竹炭、各种果壳和优质煤等作为原料，在隔绝空气的条件下加热，以减少非碳成分（此过程称为炭化），并通过物理或化学作用使其表面被侵蚀，产生微孔发达的结构（此过程称为活化）。由于活化是一个微观过程，即大量的分子炭化物表面侵蚀是点状侵蚀，所以造成了活性炭表面有无数细小孔隙。活性炭表面微孔的直径大多在 2～50nm 之间，所以活性炭具有巨大的表面积，大多数活性炭的表面积为 500～1500m^2/g。活性炭的一切应用几乎都基于这一特点[1]。它具有物理吸附和化学吸附的双重特性，可以选择性地吸附气相、液相中的各种物质，以达到脱色精制、消毒除臭和去污提纯等目的。

根据外形，活性炭通常分为粉状和粒状两大类。粒状活性炭又有圆柱形炭、球形炭、空心圆柱形炭和空心球形炭以及不规则形状的破碎炭等。随着现代工业和科学技术的发展，出现了许多活性炭新品种，如炭分子筛、微球炭、活性炭纳米管、活性炭纤维等。活性炭的孔径分布范围很宽，从小于 1nm 到数千纳米。Dubinin 提出将活性炭的孔径分为 3 类：a. 孔径＜2nm 为微孔；b. 孔径在 2～50nm 之间为中孔；c. 孔径＞50nm 为大孔。Dubinin 的这种孔径分类方法被 IUPAS 所接受。活性炭内部具有晶体结构和孔隙结构，活性炭表面也有一定的化学结构。活性炭的吸附性能不仅取决于活性炭的物理（孔隙）结构，还取决于活性炭表面的化学结构，活性炭表面基团分为酸性、碱性和中性 3 种。酸性表面官能团有羰基、羧基、内酯基、羟基、醚、苯酚等，可促进活性炭对碱性物质的吸附；碱性表面官能团主要有吡喃酮（环酮）及其衍生物，可促进活性炭对酸性物质的吸附。表面基团的性质与活化方法有关[2,3]。

活性炭制备技术主要包括炭化和活化两个过程。

8.1.1.1 炭化

活性炭制备的炭化过程是在高温缺氧或无氧的条件下，将含碳物质热解成多孔性的炭化料。在这个过程中，含碳物质中的氢、氧等非碳元素会生成挥发性气体逸出。炭化料因其自身的不规则性会形成一定的裂隙，这些裂隙会在活化过程中进一步形成更丰富的孔隙结构。

8.1.1.2 活化

活化过程是利用气体（如水蒸气、二氧化碳）或化学试剂（如 $ZnCl_2$、K_2CO_3、KOH、H_3PO_4 等）对炭化料进一步加工处理，其目的是改变炭化料的内部结构，扩大比表面积以增强吸附性能[4,5]。

根据所采用的活化剂不同，活性炭的活化方法又分为以下 3 种。

（1）物理活化法

物理活化法是以氧化性气体（如二氧化碳、水蒸气、空气等）为活化剂对已炭化处理的原料在 800～1000℃的高温下进行活化反应，通过活化处理使炭化料原有的闭塞孔打开、已打开的孔隙扩大，同时创造出新孔，形成更发达的孔隙结构[6]。在制备过程中，具有氧化性的高温活化气体与无序碳原子及杂原子首先发生反应，使原来封闭的孔打开，进而基本微晶表面暴露，然后活化气体与基本微晶表面上的碳原子继续发生氧化反应，使孔隙不断扩大。一些不稳定的炭因气化生成 CO、CO_2、H_2 和其他碳化合物气体，从而产生新的孔隙，同时焦油和未炭化物等也被除去，最终得到活性炭产品。活性炭发达的比表面积则源自中孔、大孔孔容的增加，以及形成的大孔、中孔和微孔的相互连接贯通。物理活化法由于二次污染小，是目前工业活性炭生产的主要活化方法，世界范围内的活性炭生产厂家中 70%以上都采用物理法生产活性炭。炭活化过程中产生的大量余热，可满足原料烘干、余热锅炉制高温蒸汽、产品的洗涤烘干等所需热能。

（2）化学活化法

化学活化法是将化学活化剂按一定比例加入原料中，混合浸渍一段时间后同步炭化和活化。常用的活化剂有磷酸、氯化锌、氢氧化钾、氢氧化钠、硫酸、碳酸钾、多聚磷酸和磷酸酯等。尽管发生的化学反应不同，有些对原料有侵蚀、水解或脱水作用，有些起氧化作用，但这些化学药品都对原料的活化有一定的促进作用，其中最常用的活化剂为磷酸、氯化锌和氢氧化钾。化学活化法的活化原理还不十分清楚，一般认为化学活化剂具有侵蚀溶解纤维素的作用，并且能够使原料中的有机化合物中的氢和氧分解脱离，以 H_2O、CH_4 等小分子形式逸出，从而产生大量孔隙。此外，化学活化剂能够抑制焦油副产物的形成，避免焦油堵塞热解过程中生成的细孔，从而可以提高活性炭的收率。

（3）物理-化学耦合活化法

物理-化学耦合活化法是一种将化学活化法与物理活化法相结合的两步活化法。即先用化学活化剂浸渍原料，提高原料活性，在原料内部形成输送活化气体的通道；然后在高温下通入气体进行物理活化。

除此之外，还有微波辐照化学活化法和催化活化法。

活性炭由于具有强大的吸附性能，在工业领域的应用不断拓展。20 世纪 70 年代前，活性炭在国内主要集中应用于制糖、制药和味精工业；80 年代后，扩展到水处理和环保等行业；90 年代，除以上领域外，扩大到溶剂回收、食品饮料提纯、空气净化、脱硫脱硝、半导体应用等领域[7,8]。另外，球形活性炭具有很好的生物相容性，被用作血液灌流器中重要的吸附剂。活性炭是很好的储气吸附剂，在吸附存储气体燃料、变压吸附分离气体等方面都得到了应用[9-11]。

8.1.2 活性炭再生方法

活性炭再生是将吸附后的活性炭采用化学或物理等特殊方法处理，除去活性炭表面吸附的有机杂质等废物，进而使其恢复吸附性能，让其能够重新使用。我国的活性炭工业进展评价水平之一就是活性炭的再生和循环利用。活性炭再生对节省资源、保护生态环境都有重要的意义，受到国家政策的大力支持。由于活性炭吸附的杂质种类和性质都大不相同，其再生方法多种多样。活性炭的再生方法由最初的几种逐渐发展到几十种，而且很多具有再生效果好又环保的特性，在实际中具有长久意义[12]。

8.1.2.1 Fenton 试剂再生

Fenton 试剂由 OH^- 和 Fe^{2+} 构成氧化体系，利用 Fenton 试剂再生活性炭是一种新兴的再生活性炭工艺，它的原理是以 Fe^{2+} 为催化剂，催化 H_2O_2 分解产生羟基自由基（·OH）。其具有强氧化性，氧化分解活性炭吸附的杂质，将其全部降解成 CO_2 和水。为了加强 Fenton 试剂对有机物的降解能力，可以加入某些铁的强有机配体。作为当今环境保护领域研究的热点，例如一些一般化学法难以去除的有机物或生物难降解的污染物，都可以通过 Fenton 试剂进行再生[13]。

8.1.2.2 微波再生

微波再生活性炭的原理类似于热再生方法，都是在高温条件下，让活性炭表面吸附的有机物炭化脱附后再使活性炭重新活化，恢复吸附性能。微波再生过程中，微波能量转化为热能，被活性炭有效地吸收，使温度快速升高，有机污染物被降解挥发。反应过程中，活性炭吸附的有机污染物，在致热和非致热的作用下克服范德华力的吸引，脱附分解成 CO_2 后并发生炭化。因此，加热使活性炭再次活化，使其吸附性能恢复并接近原态[14]。影响微波再生效率的因素主要有微波频率、电场强度、辐射时间及活性炭本身的性质。微波辐射再生的优点是再生时间只有几分钟，加热速率快，设备及操作简单，再生效果好，可实现循环再生。缺点是再生时受热不均匀，高频率的工作状态下存在安全隐患[15]。

8.1.2.3 热再生

作为一种使用悠久的再生方法，热再生是通过加热，将废活性炭中的小孔扩大，使有机杂质脱落分解，活性炭完成再生。该法中活性炭的再生过程即活性炭中水分在低温下蒸发干燥，高温下吸附的有机杂质被分解炭化，最后活化活性炭。因而热再生的再生效率高、通用性好，但它也有缺点，因为再生温度高，再生过程中会有炭损失掉，机械强度也会下降，无法进行多次再生[16]。

8.1.2.4 超声波再生

超声波脉动产生“空化泡”，强烈冲击活性炭，使活性炭脱附或分解。超声波再生法有较强的穿透力，设备简单，能耗小，但是再生效率低，操作复杂[17]。

8.1.2.5 新型化学技术再生

(1) 超临界流体再生

以超临界流体为溶剂，利用温度和压强增大有机物溶解度，加速有机物转移，实现吸附剂再生。该法无污染，操作简单，但对设备有一定要求，是一种理想的活性炭再生方法[18]。

(2) 湿法氧化再生

在一定的温度和压强下，以空气中的氧气为氧化剂，将液相饱和碳有机物氧化分解成小分子，这种工艺是在完全封闭的系统中进行的，因此操作条件比较严格，对设备要求比较高[19]。

(3) 电化学再生

在电场作用下，电极易极化，两端分别呈现阳性和阴性，形成电解槽，饱和吸附剂充当阳极发生氧化反应，氧化分解大部分吸附物[19]。

8.1.3 活性炭再生技术研究进展

Sun 等[20] 采用高频超声波再生饮用水处理厂中的废生物活性炭。研究结果表明，最佳再生工艺条件为频率 400kHz、功率 60W、水温 30℃、再生时间 6min。在上述条件下，碘值从 300mg/g 增加到 409mg/g，总孔隙和微孔的体积分别从 0.2600cm^3/g 和 0.1779cm^3/g 增加到 0.3560cm^3/g 和 0.2662cm^3/g，微孔的比表面积扩大了 1/3，从 361.15m^2/g 扩大到

449.92m^2/g，生物活性从之前的 0.0297mg O_2/(g C·h) 增加到原来的 2 倍，生物量从 203nmol P/g C 下降到 180nmol P/g C。

He 等[21] 研究了处理含 THMs（三卤甲烷）自来水用的颗粒活性炭和改性颗粒活性炭的再生技术。通过测定活性炭的 DOC 吸附值、UV254、三卤甲烷吸附值、比表面积和孔容来评估活性炭的再生率。结果表明，热再生对 DOC（可溶性有机碳）的回收率比较高，这可能是由于颗粒状活性炭独特的介孔表面积和孔容的增加；臭氧再生可以有效回收 DOC 或 UV254；对于研究的所有颗粒状活性炭材料，均对 THMs 表现出强烈的吸收和较高的回收率。说明臭氧再生是一种可行的颗粒状活性炭再生技术，可以恢复对 THMs 和其他潜在有机污染物的吸附能力。

Sarra Guilanea 等[22] 研究了低频率超声波（20kHz）在间歇反应器中对活性炭的再生作用。考察了声功率、脉冲超声、温度等实验条件对解吸的影响。当温度从 15℃上升到 45℃时，再生率增强。随着 NaOH 浓度从 0.01g/L 增加到 0.1g/L 后，活性炭的再生率先增加后降低。随着乙醇用量的增加活性炭的再生率增加。利用不同浓度的乙醇和 NaOH 混合物，证明这些再生混合物可以改善再生率。

Zanella 等[23] 采用电化学方法研究了饱和芳烃的活性炭再生效率。以苯酚为吸附质，通过吸附试验对电化学再生性能进行了评价。结果表明，增加电流和处理时间是提高电流的有效方法。以 NaCl 作电解质再生效果最好，阴极再生效率更高。结果发现在最佳工艺条件下，电化学再生能力大于 100%，表明电化学再生饱和芳烃活性炭是很有前途的。

Dobrevski 等[24] 研究了几种不同的活性炭对生物再生的适应性。采用汞侵入法和 BET 法测定了炭的孔隙体积、孔隙半径和表面积。在完全混合的间歇反应器系统中测量了碳纳米管的吸附能力。采用异质微生物培养和粗细胞提取物进行了炭的生物生成。研究发现，再生的吸附能力取决于半径为 5～50nm（50～500 Å）的孔体积。

连子如[25] 用活性炭吸附焦化废水至饱和，然后超声波再生吸附剂，借助精密大型仪器测量活性炭比表面积和孔结构。除此之外，还测量了再生液中成分及它的含量的变化规律。结论揭示：在超声频率为 30kHz 左右的超声波大型仪器中，以自来水为再生液，加入质量为再生液的 1/15 的活性炭，调至中性时，超声 1/4 时间，再生率高达 70%左右。

吴慧英[26] 利用微波辐射联用活性炭技术去除有毒物质，进行 10g 废活性炭再生实验，分析比较通氮气和不通氮气的活性炭再生率，分析趋势得到最优再生工艺。分析得到：a. 通入一定量的氮气，在功率 500W、再生 15min 的条件下再生完全，甚至会增大再生率；调节转换微波工作状态，功率再调大 200W，减少 10min 的加热时间，再生率减少近 30%。b. 载氮气时，在功率为 700W、通 100L/h 氮气 30min 的条件下进行再生，多次再生后，再生率稳定保持为90%。c. 无氮气时，放置在500W的微波炉中再生35min，经过5次再生后，再生率稳定在70%。

张永森[27] 用臭氧-活性炭氧化处理垃圾滤液，再用微波-紫外再生活性炭，先后设计合适的单因素和正交实验，优化再生方案：5g活性炭，在0.4kW微波功率、0.028m^3/h的空气流量下，再生420s，活性炭再生率保持85%左右，近6%的炭损失掉。通过Boehm化学滴定分析再生前后的活性炭，发现再生后活性炭碱性基团增加幅度明显。

占戈[28] 在活性炭电热再生技术的实验研究中，以碘值和亚甲基蓝值为参考，研究饱和活性炭的电阻以使再生效果最佳。最优实验工艺为：在质量流量为53.7kg/h下，放入马弗炉中高温再生，碘吸附值和亚甲基蓝吸附值基本都达到90%以上。饱和活性炭的电阻比原炭大得多，且随温度的升高而降低。热再生过程就是降低饱和活性炭电阻的过程。

蒋曙兰等[29] 在聚铝污泥吸附剂吸附尾水后，用酸碱再生液和Fenton氧化体系再生吸附剂，发现：a. Fenton再生率远高于酸碱反应，在酸碱值调至3、亚铁和H_2O_2的投加量分别为40mg/L和0.3mL/L时，聚铝污泥吸附剂再生完全。b. 在酸碱再生中，再生率为盐酸再生效果优于硝酸，优于NaOH溶液，当盐酸浓度为0.15mol/L时，再生率高达85%左右。1次再生时，以硝酸和NaOH溶液为再生液的再生率分别接近80%和70%；3次再生后，盐酸和硝酸的再生率都下降10个百分点，NaOH溶液的再生率下降至60%。

Zhou等[30] 在研究7个无机固体废物［空气冷却高炉（BF）炉渣、水冷高炉炉渣、钢炉渣、粉煤灰、煤底灰、水处理（明矾）污泥和赤泥］在浓度分别为10mg/L和100mg/L的Cd^{2+}、Cu^{2+}、Pb^{2+}、Cr^{3+}和Zn^{2+}的以及3个平衡pH值（4.0、6.0和8.0）的吸附能力中发现水处理污泥在8个连续循环的吸附/再生实验中，以0.1mol/L HNO_3为再生剂，pH＝6.0，能保证对Pb^{2+}和Cd^{2+}的吸附能力，吸附量分别达到0.545mmol/g和0.111mmol/g。

Rahman等[31] 在炭化纺织吸附剂对亚甲基蓝的去除研究中，发现纺织污泥在400～800℃下被炭化，当污泥被炭化至600℃时炭化污泥的最大吸附能力达到60.30mg/g，比表面积为138.9m^2/g；在相同的炭化温度下，二次加热可使纺织污泥再生，即炭化污泥吸附剂可重复使用1～2次再炭化，大约有26%的吸附能力在重新炭化过程中丢失。

Foo等[32] 通过微波加热对载有亚甲基蓝的纤维活性炭、空果串活性炭和油棕榈壳活性炭进行再生，发现在2450MHz的改造的微波炉中，微波辐射会保护再生活性炭的孔隙结构、原有活性部位和吸附能力。在最初的微波辐射周期后，纤维活性炭和空果串活性炭的碳损失约为32%，而在油棕榈壳颗粒状活性炭中碳损失约为17%。在5次吸附-再生循环之后，三种活性炭产量分别为68.35%、68.93%和82.84%，单层吸附能力分别为174.03mg/g、192.44mg/g和152.61mg/g，说明微波加热的潜力巨大，再生性能好。

Sierka[33] 研究了食品工业领域活性炭的吸附和化学再生，介绍了一种低能化学再生过程（LECRP），首先用活性炭吸附污染物，再用 Fenton 氧化法再生活性炭，主要研究了 LECRP 的操作参数、亚铁盐和过氧化氢的剂量以及反应温度对再生效果的影响。

Bañuelos 等[34] 采用一种电化学联用 Fenton 氧化方法来促进颗粒活性炭（GAC）的再生，并对甲苯进行了吸附。通过比较均质系统中的一种前体盐和异构系统中的一种铁含量的离子交换树脂，发现两种方法都与 GAC 阴极的电生成的 H_2O_2 相结合；应用适当条件，在铁的存在下有较高的再生效率，在反应器中连续加载和再生循环，不损失吸附性能，在 10 个周期内只减少 1%的再生效率；异构系统不需要使用溶解的铁盐。

Li 等[35] 通过热解和对磷吸附能力的测定对废粉活性炭再生进行了研究，发现 WPAC 再生的最佳条件是 650℃和 2h，BET 比表面积为 1161.4m^2/g，是 PAC 的 94.5%，总孔隙体积为 1.2176m^3/g，吸附量从 48.93%WPAC 增加到 RWPAC 的 77.64%。WPAC 对 PO_4^{3-}-P 的最大吸附容量为 9.65mg/g，是 PAC 的 48.93%。RWPAC 最大吸附容量为 15.31mg/g，是 PAC 的 77.64%。

8.2 花生壳和污泥衍生碳材料的制备及吸附

8.2.1 实验仪器和药品

实验仪器设备见表 8-1。

表 8-1 实验仪器设备

仪器名称	型号	生产厂家
电子天平	FA224	上海舜宇恒平科学仪器有限公司
电热鼓风干燥箱	GZX-9246MBE	上海博迅实业有限公司医疗设备厂
箱式电阻炉	BSX2-12TP	上海一恒科学仪器有限公司
循环水式多用真空泵	SHB-Ⅲ	郑州长城科工贸有限公司
数显恒温水浴锅	HH-SI	金坛市城西腾辉实验仪器厂
可见分光光度计	METASH723	上海元析仪器有限公司
双层气浴恒温振荡箱	HZQ-9246MBE	常州普天仪器制造有限公司
pH 计	PHS-3C	上海仪电科学仪器股份有限公司
微波炉	MM721NG1-PW	广东美的厨房电器制造有限公司
高速万能粉碎机	EW100	北京中兴伟业仪器有限公司
超声波清洗机	S-3200DT	宁波新芝生物科技股份有限公司

实验药品见表 8-2。

表 8-2 实验药品

药品名称	分子式	分子量	规格	生产厂家
硫酸亚铁	$FeSO_4 \cdot 7H_2O$	278.02	分析纯	天津市申泰化学试剂有限公司
过氧化氢	H_2O_2	34.01	分析纯	国药集团化学试剂有限公司
盐酸	HCl	36.46	分析纯	天津市化学试剂三厂
氢氧化钠	NaOH	40.00	分析纯	天津市化学试剂三厂
氯化锌	$ZnCl_2$	136.30	分析纯	国药集团化学试剂有限公司
刚果红	$C_{32}H_{22}N_6Na_2O_6S_2$	696.68	分析纯	天津市北辰方正试剂厂
橙黄Ⅱ	$C_{16}H_{11}N_2NaO_4S$	350.33	分析纯	天津市光复精细化工研究所

8.2.2 实验方法

8.2.2.1 花生壳和污泥衍生碳材料的制备

花生壳衍生碳材料制备步骤如下：首先，把花生壳洗干净后烘干粉碎，过 80 目的筛子；然后将过筛的花生壳粉末与 $ZnCl_2$ 溶液（$ZnCl_2$ 质量为花生壳质量的 40%）混匀，浸透，陈化一段时间，放入箱式电阻炉中，在 500℃下炭化 120min；取出后冷却研磨，过 80 目的筛子，用 3mol/L 的盐酸溶液浸泡一段时间后过滤，滤渣用冷水和热水交替洗涤样品至中性，烘干，研磨过筛，得到粉末状花生壳衍生活性炭。

污泥衍生碳材料制备步骤：将干燥的污泥块和花生壳粉碎，过 80 目的筛子，先称取一定量的污泥粉末，再加入 10%的花生粉，充分混匀。其他步骤同上述花生壳衍生碳材料的制备。

8.2.2.2 静态吸附实验

量取一定体积的 100mg/L 的染料溶液于 150mL 锥形瓶中，加入一定量的花生壳衍生碳材料或污泥衍生碳材料，用封口膜密封。在温度 25℃、转速 200r/min 的气浴恒温振荡器中振荡吸附一定时间。然后用真空抽滤泵抽滤，在染料的最大吸收波长处测滤液吸光度，通过染料溶液的标准曲线，计算吸附后染料溶液的浓度。同时将抽滤后的花生壳衍生碳材料或污泥衍生碳材料置于 150℃的电热鼓风干燥箱中烘干，作为花生壳衍生碳材料或污泥衍生碳材料再生的备用材料。花生壳衍生碳材料的吸附和再生采用的是橙黄Ⅱ染料，污泥衍生碳材料的吸附和再生采用的是刚果红染料。

8.2.2.3 分析方法

(1) 脱色率

脱色率 E（100%）计算公式如式(8-1) 所示：

$$E\ (100\%) = \frac{C_0 - C_e}{C_0} \times 100\% \tag{8-1}$$

式中　E——脱色率，%；

C_0——吸附前染料溶液的浓度，mg/L；

C_e——吸附后染料溶液的浓度，mg/L。

（2）吸附量

吸附量 q（mg/g）计算公式如式(8-2) 所示：

$$q=\frac{(C_0-C_e)V}{M} \tag{8-2}$$

式中　q——活性炭的吸附量，mg/g；

C_0——吸附前染料溶液的浓度，mg/L；

C_e——吸附后染料溶液的浓度，mg/L；

V——染料溶液的体积，L；

M——活性炭的质量，g。

（3）再生率 R（100%）

再生率 R（100%）计算公式如式(8-3) 所示：

$$R=\frac{q_e}{q_0}\times 100\% \tag{8-3}$$

式中　R——再生率，%；

q_0——原活性炭的吸附量，mg/g；

q_e——再生后活性炭的吸附量，mg/g。

8.3　花生壳衍生碳材料的再生

8.3.1　Fenton 试剂再生

首先通过控制单因素变量如 Fe^{2+} 投加量、H_2O_2 投加量、pH 值、再生时间，其他条件保持不变进行实验，确定最佳再生条件，然后在单因素实验基础上设计正交实验确定最优方案，最后进行验证实验。

称取 0.3g 吸附染料的花生壳衍生碳材料置于锥形瓶中，加入 200mL 去离子水，调节 pH 值，依次放入一定量的 $FeSO_4 \cdot 7H_2O$ 和 H_2O_2，用封口膜密封后在 30℃下以 200r/min 进行振荡反应，再生完成后测定再生率。

8.3.1.1　单因素实验

（1）Fe^{2+} 投加量对再生率的影响

调节 pH 值为 3，投加不同量（0.5g/L、1.0g/L、1.5g/L、2.0g/L、2.5g/L、3.0g/L）的 Fe^{2+}，H_2O_2 的投加量为 40mmol/L，再生时间为 40min。Fe^{2+} 投加量对再生效果的影响如图 8-1 所示。

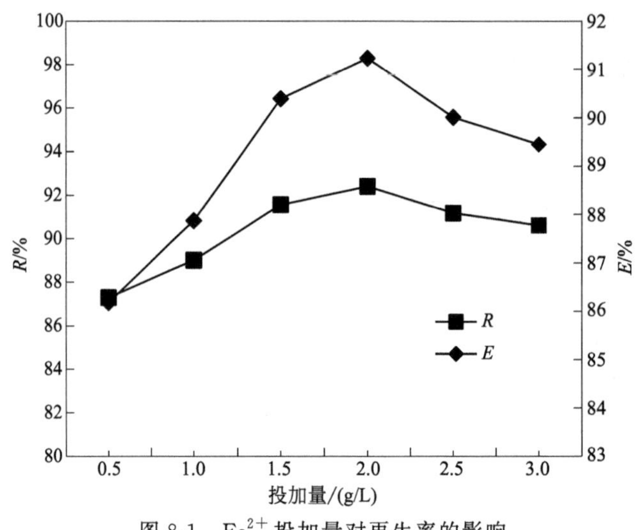

图 8-1　Fe^{2+} 投加量对再生率的影响

观察图 8-1 再生趋势：Fe^{2+} 投加量在 2.0g/L 之前，花生壳衍生碳材料的再生率随着投加量的增加而增大；当投加量达到 2.0g/L 时，再生率达到最大 92.41%，而脱色率为 91.23%。之后随着 Fe^{2+} 投加量的增加，花生壳衍生碳材料的再生率开始缓慢降低。这可能是因为 Fe^{2+} 在 Fenton 反应中起着催化作用，催化 H_2O_2 分解产生强氧化性的 ·OH，氧化活性炭表面的染料，将其降解。当 Fe^{2+} 浓度过高时，·OH 会因为产生太快而来不及与花生壳衍生碳材料表面的有机物分子反应就没了，导致一系列的副反应发生，从而使再生效率降低[36]。所以 Fe^{2+} 的最佳投加量为 2.0g/L。

(2) H_2O_2 投加量对再生率的影响

实验条件：pH 值为 3，Fe^{2+} 的投加量为 2.0g/L，分别加入不同浓度的 H_2O_2，10mmol/L、20mmol/L、30mmol/L、40mmol/L、50mmol/L、60mmol/L，再生时间为 40min。H_2O_2 投加量对再生率的影响见图 8-2。

分析图 8-2 可知，H_2O_2 投加量在 40mmol/L 之前，花生壳衍生碳材料的再生率随投加量的增加而增大。H_2O_2 为 40mmol/L 时，花生壳衍生碳材料的再生率达到最大 92.75%，脱色率为 91.56%。超过 40mmol/L 后，花生壳衍生碳材料的再生率随投加量的增加而降低。因为 H_2O_2 是 Fenton 反应中的氧化剂，直接影响着花生壳衍生碳材料的再生率。H_2O_2 过多时会发生副反应将部分 Fe^{2+} 氧化成 Fe^{3+} 消耗 H_2O_2，从而抑制了 · OH 的产生，导致 H_2O_2 的无效分解[37]，所以 H_2O_2 的最佳投加量为 40mmol/L。

(3) pH 值对再生率的影响

设计 5 组不同的 pH 值（2、3、4、5、6），其他条件不变，Fe^{2+} 投放量为 2.0g/L，H_2O_2 的投加量为 40mmol/L，将再生时间控制为 40min。不同 pH 值对再生率的影响见图 8-3。

从图 8-3 的再生趋势中可以发现：pH 值在 2 时，花生壳衍生碳材料的再生率为 92.58%；pH 值为 3 时，花生壳衍生碳材料的再生率达到最大 93.11%，此时脱色率为 91.92%；当 pH 值大于 3 时，再生率直线下降。因为 Fenton 试剂发生催化氧化反应，需要浓度合适的 H^+，只有酸碱度适中才能进行反应，所以 pH 值是一个重要的再生条件。溶液中 H^+ 的浓度过高，会使·OH 发生无效消耗，导致部分生成的 Fe^{3+} 很难被还原为 Fe^{2+}，从而使花生壳衍生碳材料的再生效率降低。要想保证平衡体系，就需要控制 H^+ 浓度。浓度太低，会使 Fe^{2+} 反应生成 $Fe(OH)_3$ 沉淀，导致 Fe^{2+} 和 Fe^{3+} 的不平衡，不利于·OH 的产生，导致活性炭再生率变差[37]。

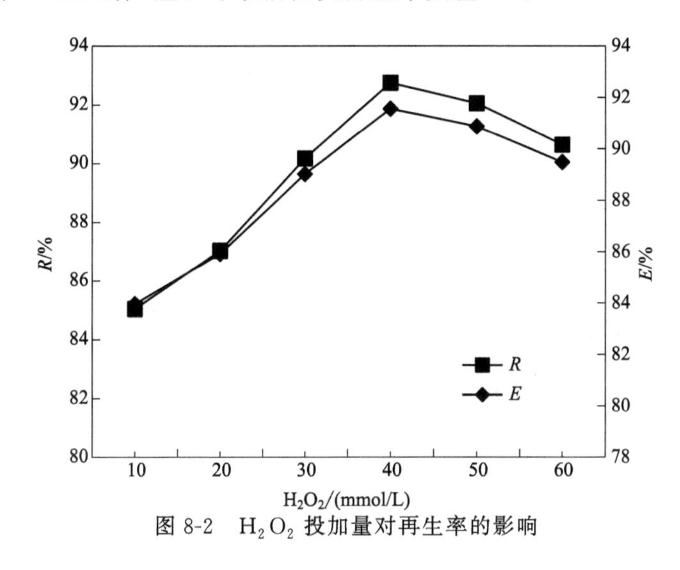

图 8-2　H_2O_2 投加量对再生率的影响

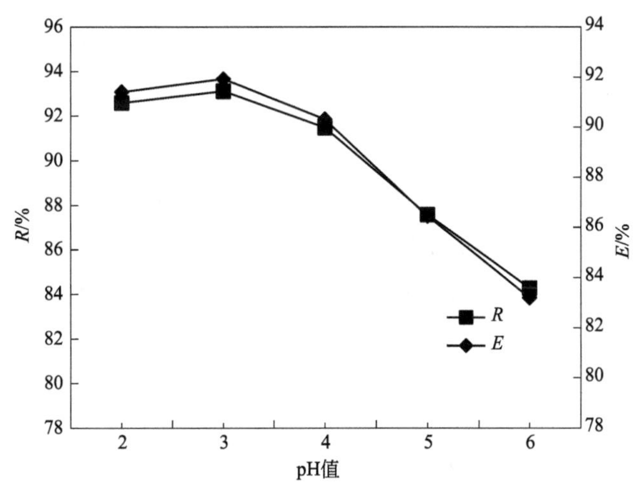

图 8-3　pH 值对再生率的影响

(4) 再生时间对再生率的影响

在相同的再生条件下，pH 值为 3，$FeSO_4 \cdot 7H_2O$ 的投放量为 2.0g/L，H_2O_2 的

投放量为 40mmol/L，将吸附饱和的花生壳衍生碳材料分别再生 20min、30min、40min、50min、60min。再生时间对再生率的影响见图 8-4。

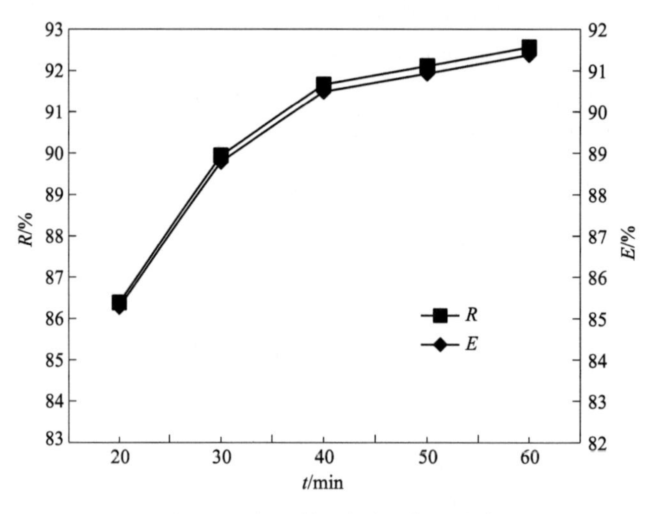

图 8-4　再生时间对再生率的影响

由图 8-4 可知，花生壳衍生碳材料的再生率随时间的延长而逐渐升高。在 40min 时再生率达到 91.66%，脱色率为 90.49%；超过 40min 后随着时间的延长，花生壳衍生碳材料的再生率增长逐渐缓慢。在反应开始时，Fenton 试剂对活性炭的再生反应十分迅速，随着反应程度的不断加深，花生壳衍生碳材料表面吸附的有机物会不断地被氧化分解。当反应达到一定时间后，花生壳衍生碳材料表面的有机物浓度降低，使再生效率逐渐趋于稳定。由此表明花生壳衍生碳材料的最佳再生时间是 40min。

8.3.1.2 正交实验

在再生过程中，几个因素相比哪个对再生率影响更大，如何确定不同的因素和水平相组合能较高程度地提高活性炭的再生率，就需要通过正交实验进行确定。从以上单因素实验结果可知，影响 Fenton 试剂再生率的主要因素的最佳条件：Fe^{2+} 投加量为 2.0g/L，H_2O_2 投加量为 40mmol/L，时间为 40min，pH 值为 3。在此结果下，选取 3 个合适水平，用 $L_9(3^4)$ 正交表设计正交实验，对 Fenton 试剂再生活性进行研究，正交实验因素表见表 8-3。

表 8-3　正交实验因素水平

水平	pH 值	Fe^{2+}/(g/L)	H_2O_2/(mmol/L)	t/min
1	2	1.5	30	30
2	3	2.0	40	40
3	4	2.5	50	50

正交实验结果见表 8-4。

表 8-4 正交实验结果

编号	pH 值	Fe^{2+}/(g/L)	H_2O_2/(mmol/L)	t/min	E/%	R/%
1	2	1.5	30	30	89.75	90.91
2	2	2.0	40	40	88.51	89.66
3	2	2.5	50	50	90.57	91.74
4	3	1.5	40	50	89.37	90.52
5	3	2.0	50	30	91.28	92.46
6	3	2.5	30	40	89.93	91.10
7	4	1.5	50	40	89.02	90.17
8	4	2.0	30	50	88.02	89.16
9	4	2.5	40	30	90.92	92.10
K_1	90.77	90.53	90.39	91.82		
K_2	91.36	90.43	90.76	90.31		
K_3	90.47	91.65	91.46	90.47		
R_i	0.89	1.22	1.07	1.51		
主次顺序	$R_4>R_2>R_3>R_1$					
优水平	A_2	B_3	C_3	D_1		
优组合	$A_2B_3C_3D_1$					

由表 8-4 可知，本研究结果表明，Fenton 试剂再生花生壳衍生碳材料的最佳方案是 $A_2B_3C_3D_1$ 组合，条件设为 pH 值 3、Fe^{2+} 投加量 2.5g/L、H_2O_2 投加量 50mmol/L、时间 30min。$R_4>R_2>R_3>R_1$，其中 R_i 是第 i 列因素的极差值，R 越大，说明该因素对再生率的影响越大。通过对极差进行分析，可以发现这四个因素对花生壳衍生碳材料再生率的影响，主次顺序是时间、Fe^{2+} 投加量、H_2O_2 投加量、pH 值。

在最优操作方案下，再生花生壳衍生碳材料 3 次，然后取平均值。正交实验验证结果见表 8-5。

表 8-5 正交实验验证结果

编号	吸光度	浓度/(mg/L)	吸附量 q/(mg/g)	E/%	R/%
1	0.30	8.26	36.696	91.74	92.93
2	0.29	8.02	36.792	91.98	93.17
3	0.28	7.67	36.932	92.33	93.53
平均值	0.29	7.98	36.806	92.02	93.21

由表 8-5 可以看出，花生壳衍生碳材料的再生率平均值为 93.21%。

8.3.2 微波再生

首先确定花生壳衍生碳材料的最佳再生功率和时间，然后在其最佳再生条件下研究再生次数对再生率的影响。

称取 0.3g 吸附染料的花生壳衍生碳材料放入微波炉中，在不同的微波辐射功率下再生的时间；再生完成后测定再生率。

8.3.2.1 再生功率对再生率的影响

在不同的再生功率 70W、210W、350W、560W、700W 下再生 6min，比较不同功率下花生壳衍生碳材料的再生率，实验结果见图 8-5。

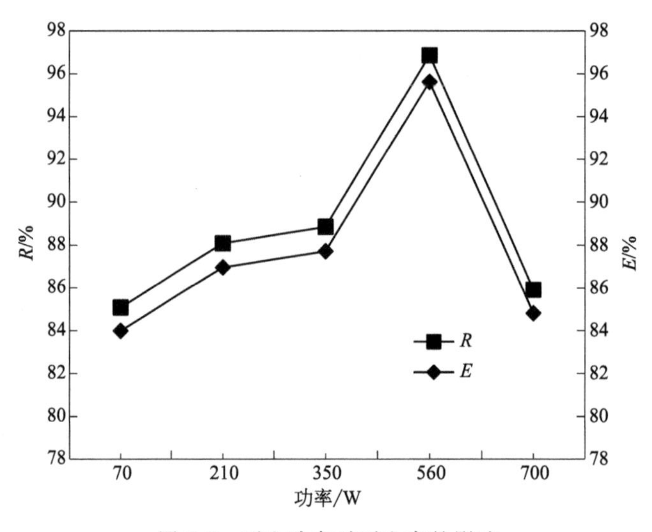

图 8-5 再生功率对再生率的影响

观察图 8-5 可以发现，花生壳衍生碳材料的再生率随再生功率的增加而增大。在功率 560W 下，花生壳衍生碳材料的再生率达到最高 96.86%，脱色率为 95.62%；之后花生壳衍生碳材料的再生率随着功率的增加而逐渐下降。说明微波功率越大，温度也越高，花生壳衍生碳材料所获得的能量越大，振动就越大，活性炭吸附的有机物和杂质更容易快速地从孔隙中脱离。但是温度太高，会使活性炭的部分孔隙被灼烧毁坏，孔结构毁坏严重，使活性炭的吸附性能下降[38]。所以，活性炭的最佳再生功率为 560W。

8.3.2.2 再生时间对再生效率的影响

在最佳再生功率 560W 下，设置再生不同的时间（2min、3min、4min、5min、6min、7min），比较不同时间的再生效果，结果如图 8-6 所示。

由图 8-6 可知，花生壳衍生碳材料的再生率随再生时间的增加而增大，当再生时间

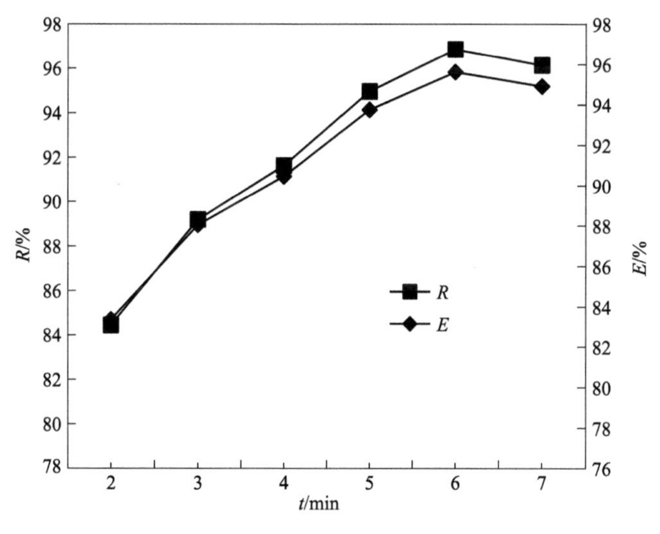

图 8-6 再生时间对再生率的影响

为 6min 时，花生壳衍生碳材料的再生率达到最大值 96.9%，脱色率为 95.67%；之后花生壳衍生碳材料的再生率随着时间的延长而逐渐下降。所以花生壳衍生碳材料的最佳再生时间是 6min。因为花生壳衍生碳材料随着温度快速升高，获得剧烈的能量，使吸附的有机杂质挥发成大量小分子，以微型爆炸的方式脱离，使花生壳衍生碳材料的微孔扩张，从而使花生壳衍生碳材料的吸附性能在短时间内增加。随着时间的增加，花生壳衍生碳材料表面的有机杂质几乎被分解完成，导致再生率增长缓慢[39]。

8.3.2.3 再生次数对再生率的影响

由以上实验得出的最佳再生工艺条件，再生功率为 560W，时间为 6min，研究再生次数对再生效果的影响。

再生次数对再生率的影响如表 8-6 所列。

表 8-6 再生次数对再生率的影响

再生次数	$E/\%$	$R/\%$
1	95.67	96.9
2	57.79	58.54
3	28.05	28.41
4	—	—

由表 8-6 可知，花生壳衍生碳材料的再生率随再生次数的增加而逐渐降低。再生第 1 次时，再生率为 96.9%；再生第 2 次时，再生率为 58.54%；当再生次数为第 3 次时再生率仅为 28.41%。再生第 4 次时再生率几乎为 0。因为反复再生会损坏花生壳衍生碳材料的微孔，使其机械强度下降，表面积发生变化，从而使花生壳衍生碳材料的吸附

性能下降，所以再生率直线下降。

8.3.3 热再生

以再生率为评价指标，研究再生温度和再生时间对再生率的影响。

称取 0.5g 吸附染料的花生壳衍生碳材料放入箱式电阻炉中，在不同的再生温度下再生不同的时间。再生完成后，测定再生率。

8.3.3.1 再生温度对再生率的影响

在不同的再生温度 300℃、400℃、500℃、600℃、700℃下再生 20min，比较不同温度下的再生率，结果见图 8-7。

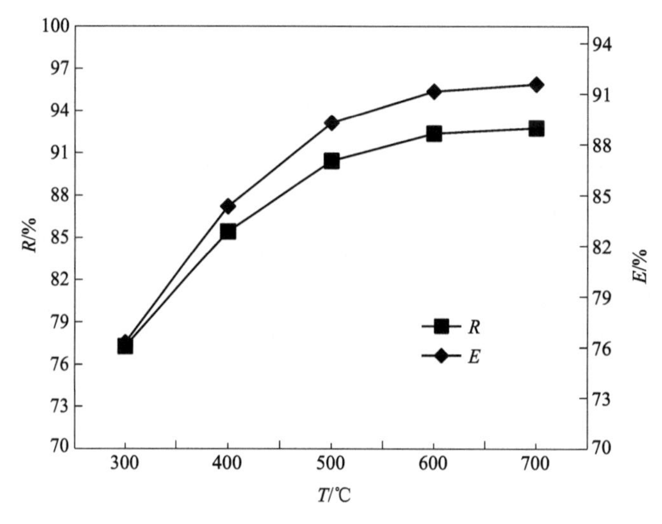

图 8-7 再生温度对再生率的影响

通过对图 8-7 的观察，花生壳衍生碳材料的再生率一直随着再生温度的升高而逐渐增加，温度升高到 600℃时，花生壳衍生碳材料的再生率达到 92.38%，脱色率为 91.15%；在 700℃时，再生率为 92.76%，再生率增长不再明显。这说明再生温度越高，花生壳衍生碳材料吸附的杂质越能够得到有效的分解，就越有利于活性炭的再生。温度升高到 600℃后，花生壳衍生碳材料的再生率增长逐渐缓慢，说明温度在 600℃时花生壳衍生碳材料吸附的有机物质和杂质几乎分解完成，所以再生率增长缓慢。温度达到 700℃时，花生壳衍生碳材料的碳损率较高。综上所述，热再生活性炭的最佳再生温度为 600℃。

8.3.3.2 再生时间对再生率的影响

根据前面实验的结果，在最佳再生温度 600℃下，再生不同的时间（15min、20min、25min、30min、35min），探究不同再生时间的再生效果，结果见图 8-8。

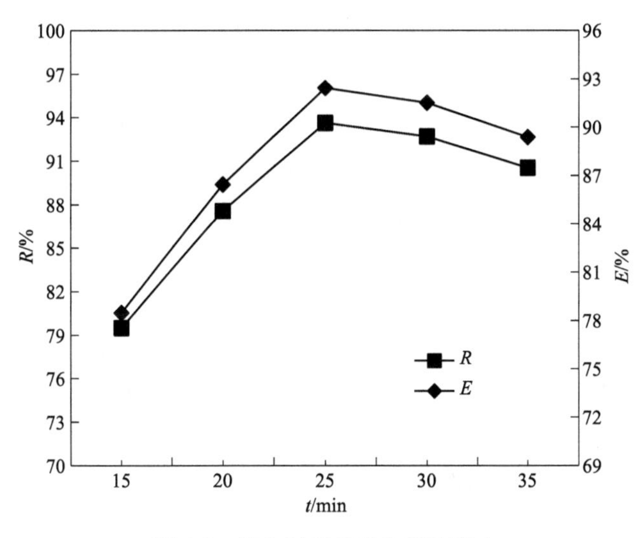

图 8-8　再生时间对再生率的影响

如图 8-8 所示，15～25min，随着时间的延长活性炭的再生率逐渐增大。当加热时间到 25min 时，活性炭的再生率达到最大 93.62%，脱色率为 92.42%。时间超过 25min 后，活性炭的再生率随时间的延长而降低。这是因为活性炭再生初始阶段，吸附在活性炭表面的有机物质和杂质能够快速分解，随着加热时间的延长，活性炭会烧毁损失，导致活性炭的机械强度下降，表面的化学结构发生变化，使比表面积减小，活性炭的吸附性能下降[39]。

8.3.4　再生效果比较

比较 Fenton 试剂再生法、微波再生法和热再生法对花生壳衍生碳材料再生的效果，结果见表 8-7。

表 8-7　再生效果

再生方法	脱色率/%	吸附量/(mg/g)	再生率/%
Fenton 法	92.02	36.81	93.21
微波法	95.62	38.25	96.86
热再生法	92.42	36.97	93.62

微波再生率最高，其次是热再生，最后是 Fenton 试剂再生。因为微波的再生效率最高，所以采用微波再生法对活性炭再生次数对再生率的影响进行研究，研究结果表明进行多次循环再生会使活性炭的吸附性能急剧下降。

热再生是在高温下使活性炭吸附的有机物完成分解，其具有再生时间短、再生效率高等优点，并且对活性炭所吸附的有机物质没有选择性，对各种废活性炭都可以进行再生，是现行使用较为广泛的再生方法。但随着社会的发展进步，现代人们的环保意识越来越重，热再生的缺点逐渐暴露出来，如较高的温度会浪费资源、复杂的设备不适宜小型工业化等。而且较多的研究表明，热再生过程中活性炭的损失率比其他方法严重，会使活性炭脆性加强，炭表面化学结构被破坏，进而吸附效率降低，不能多次循环再生。

微波再生是近年来出现的一种创新的方法，虽然工作原理类似于热再生，都是高温加热再生活性炭，但它是以微波辐射进行加热的，比普通热再生具有更明显的优点。活性炭能够受热均匀，快速升温，达到脱附所需要的能量，因此在一定程度上可以大幅度提高吸附值。研究表明，微波再生效果比热再生好，而且微波再生能耗小，减少资源浪费，有利于保护环境。

Fenton 再生作为一种化学再生方法，比上面两种物理再生方法的能耗都低。它对活性炭再生的原理是，进行氧化反应将活性炭吸附的有机物分解为水和二氧化碳，虽然研究结果表明它的再生效率没有其他两种再生方法高，但它们的再生效率都高于 90%，而且它没有二次污染，氧化剂的利用率高，能够节省资源，再生工艺比其他方法简单，可以原位进行多次循环连续的再生吸附，运行费用不高等。

通过对三种再生方法从多方面进行比较，综合考虑得 Fenton 试剂再生法适宜大范围推广使用。

8.4 污泥衍生碳材料的再生

8.4.1 酸再生

8.4.1.1 盐酸浓度对再生率的影响

以 0.2mol/L、0.4mol/L、0.6mol/L、0.8mol/L 和 1.0mol/L 的盐酸为再生液，反应 50min 后，对污泥衍生碳材料的再生率的影响见图 8-9。

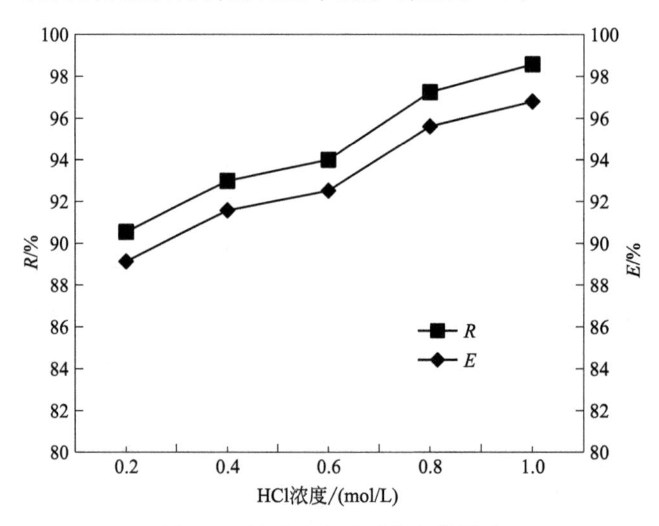

图 8-9　盐酸浓度对再生率的影响

由图 8-9 可知，随着 HCl 浓度不断提高，污泥衍生碳材料的脱色率和再生率均呈现出持续上升的趋势，且在 1.0mol/L 时最佳脱色率达到 96.8%，再生率为 98.57%。盐酸浓度增大，会增大溶液的传质速率，导致脱色率和再生率增大。

8.4.1.2 时间对再生率的影响

再生液为 1.0mol/L 的 HCl，在 20min、30min、40min、50min 和 60min 的反应时间下时间对污泥衍生碳材料再生率的影响见图 8-10。

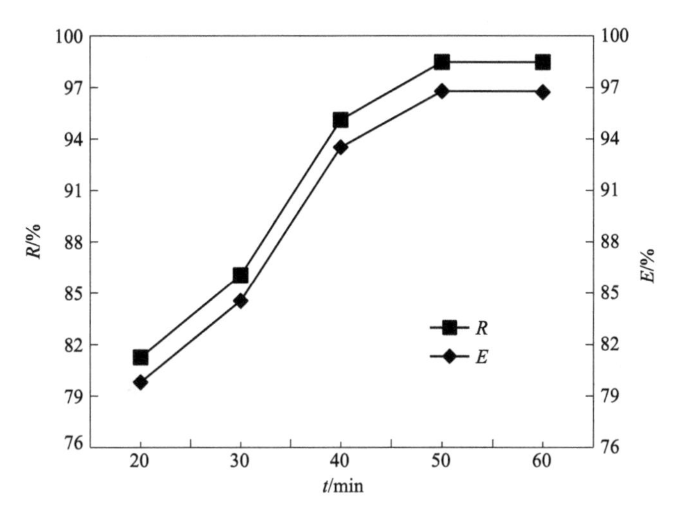

图 8-10 时间对再生率的影响

由图 8-10 可知，随着再生时间的延长，污泥衍生碳材料的脱色率和再生率均增大。在 50min 时，脱色率最大值达到 96.8%，再生率最大值达到 98.57%。此后再继续增加时间，脱色率和再生率基本保持不变。

8.4.2 碱再生

8.4.2.1 NaOH 溶液浓度对再生率的影响

再生液为 NaOH 溶液，反应时间为 50min，探究 0.2mol/L、0.4mol/L、0.6mol/L、0.8mol/L 和 1.0mol/L 的 NaOH 溶液对污泥衍生碳材料再生率的影响，结果如图 8-11 所示。

由图 8-11 可知，提高 NaOH 浓度，脱色率和再生率均呈现出持续上升的趋势，增加浓度会加速分子运动，使脱附加速进行。在再生液浓度为 1.0mol/L 时，污泥衍生碳材料的脱色率达到 90.20%，再生率达到 91.85%。

8.4.2.2 时间对再生率的影响

再生液为 1.0mol/L 的 NaOH 溶液，探究不同反应时间（20min、30min、40min、

50min 和 60min）对再生率的影响，结果如图 8-12 所示。

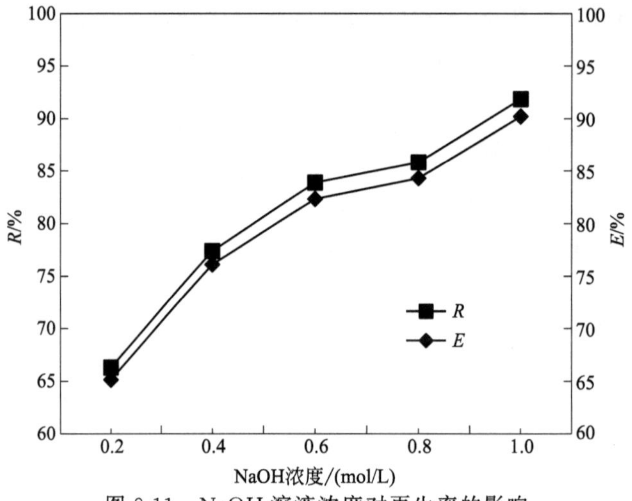

图 8-11　NaOH 溶液浓度对再生率的影响

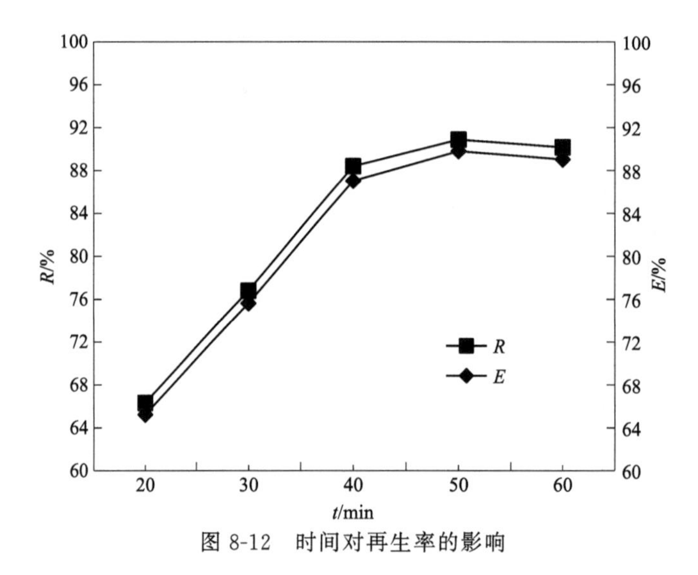

图 8-12　时间对再生率的影响

由图 8-12 可知，随着再生时间的延长，污泥衍生碳材料的脱色率和再生率呈现上升的趋势，在 50min 时出现最大值，脱色率为 89.04％，再生率为 90.88％。

8.4.3　超声波再生

8.4.3.1　超声时间对再生率的影响

在 40kHz 的超声波清洗机中再生，初始温度水浴加热至 70℃。当超声冲击时间为 50min、60min、70min、80min 和 90min 时污泥衍生碳材料的再生率见图 8-13。

由图 8-13 可知，随着超声时间的增加，污泥衍生碳材料的脱色率和再生率均呈现

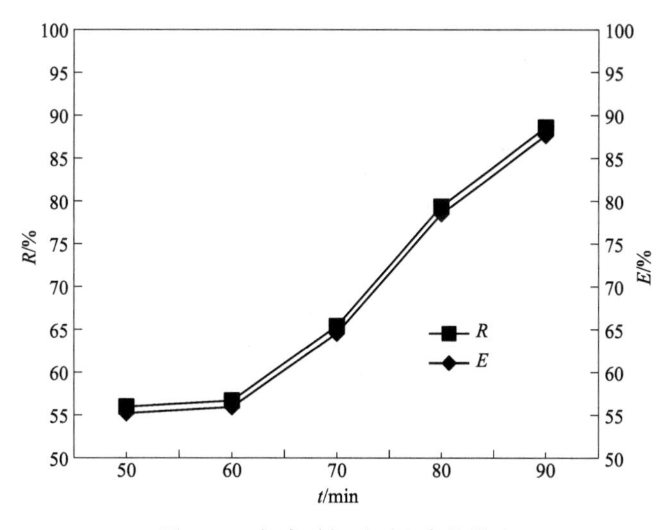

图 8-13　超声时间对再生率的影响

出先缓升后陡升的趋势，且在 90min 时达到最大值，这时污泥衍生碳材料的脱色率为 87.64%，再生率为 88.57%。污泥衍生碳材料表面所吸附的有机物随着超声时间的延长和空化作用的累积效应逐渐脱落，再生率逐渐增大。

8.4.3.2　初始温度对再生率的影响

在 40kHz 的超声波清洗机中清洗，超声冲击时间为 90min。污泥衍生碳材料在不同的初始温度 50℃、55℃、60℃、65℃和 70℃时的再生率如图 8-14 所示。

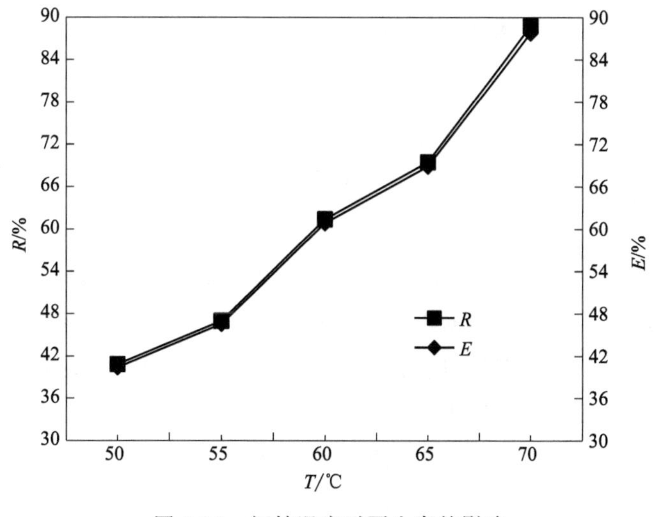

图 8-14　初始温度对再生率的影响

分析图 8-14 得到，随着初始温度的升高，污泥衍生碳材料的脱色率和再生率均呈现出持续上升的趋势，且在 70℃时污泥衍生碳材料的最大脱色率达到 87.76%，再生率为 88.77%。这可能是因为随着温度升高，加上空化泡冲击，被吸附的染料分子解吸下来的速度越来越快，促进脱附。

8.4.3.3 超声次数对再生率的影响

在 40kHz、70℃的超声波清洗机中清洗 90min，对污泥衍生碳材料进行再生-吸附循环实验，不同超声次数下的污泥衍生碳材料的再生率如表 8-8 所列。

表 8-8 超声次数与再生率

超声化再生次数	脱色率 $E/\%$	再生率 $R/\%$
1	87.50	88.74
2	43.87	50.17
3	20.37	46.47
4	—	—

由表 8-8 可知，随着再生次数的增加，污泥衍生碳材料的再生率呈现陡降的趋势；第 2 次再生率几乎为第 1 次再生率的 50%；且在第 3 次再生后，再生率降至 46.47%。越再生，污泥衍生碳材料表面的吸附结构越被冲击破坏，且之前被吸附染料分子由于分解不完全，填充了污泥衍生碳材料的孔隙，故而再生率越低。

8.4.4 再生率比较

比较三种再生方法的再生率，如表 8-9 所列。

表 8-9 三种再生方法再生率的比较

再生方法	最大脱色率 $E/\%$	最大再生率 $R/\%$
酸再生	96.72	98.47
碱再生	90.20	90.88
超声波再生	87.64	88.74

由表 8-9 所列三种再生方法均能达到较好的再生率，再生率的顺序依次为酸再生、碱再生和超声波再生。酸再生和碱再生的优点是操作简单，成本低廉；缺点是再生后的废液容易造成环境污染。超声波再生目前由于仪器成本和操作费用问题，不利于大面积推广，可以考虑联用其他再生技术，降低成本。

综上所述，结合国内外活性炭再生技术的发展情况，对未来活性炭再生研究做出如下展望：

① 继续探究其他再生方法的效果，如电化学再生法、微生物再生法和超临界萃取再生法等。有时候联用多种再生方法，能够更好地提高活性炭的再生性能。

② 对生物质衍生碳材料表面的物理和化学性质深入研究，对吸附前后的生物质衍

生碳材料的孔径结构、表面积以及成分变化进行进一步研究，为再生提供理论参考。

③ 对于酸碱再生和超声波再生来说，再生后吸附质会和吸附剂表面的一部分有机物滞留在溶液中，若不经处理排放会造成管道损坏及环境污染，故这部分溶液需要进行处理及资源化利用。

参考文献

[1] 张跃东．活性炭吸附法在工业废水处理中的应用 [J]．煤炭与化工，2011，34 (6)：74-76.

[2] 米铁，胡叶立，余新明．活性炭制备及其应用进展 [J]．江汉大学学报（自然科学版），2013，41 (6)：5-12.

[3] Sing K S W，Everett D H，Haul R A W，et al. Reporting physisorption data for gas/solid systems with special reference to the determination of surface area and porosity [J]．Pure and Applied Chemistry，1985，57 (4)：603-619.

[4] 孙龙梅，张丽平，薛建华，等．活性炭制备方法及应用的研究进展 [J]．化学与生物工程，2016，33 (3)：5-8.

[5] 耿莉莉，张宏喜，李学琴，等．生物质活性炭的制备研究进展 [J]．广东化工，2014，41 (12)：102-103.

[6] 易四勇，王先友，李娜，等．活性炭活化处理技术的研究进展 [J]．材料导报，2008 (3)：72-75.

[7] 赵丽媛，吕剑明，李庆利，等．活性炭制备及应用研究进展 [J]．科学技术与工程，2008 (11)：2914-2919.

[8] 夏洪应．优质活性炭制备及机理分析 [D]．昆明：昆明理工大学，2006.

[9] 柴国梁．国内外活性炭工业分析 [J]．上海化工，2006，31 (9)：46-50.

[10] 戴芳天．活性炭在环境保护方面的应用 [J]．东北林业大学学报，2003，31 (2)：48-49.

[11] 申朋飞，朱颖颖，李信宝，等．植物基活性炭的制备及吸附应用研究进展 [J]．化工进展，2019，38 (8)：3763-3773.

[12] Zheng Tianlong，Wang Qunhui，Shi Zhining，et al. Microwawe regeneration of spent activated carbon for the treatment of ester-containing wastewater [J]．RSC Advances，2016，6 (65)：60815-60825.

[13] 王福禄．Fenton 试剂再生活性炭的试验研究 [J]．工业用水与废水，2011，42 (3)：48-51.

[14] 吴慧英．微波辐射联用活性炭强化有毒物质去除及再生活性炭研究 [D]．长沙：湖南大学，2011.

[15] 刘晓咏，欧阳平．吸附材料微波辐射再生的研究进展 [J]．应用化学，2016，45 (2)：328- 331.

[16] 路遥，李建芬，李红霞，等．废弃粉末活性炭热解再生实验及表征分析 [J]．化工进展，2018，37 (1)：389-394.

[17] 范福利．超声波、微波法再生含酚活性炭的研究 [D]．北京：北京林业大学，2016.

[18] 林香凤．吸附剂的氧化再生及其在印染废水处理中的应用 [D]．桂林：广西师范大学，2006.

[19] 白玉洁，张爱丽，周集体．吸附剂再生技术的研究进展 [J]．辽宁化工，2012，41 (1)：21- 24.

[20] Sun Z，Liu C，Cao Z，Chen W. Study on regeneration effect and mechanism of high-frequency ultrasound on biological activated carbon [J]．Ultrason Sonochem，2018，44：86-89.

[21] He Xuexiang，Elkouz Mark，Inyang Mandu，et al. Ozone regeneration of granular activated carbon for trihalomethane control [J]．2017，326：101-109.

[22] Sarra Guilanea，Oualid Hamdaouia. Regeneration of exhausted granular activated carbon by low frequency ultrasound in batch reactor [J]．Desalination and Water Treatment，2016，57 (34)：15826-15834.

[23] Zanella O，Bilibio D，Priamo W L，Tessaro I C，Feris L A. Electrochemical regeneration of phenol-saturated

activated carbon-proposal of a reactor [J] . Environment Technology, 2016.

[24] Dobrevski I, Zvezdova L. Biological regeneration of activated carbon [J] . Water Science & Technology, 2015, 21 (1): 141-143.

[25] 连子如 . 焦化废水吸附饱和活性炭的超声波再生研究 [D] . 北京：北京交通大学，2015.

[26] 吴慧英 . 微波辐射联用活性炭强化有毒物质去除及再生活性炭研究 [D] . 长沙：湖南大学，2011.

[27] 张永森 . 臭氧/活性炭深度处理垃圾渗滤液及微波紫外再生活性炭 [D] . 哈尔滨：哈尔滨工业大学，2016.

[28] 占戈 . 活性炭再生技术研究进展和发展趋势 [D] . 杭州：杭州电子科技大学，2012.

[29] 蒋曙兰，吴慧芳，段二高 . 成型聚铝污泥吸附剂处理实际尾水及再生研究 [J] . 中国给水排水，2017，33 (9)：101-103.

[30] Zhou Y F, Haynes R J. A comparison of inorganic solid wastes as adsorbents of heavy metal cations in aqueous solution and their capacity for desorption and regeneration [J] . Environmental Earth Sciences, 2011, 218 (1-4): 457-470.

[31] Rahman A, Kishimoto N, Urabe T, et al. Methylene blue removal by carbonized textile sludge-based adsorbent [J] . Water Science & Technology, 2017, 76 (11-12): 3126-3134.

[32] Foo K Y, Hameed B H. Microwave-assisted regeneration of activated carbon [J] . Bioresour Technol, 2012, 119 (7): 234-240.

[33] Sierka R A. Activated carbon adsorption and chemical regeneration in the food industry [J] . Nato Science for Peace & Security, 2013, 119: 93-105.

[34] Bañuelos J A, Rodríguez F J, Rocha J M, et al. Novel electro-fenton approach for regeneration of activated carbon [J] . Environmental Science & Technology, 2013, 47 (14): 7927.

[35] Li Y, Jin H, Liu W, et al. Study on regeneration of waste powder activated carbon through pyrolysis and its adsorption capacity of phosphorus [J] . Scientific Reports, 2018, 8 (1) .

[36] 李小豹 . Fenton 试剂再生活性炭的研究 [D] . 长沙：湖南大学，2013.

[37] 常国华，党雅馨，岳斌，等 . 人造沸石活性炭对甲基绿的吸附及再生研究 [J] . 环境科学与技术，2017，A1：71-76.

[38] 臧建勇 . 甘氨酸生产中废活性炭的再生方法研究及工艺设计 [D] . 重庆：重庆大学，2010.

[39] 陶长元，邱调军，刘作华，等 . 甘氨酸母液脱色废活性炭的微波-Fenton 试剂氧化法再生 [J] . 化工环保，2012，32 (2)：168-172.